제주학회 제주학 총서 ❶

제주 지리 환경과 주민 생활

(사)제주학회 엮음

제주학회 제주학 총서 1

제주 지리 환경과 주민 생활

인쇄일 2020년 12월 18일
발행일 2020년 12월 30일

엮은곳 (사)제주학회
집필진 강만익, 강성기, 권상철, 김범훈, 김오진, 김태호, 손명철, 오상학, 정광중, 최광용

발행인 김영훈
편집 김지희
디자인 나무늘보, 부건영, 이지은
발행처 한그루
　　　　출판등록 제6510000251002008000003호
　　　　제주특별자치도 제주시 복지로1길 21
　　　　전화 064 723 7580　전송 064 753 7580
　　　　전자우편 onetreebook@daum.net　누리방 onetreebook.com

ISBN 979-11-90482-49-3　93980

값 25,000원

제주 지리 환경과
주민 생활

책을 내면서 정광중   4

차례

1부 제주학 연구에서 지리학의 역할
    제주학 연구에서 지리 분야의 연구 성과와 과제 손명철   8

2부 역사 기록물이 전하는 제주도의 옛 지리 환경
    조선시대 제주도 9진성의 역사지리 오상학   34
    조선시대 제주도의 이상기후와 해양 문화 김오진   67

3부 오늘날 제주도의 자연 지리 환경
    제주도의 기후 환경과 토지 피복 변화 최광용   100
    한라산 아고산대의 주빙하 환경과 지형프로세스 김태호   135
    제주도 글로벌 지오파크의 지속가능발전 진단 김범훈   161

4부 오늘날 제주도의 인문 지리 환경
    제주의 마을 어장과 이시돌 목장 권상철   194
    한라산지 목축경관의 이해 강만익   225
    제주도 농업환경에 의한 밭담의 변화 모습과
    주민들의 인식 강성기   250
    제주도 고(古) 정의현성(旌義縣城)의
    문화재 지정 가능성과 관광 활성화 방안 정광중   285

찾아보기   326

(사)제주학회에서 '제주학 총서'에 대한 발간 계획을 세우고 논의한 지 벌써 1년이란 시간이 지났다. 그간 나름대로 단계적인 과정을 밟으며 총서 발간 작업을 진행해 왔으나, 예기치 못한 '코로나 19' 사태를 접하면서 적극적으로 실행할 수 없는 상황이 발생하였다.

제주학회가 주관하고 지원하는 '제주학 총서' 발간 작업은 제주학 연구의 기본 주제나 핵심 내용을 약 10여 년에 걸쳐 주요 학문 분야별로 또는 주요 주제별로 정리해 보자는 데 의의를 두고 시작한 것이다. 이와 관련하여 '제주학 총서' 제1권의 주요 주제와 관련 학문 분야 그리고 방향성 등을 정하고자 임원회의를 개최하였지만, 구체적이고 세부적인 의견을 수렴하기까지는 이르지 못하였다.

단지, 회의 석상에서 나온 여러 임원들의 의견을 모아보면 '총서 만들기는 시작이 매우 중요하다는 것'이었으나, 정작 시작해야 하는 주제나 분야, 일의 순서 등에 대해서는 어느 한 가지도 결정하지 못했다. 결국 학회장이 책임질 수밖에 없는 형국이 되고 말았다.

그래서 일단 학회장의 전공인 지리학 분야를 제주학회 '제주학 총서' 시리즈의 시작점으로 정하여 추진하기로 마음먹었다. 먼저 제주도내 지리학 전공자(제주대학교 지리교육전공 교수, 지리학 관련 박사학위자 등)들과 회합을 갖고, '제주학 총서'에 담을 내용과 집필 참가자를 정하는 것으로 일을 시작할 수 있었다.

집필 참가자들 사이에서는 '제주학 총서'의 내용 체계와 구성을 중심으로 많은 논의가 있었지만, 모두가 동의할 수 있는 획기적인 모델을 만들어내는 데는 한계가 있었다. 역시 모든 일은 시작이 어렵다는 평범한 사실을 직시하면서, 아쉬운 대로 개별 집필자가 가장 자신 있는 원고를 정리하여 제출하고, 나중에 2~4개의 유사한 주제를 바탕으로 '부별' 및 '장별' 구성을 하자는, 아주 단순한 논리로 정리 정돈해 갈 수밖에 없었다.

이처럼 제주학회의 '제주학 총서' 제1권은 다소 험난한 과정을 거쳐 세상에 나오게 되었다. 책이 출간되는 시점에서 개인적인 솔직한 심정은, 최초에 '제주학 총서' 만들기를 자처했던 자신이 한탄스럽다는 것뿐이다. 그렇지만 작은 디딤돌 하나가 제주학회의 오랜 역사를 쌓아 가는 데 소중한 밀알이 될 것이라 여기며 위안을 삼고자 한다.

　　제주학회 '제주학 총서' 제1권이 그나마 많은 시간을 초과하지 않고 출간될 수 있었던 것은 십시일반으로 도움을 준 10명의 집필자들 덕택이다. 모든 집필자가 짧은 시간 내에 새 원고를 쓰거나 기존 원고를 편집하고 수정·보완하는 작업을 제때에 잘 마무리해 주었기에 나름대로 모양새를 갖추게 된 것이다. 따라서 일찍부터 서두르지 못한 학회장으로서의 자책감이 앞서지만, 집필자들께는 진심으로 감사의 말씀을 드리지 않을 수 없다.

　　특히 10명의 집필자를 대표하여 궂은일을 맡아주신 최광용 교수의 노고에 각별한 감사의 말씀을 드리고자 한다. 사적으로 바쁜 일을 제쳐두고, '제주학 총서'의 구성 체계를 비롯한 원고 요청과 수합, 출판사와의 교섭 등을 깔끔하게 처리해 주셨다.

　　한그루 출판사의 김영훈 대표와 김지희 편집장께도 심심한 감사의 말씀을 드린다. '제주학 총서'의 출판이 경제적으로 크게 도움이 되지 않는 현실 속에서도 흔쾌히 출판을 허락해주셨고, 더욱이 원고 수정을 포함한 크고 작은 주문에도 시종일관 친절하게 대해주셨다.

　　보다 치밀한 과정을 거치지 못하였지만, 이제 제주학회 '제주학 총서'는 첫발을 내디뎠다. 그리고 내년과 내후년으로 계속 이어질 '제주학 총서' 시리즈를 염두에 두면서, 그동안 관심을 가지고 응원해주신 제주학회의 여러 회원들께도 깊은 애정의 마음을 담아 고마움을 전하고자 한다.

2020년 12월
제주학 총서 창간호 집필진을 대표하여
(사)제주학회 21대 회장 **정광중** 씀

1부

제주학 연구에서
지리학의 역할

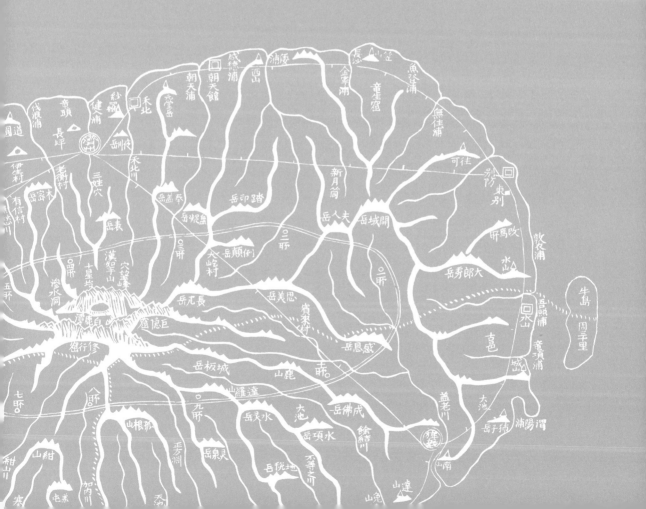

제주학 연구에서 지리 분야의 연구 성과와 과제
- 해방 이후를 중심으로

손명철

제1장 머리말

제1절 연구배경과 목적

제주는 지리학 연구, 특히 지역지리 연구의 대상으로 적합한 몇 가지 특성을 지니고 있다. 우선 제주는 육지와 격리된 섬이라는 자연적 조건과 조선 후기 출륙금지령 같은 역사적 상황 등으로 인하여 오랫동안 반개방 체계(semi-opened system)로 존재해온 곳이다. 이는 지역 정체성 형성에 영향을 미치는 요인이 육지부와 비교하여 상대적으로 덜 복잡하거나 그 영향력이 미약할 개연성을 높여준다. 4면이 바다로 둘러싸인 도서(島嶼)라는 조건은 지역지리 연구의 오랜 난제 가운데 하나였던 지역 경계선 획정의 어려움을 경감해줄 수 있다. 뿐만 아니라 제주는 한반도의 가장 남쪽에 자리 잡은 화산섬으로 아열대 기후대에 속하기 때문에 육지부와는 색다른 자연환경을 가지고 있으며, 이를 토대

* 이 글은 필자의 논문인 〈제주학 연구에서 지리 분야의 연구 성과와 과제-해방 이후를 중심으로-〉《국토지리학회지》52-3, 2018)를 바탕으로 작성되었다.

로 고유한 언어적, 문화적 특성을 형성해 왔다. 그러나 이러한 유리한 지역적 조건에도 불구하고 지리학, 특히 지역지리 연구의 측면에서 볼 때 제주에 대한 연구가 얼마나 활발하게 이루어지고 있는가는 의문이 아닐 수 없다.

연구기관 수준에서 제주도에 대한 본격적인 연구는 1967년 제주대학교에 설립된 제주도문제연구소를 통해 시작되었다. 이 연구소는 이후 탐라문화연구소(1976)로 이름을 바꾸었다가 현재는 탐라문화연구원(2014)으로 개칭되었다. 1982년부터는 학술지《耽羅文化(탐라문화)》를 창간하여 제주도 연구의 선도적인 역할을 담당하고 있다. 한편 지역학(地域學)의 중흥이라는 기치를 들고 출범한 제주학회(濟州學會)가 올해 창립 40주년을 맞았다. 1978년 제주도연구회(濟州島研究會)로 시작하여 그동안 인문·사회·자연과학 등 다양한 분야의 연구자들이 '제주도(濟州島)' 지역을 대상으로 종합적이고 체계적인 연구를 진행해왔다. 1984년부터는 종합학술지《濟州島研究(제주도연구)》를 발간함으로써 제주대학교 탐라문화연구원과 함께 제주도 연구의 양대 거점을 형성하였다.

제주도가 특별히 학술연구의 대상으로 주목받는 이유는, 한반도 육지부와 멀리 떨어진 도서로서 독특한 자연환경과 역사적 배경을 기반으로 오랫동안 고유한 생활문화를 형성해 온 독자적인 지역이기 때문일 것이다. 이러한 제주도의 지역적 특성을 종합적으로 밝히고자 일찍이 복합학문으로서의 제주학(濟州學) 연구가 시작되었다. 이제 탐라문화연구원 설립 반세기와 제주학회 창립 40주년을 맞아 그간의 각 분야별 연구 성과를 살펴보고 과제를 도출하며 미래를 전망하는 일은 매우 뜻깊은 일이라 하겠다.

그동안 인문·사회과학 분야에서 제주도 및 제주학 연구의 성과와 과제를 살펴보려는 시도는 여러 차례 있었으나(신행철, 1988; 유철인, 1996; 이상철, 1998; 박찬식, 1998; 엄미경·한석지, 2007), 이들 연구는 주로 사회학, 인류학, 역사학 분야에 초점을 둔 것으로 지리 분야에 대한 관심은 상대적으로 높지 않은 편이었다.

지리학(geography)은 오래전부터 한 지역의 자연과 인문, 사회 현상을 통합적 관점에서 다루어 왔다. 프랑스의 비달(Paul Vidal de la Blache)은 '지리학이 학문 세계에 공헌할 수 있는 것은 현상을 분리하지 않기 때문'이라고 강조하기도 하였다(Church, 1951). 이와 같은 지리학의 학문적 특성에 비추어 볼 때, 오늘날 학계에서 널리 논의되고 있는 학제간 연구나 학문 융·복합은 지리학의 입장에서 보면 '오래된 미래'일 수도 있다.

제주도는 오랫동안 지리학 연구자들의 주목을 받고 연구 대상이 되어 왔으나, 아직 다른 학문 분야와 비교할 때 뚜렷한 연구 성과가 많지는 않은 편이다. 그것은 무엇보다 국내 학계와 제주도 내에 지리학 전문 연구자가 많지 않은 데 기인하는 것으로 보인다. 그러나 1990년대 중반 이후 제주대학교의 학부와 대학원 과정에 지리 전공이 신설되어 지리학을 전공한 연구자가 교수로 충원되고 교육 및 연구 여건이 구비되면서 본격적인 제주도 연구가 수행되고 있다(송성대 등, 2010). 이 글은 해방 이후 지리학 분야에서 이루어진 제주도 연구 성과를 살펴보고 주요 과제를 도출하려는 것이다. 이러한 작업을 통해 제주학의 한 분야로서 지리학 연구의 과거와 현재를 진단하고 미래를 전망해보는 계기를 마련하고자 한다.

제2절 연구방법과 연구의 한계

해방 이후 제주도에 대한 지리학 분야의 연구 성과를 살펴보기 위해, 먼저 한국교육학술정보원(KERIS)이 운영하는 학술연구정보서비스 RISS(http://riss.kr)를 활용하여 연구물을 검색하였다. 검색키워드 '제주, 지리'를 입력하여 통합 검색했을 때 총 3,088건(2018년 6월1일 현재)의 연구물이 제시되었다. 학위논문 479건, 국내학술지논문 629건, 학술지 1건, 단행본 1,930건, 보고서 등 49건이 그것이다. 이들 중 아래 원칙과 기준을 충족하는 것을 우선 분석 대상으로 선정하였다.

첫째, 포괄성의 원칙: 가능하면 지리학 내 하위 분야 모두를 포괄하며, 논문·단행본·보고서 등 다양한 형태의 연구를 광범하게 포함한다. 단 지리교육 분야는 제외한다.

둘째, 전문성의 원칙: 학위논문은 박사학위논문, 학술지에 게재된 논문은 심사과정을 거친 전문학술지(예컨대, 한국연구재단의 등재지 및 등재후보지) 논문을 대상으로 한다.

셋째, 학문 정체성의 원칙: 가능하면 지리학 전공자의 연구 성과에 한정한다. 그러나 연구목적에 비추어 필요시 예외를 둔다.

일차적으로 RISS에서 검색한 연구물 중 위의 원칙에 따라 선별한 후 구글 학술검색

(https://scholar.google.co.kr)과 네이버 학술정보(http://academic.naver.com)를 통해 추가로 보완하였으며, 2018년 6월 이후부터 2019년 말까지 발간된 단행본과 논문도 추가하였다. 조사된 연구물 목록은 마지막으로 몇몇 연구자 본인에게 전달하여 보완할 부분이 있는지 확인하였다. 이러한 절차를 거쳐 최종적으로 선정된 연구물은 단행본 15권, 지리지와 보고서 5건, 박사학위논문 11편, 학술지에 게재된 논문 176편 등 모두 207편이다.

본 논문은 기본적으로 시계열적, 양적 분석에 초점을 맞추었다. 해방 이후 현재까지의 시기를 1945~1959, 1960~1969, 1970~1979, 1980~1989, 1990~1999, 2000~2009, 2010~2019 등 7개 시기로 구분하여 지리 분야 연구 성과의 변화 추이를 살펴보았다. 각 시기별로 전문 학술지에 게재된 논문 편수와 연구자 수를 계량화하고, 지리학 내 세부 분야(자연지리, 인문지리 등)의 비중과 연구 주제 등을 확인하여 시기별 특징을 규정하였다. 해당 시기에 간행된 박사학위논문과 단행본, 지리지와 보고서도 함께 살펴보면서, 필요시 한국의 지리학계 상황과 지리학 연구 성과도 언급하였다.

그럼에도 불구하고 본 연구는 몇 가지 측면에서 한계를 가지고 있다.

첫째, 시간적 한계: 해방 이후의 연구 성과로 한정함으로 인해 그 이전의 연구 성과는 거의 기계적으로 배제되었다.

둘째, 공간적 한계: 주로 한국 연구자들이 국내 학술지에 게재한 연구 성과만 대상으로 하였기 때문에 외국에서 이루어진 연구 성과를 포함하지 못하였다.

셋째, 연구 주체의 한계: 주로 지리학 연구자의 연구 성과만 살펴보았을 뿐 지질학, 해양학, 생물학, 인류학 등 인접 분야 연구자들의 중요한 연구 성과를 도외시하였다.

넷째, 게재 학술지의 한계: 주로 전국 단위 전문 학술지에 게재된 연구 성과만을 선정하였기 때문에, 이 기준을 충족하지 못하는 학술지에 게재된 많은 연구 성과들이 사장되었다.

무엇보다 양적인 관점에서 연구 추이를 파악하는 데 일차적인 목적을 두고 있기 때문에, 논의가 개개 연구물에 대한 심층적인 분석과 평가에까지 이르지 못한 한계를 가지고 있다.

제2장 제주도에 대한 지리 분야 연구의 성과와 과제
- 시기별 주요 연구 추이

이 장에서는 해방 이후 현재까지 제주도에 대한 지리 분야 연구의 성과와 과제를 시기별로 살펴보기로 한다. 시기는 10년 단위로 설정하는 것을 원칙으로 하되 첫 번째 시기는 해방 직후와 1950년대의 정치·사회 상황을 고려하여 1945~1959년으로 설정하였다. 시기별 주요 연구 성과의 추이를 당시의 시대 상황과 함께 살펴봄으로써 우선 시계열적이고 양적인 분석을 시도한다.

제1절 1945~1959: 해방과 한국 전쟁의 폐허 속에 지리연구는 이루어지지 못하다

해방 이후 1959년까지 한국의 지리학계에서 연구한 제주도 연구 성과는 찾아보기 어렵다. 1945년 9월 서울에서는 당시 지리학 및 지리교육계에 몸담고 있던 인사 20여 명이 〈조선지리학회〉를 창립하였으며, 이는 1949년 현재의 〈대한지리학회〉로 명칭을 바꾸었다. 학회가 창립됨으로써 해방 공간의 혼돈 속에서도 지리학 학술연구와 지리교육 활동이 시작되었다((사)대한지리학회, 2016).

지리학 전문 학회의 창립과 더불어 서울대학교 사범대학(1946)과 경북대학교 사범대학(1947)에 지리교육과가 설립되고, 이어 이화여대(1951), 건국대(1956), 경희대(1958), 서울대 문리대(1958)에 지리학 관련 학과가 연이어 설립되면서 제도권 내에 지리학 연구기반이 구축되어 갔다. 그러나 당시 대학에 재직하던 지리학 관련 교수는 10여 명(이지호, 김상호, 육지수, 김경성, 강석오, 김연옥, 박노식, 이봉수, 홍경희, 홍순완 등)에 불과하였으며, 대학원 과정은 아직 개설되지 않았고 전문 학술지도 간행되지 않아 연구여건은 매우 취약한 편이었다. 이러한 상황에서 육지에서 멀리 떨어진 제주도에 대한 연구는 관심은 있어도 실행하기가 쉽지 않았을 것으로 보인다.

다만 이 시기 독일의 지리학자 라우텐자흐(Hermann Lautensach: 1886-1971)가 직접 한반도 전역을 답사한 후 저술한 지리지《KOREA》(1945)를 발간한 것은 제주도 연구에도 매우 의미 있는 일로 평가된다. 그는 한반도를 16개 지역으로 구분하여 각 지역별 자연 및 인문 현상을 통합적으로 기술하고 있는데, 제주도도 독자적인 하나의 지역으로 설정하였다. 제주도의 크기, 형태, 지질과 지형, 식생, 기후, 인구, 산업, 풍속, 취락, 교통 등을 종합적으로 기술하고, 지세도, 지질 단면도, 취락분포도 등 3장의 지도와 함께 제주도 취락 내의 도로, 남원읍 하효리 현무암층 협곡(쇠소깍), 현무암 화산추(오름), 그리고 한라산의 백록담을 촬영한 사진 4매를 게재하고 있다.

제2절 1960~1969: 식민시대 일본인들의 연구 성과로부터 학문적 해방을 시도하다

1960년대에는 4명의 연구자가 4편의 제주도 관련 연구 논문을 게재하였다. 지형·지질 분야 2편, 정치·군사 및 취락 분야가 각 1편씩이다. 양적으로 자연지리와 인문지리가 균형을 이루고 있다.

지리학 전문 학술지에 최초로 발표된 제주도 관련 연구는 지형과 지질을 중심으로 다룬 제주도의 자연지리 논문(김상호, 1963)이다. 저자는 1959년 제주도종합학술조사단 자연지리 분야 책임자로 참여하여 제주도 곳곳을 답사한 경험을 토대로 논문을 작성하였다. 제주도의 지질에 관해서는 1920~30년대 일본 지질학자들의 연구 결과를 참조하고 있지만, 기존의 지질학 일변도의 연구와 논의에서 벗어나 제주의 측화산과 백록담, 하천, 지하수, 폭포, 용암동굴, 패각사(貝殼砂) 등 지형에 초점을 두고 연구하였다. 이 연구는 한국에서 간행된 최초의 지리학 학술지에 게재된 최초의 자연지리 논문이며, 학술지 맨 앞에 게재되었다는 상징적 의미도 가진다.

제주도의 지질 전반을 간략하게 소개한 연구(우락기, 1966)와 군수산업 육성과 관련하여 제주도의 식품가공업 발전 방안을 모색한 연구(홍시환, 1968), 그리고 제주도의 취락 입지 요인과 변천과정을 다룬 연구(오홍석, 1969)도 주목된다. 특히 오홍석의 연구는 제주도 전통 취락의 입지요인과 변천과정을 역사지리적 관점에서 세밀하게 조명하면서, 일제 강점기를 기준으로 취락 입지요인이 자연적 요인보다 인문·사회적 요인이 보다 중요하게 작용했음을 실증적으로 보여주고 있다. 이 연구는 외부 관찰자의 시선이 아니라 연

연도	1960	1961	1962	1963	1964	1965	1966	1967	1968	1969	소계
편수	0	0	0	1	0	0	1	0	1	1	4

구 지역에서 살아온 내부자의 시선과 논리로 논의를 전개하고 있음을 알 수 있다.

그러나 1960년대 제주도에 대한 지리 분야의 연구는 무엇보다 연구 성과가 많지 않다는 점, 그리고 지형과 지질 등 자연지리 분야는 여전히 식민지 시대 일본인들이 수행한 연구 결과에 크게 의존하고 있다는 점 등이 과제로 남아 있다.

제3절 1970~1979: 소수의 지리학자가 다양한 주제를 탐색하다

1970년대에는 5명의 연구자가 6편의 논문을 학술지에 게재하였다. 자원 개발 2편을 비롯하여 정치·군사, 화산지형, 문화, 인구, 농업 분야가 각 1편씩으로, 이전 시기와 비교할 때 연구자 수는 약간 증가하는 데 그쳤지만 연구 주제는 보다 다양하게 다루어졌다. 자연지리 분야보다 인문지리 분야의 연구 논문이 많은 것도 특기할 만하다.

무엇보다 이전 시기와 마찬가지로 정치·군사지리 분야의 연구가 이루어진 것이 주목된다. 홍시환(1971)은 북한과 적대적으로 대치하고 있는 분단 상황에서 안정된 후방기지가 반드시 필요하며, 지정학적 측면에서 볼 때 휴전선과 가장 멀리 떨어진 제주도가 가장 안전한 후방기지가 될 수 있다고 주장한다. 그는 당시 육군사관학교 국방지리과 교수로 재직하면서 군수산업 육성이나 후방기지 적지로서의 제주도에 관심을 가지고 연구하였다. 김상호(1979)는 한국의 기저농경문화를 생태학적 관점에서 접근하면서, 제주도 개척은 삼국시대 이전부터 화전농업을 중심으로 이루어져 왔으며 당시의 토지이용도 경목(耕牧) 교체방식으로 전개되었을 것이라고 주장하였다. 제주교대에 재직하던 강상배(1973, 1978a, 1978b)의 연구 활동이 활발한 점도 주목할 만하다.

연도	1970	1971	1972	1973	1974	1975	1976	1977	1978	1979	소계
편수	0	1	0	1	1	0	0	0	2	1	6

1970년대에 처음으로 제주도에 관한 지리학 박사학위논문이 출간되었다(오홍석, 1975). 오홍석은 제주도 취락에 관한 이전의 연구(오홍석, 1969)를 확대하고 발전시켜 박사논문으로 집대성하였다. 그는 제주도 취락의 성립과 발달, 형태와 기능, 입지 등을 종합적으로 연구하였는데, 이 연구는 향후 오랫동안 제주도 취락을 이해하고 후속 연구를 진행하는 데 길잡이 역할을 하였다.

또한 이 시기에 제주도에 관한 단행본이 발간되었다(우락기, 1978). 우락기는 1965년 제주도의 자연환경과 인문환경, 지역환경을 종합적으로 다룬 지리지《濟州道: 大韓地誌(제주도: 대한지지) I》을 발간하였는데, 1978년에 이를 수정·증보하였다. 이 책은 한국의 지리학자가 최초로 제주도를 종합적으로 연구한 지리지라는 점에서 높이 평가된다.

제4절 1980~1989: 급속한 양적 증가와 지형 중심의 자연지리 연구에 집중하다

1980년대에는 모두 20명의 연구자(공저자 포함)가 25편의 논문을 전문 학술지에 게재하였다. 이전 시기보다 연구자 수는 5배, 논문 편수는 4배 이상 증가한 것이다. 그러나 양적 증가에도 불구하고 연구 분야가 지형 중심의 자연지리 분야에 집중된 현상을 보인다. 전체 25편 중 15편, 즉 60%가 자연지리 분야인데 그중에서도 기후 연구 2편을 제외하고 13편이 지형 연구이다.

제주도에 대한 지리학 분야의 연구 논문이 80년대에 급증한 것은 1970년대 중반 이후 전국의 대학에 지리학과와 지리교육과가 다수 신설되고 대학원 과정이 개설되면서 연구기반과 연구 인력풀이 확충되어온 데에 기인하는 것으로 보인다. 2018년 현재 한국의 대학에는 지리학 관련 학과가 28개(지리학과 9개, 지리교육과 및 지리교육 전공 19개) 있는

〈표 3〉 1980년대 전문 학술지에 게재된 제주도 연구 논문 편수

연도	1980	1981	1982	1983	1984	1985	1986	1987	1988	1989	소계
편수	1	2	1	1	6	3	2	5	1	3	25

데, 이 중 18개가 70~80년대에 설립된 것이다.

이 시기에 주목할 만한 변화로는 관광 지리(송성대, 1983,1984: 오남삼, 1987)와 제주도 기후(이승호, 1987: 문헌숙, 1989)에 대한 연구가 본격적으로 이루어지기 시작했다는 점이다. 더불어 전산처리방법에 의한 토지이용도 작성과 해녀 어업에 관한 연구도 새롭게 이루어졌나는 점이 특기힐 만하다.

1980년대에는 국내·외에서 제주도와 관련하여 의미 있는 지리학 박사학위논문이 출간되었다. 송성대(1989)는 한국 도서지방 초옥민가의 지역성 연구에서 제주도(濟州島)와 추자도, 우도를 포함한 전국의 16개 도서지방을 대상으로 초옥민가 건물의 공간구성과 형태, 외부경관, 기능 등을 직접 답사를 통하여 실증적으로 연구하였다. 한편 캘리포니아 대학(UCLA) 지리학과에 재학 중이던 네메스(David J. Nemeth, 1987)는 1973년 미국 평화봉사단원으로 제주도에 와서 생활하면서 제주도 곳곳을 탐방한 후 〈제주 땅에 새겨진 신유가사상의 자취〉(Architecture of ideology: Neo-confucian Imprinting on Cheju Island, Korea)라는 박사학위논문을 작성하여 출간하였다. 그는 당시 제주도 사람들의 생활모습을 '깨우친 저발전'(enlightened underdevelopment)이라는 개념으로 정의하고, 근대화라는 이름 아래 서양 문물과 가치관 중심으로 변질되어 가는 제주도의 모습을 우려의 시선으로 바라보기도 하였다.

한편 건설부 국립지리원은 해방 이후 처음으로 국가사업으로 한국지지 편찬 작업을 시작하여 1986년 《韓國地誌: 地方篇(한국지지: 지방편) IV》(光州(광주)·全北(전북)·全南(전남)·濟州(제주))를 간행하였다. 제주도 부분에서는 지리적 기초, 역사적 배경, 자연환경, 인구와 취락, 산업활동, 교육과 문화, 지역구분과 지역별 특색 등이 상세하게 다루어졌는데, 지리학자들뿐만 아니라 역사학, 경제학, 관광학, 사회학 전문가들이 함께 집필에 참여

하였다. 제주도의 관광과 지지, 역사를 중심으로 정리한 우락기(1980)의 방대한 저서도 주목할 만하다.

제5절 1990~1999: 양적 감소, 여전히 지형 중심의 자연지리 연구가 주류를 이루다

1990년대에는 15명의 연구자(공저자 포함)가 모두 20편의 논문을 전문 학술지에 게재하였다. 이전 시기에 비해 연구자 수는 25%, 논문 편수는 20%나 감소하였다. 20편의 논문 중 자연지리 분야 논문이 12편(지형 8편, 기후 4편)으로 이전 시기와 마찬가지로 60%를 차지한다. 인문지리 분야에서는 환경(오홍석, 1992), 민가(송성대, 1993), 지역정신과 정신문화(송성대, 1997a, 1997b), 염전과 소금생산(정광중·강만익, 1997; 정광중, 1998a), 해안경관(정광중, 1998b)과 농경지 풍경(이준선, 1999) 등 비교적 다양한 주제들이 연구되었다. 이 중 제주도의 농경지를 둘러싼 돌담과 삼나무 울타리를 프랑스 브레따뉴 지방의 보까쥬 경관, 곧 생울타리 풍경과 비교 연구한 이준선의 논문은 제주도와 해외지역을 처음으로 비교한 연구로서 특기할 만하다.

이 시기에 처음으로 지리학자가 연구한 관광지리 박사학위논문이 출간되었다(오남삼, 1991). 오남삼은 서귀포시를 사례 지역으로 관광지 주민의 관광행태에 관한 연구를 수행하였다. 제주 사람들의 정신문화를 다룬 단행본도 출간되었는데,《제주인의 해민정신: 정신문화의 지리학적 요해》(송성대, 1996)가 그것이다. 송성대는 이 저서에서 제주인들이 전통적으로 가져온 정신문화를 '균분상속제'와 '개체적 대동주의'로 정리하고, 글로컬 시대에 제주인들이 지향해야 할 정신문화로 '해민정신'(Seamanship)을 제시하고 있다.

〈표 4〉 1990년대 전문 학술지에 게재된 제주도 연구 논문 편수

연도	1990	1991	1992	1993	1994	1995	1996	1997	1998	1999	소계
편수	1	1	2	1	1	2	3	4	3	2	20

　　2000년대 첫 10년 동안 42명의 연구자(공저자 포함)가 53편의 논문을 전문 학술지에 게재하였다. 이전 시기보다 연구자 수와 논문 편수 모두 2.5배 이상 증가한 것이다. 이전 시기들과는 달리 자연지리와 인문지리 논문 비중이 약 3:7로 인문지리 논문이 다수를 차지하고 있는 점도 주목할 만하다. 무엇보다 연구 주제가 매우 다양해졌다는 점을 특색으로 꼽을 수 있다. 풍수(송성대, 2000,2002; 네메스, 2002), 신화와 설화(송성대·김정숙, 2000; 이덕안, 2005), 옹기(송성대·오영심, 2003), 문학지리(강치영·권상철, 2006; 오홍석, 2006), 다문화(박경환, 2006), 장수마을(정광중, 2003; 송경언·박삼옥·정은진, 2006), 생태관광(고선영, 2009) 등 다양한 주제를 연구함으로써 제주도 연구의 범역을 대폭 확장하였다. 또한 기후 특성과 민가 경관(김기덕·이승호, 2001), 곶자왈과 제주인의 삶(정광중, 2004), 한라산과 도민 문화(정광중, 2006), 기상재해와 관민의 대응 양상(김오진, 2008) 등 자연지리와 인문지리의 경계를 넘어 융합적인 접근을 시도한 연구들도 등장하였다. 연구 주제가 다양해지고 학문 간 경계를 넘어 통합적이고 융합적인 접근을 시도한 연구가 등장한 것은 이 시기 제주도에 대한 지리학 분야의 연구가 질적이고 구조적인 변화를 모색하고 있음을 보여준다 하겠다. 이처럼 2000년대 초반에 제주도 연구가 양적, 질적으로 성장한 것은 2000년 서울을 비롯한 전국의 주요 도시에서 개최된 제29차 세계지리학대회(IGC)와 무관치 않은 것으로 보인다. 그해 8월 9일부터 25일까지 열린 세계지리학대회에는 전 세계에서 수천 명의 지리학자와 지리학 관계자들이 참석하여 성황을 이루었는데, 제주에서도 '지속가능한 관광'(주관: 권상철) 세션과 한라산 답사(안내: 김태호, 공우석, 권상철, 손명철, 송성대)가 진행되었다. 실제로 이 대회를 계기로 전국적으로 지리학 연구가 매우 활성화되었다는 사실이 보고되었다.

　　이 시기에 3편의 제주도 관련 박사학위논문이 집필되었는데, 어촌 관광(송경언, 2002)과 지속가능한 생태관광(오정준, 2003), 그리고 조선시대 제주도의 기후와 주민의 대응(김오진, 2009)에 관한 연구가 그것이다. 송성대(2001)는 이전에 출간한 《제주인의 해민정신》을 수정·증보하여 《문화의 원류와 그 이해》로, 오정준(2004)은 본인의 박사학위논문을

<표 5> 2000~2009년 전문 학술지에 게재된 제주도 연구 논문 편수

연도	2000	2001	2002	2003	2004	2005	2006	2007	2008	2009	소계
편수	2	6	3	8	5	2	10	6	8	3	53

바탕으로《지속가능한 관광의 이론과 실제: 제주사회와 제주관광의 변화》를, 그리고 오홍석(2009)은《문학지리: 문학의 터전·그 지리적 특성》을 각각 간행하였다. 특히 한라산 연구총서의 일환으로《한라산의 인문지리》(정광중·오상학·강만익·진관훈, 2006)가 출간되어 한라산에 대한 인문지리적 접근의 실제 사례를 제시하고 있다. 그 밖에《한국지리지: 전라·제주 편》(건설교통부 국토지리정보원, 2004)과《제주도지: 제1권 지리 편》(제주도지편찬위원회, 2006)이 간행되었다.

제7절 2010~2019: 지리학의 응용성과 사회적 적실성을 강화하다

이 시기엔 41명의 연구자(공저자 포함)가 68편의 논문을 전문 학술지에 게재하였다. 이전 시기보다 연구자 수는 감소했으나 논문 편수는 증가하였다. 자연지리와 인문지리의 비율이 이전 시기와 마찬가지로 약 3:7을 보이고 있으나, 자연지리 논문 중 기후 분야의 비율이 지속적으로 증가하여 40%를 상회하고 있는 점이 주목된다. 이처럼 최근 들어 연구 논문이 증가하는 것은 제주대학교 지리학 관련 학과의 교수진이 확충되고, 대학원 과정이 개설되면서 연구기반이 구축됨으로써 연구 인력풀이 풍부해진 데에 어느 정도 기인하는 것으로 보인다. 실제로 전체 68편의 논문 중 제주대 전·현직 교수와 대학원 졸업생의 논문이 51편으로 약 75%를 차지한다. 자연지리 중 기후 분야 논문이 두드러지게 증가하는 것도 이 시기에 기후학 전공 교수를 채용한 것이 영향을 미치는 것으로 볼 수 있다.

이 시기에 특히 주목되는 것은 이어도 영유권 분쟁(송성대, 2010), 지오파크 콘텐츠 개발(권동희, 2011), 물의 신자유화(권상철, 2012), 자연해설탐방 프로그램 개발(김태호, 2012c),

연도	2010	2011	2012	2013	2014	2015	2016	2017	2018	2019	소계
편수	7	6	8	11	6	5	12	6	2	5	68

창조도시(권상철, 2013), 곶자왈(정광중, 2012, 2017a), 귀농·귀촌(무혜진, 2015, 2018), 공유자원 관리(김권호·권상철, 2016), 국제자유도시와 신자유주의 예외공간(이승욱·조성찬·박배균, 2017), 제주도 안거리-밖거리 전통주거문화경관 등 사회적 응용성과 적실성이 높은 주제에 대한 연구들이 많이 수행되었다는 점이다. 이러한 추이는 자연지리보다 인문지리 논문이 많아지고, 인문지리 중에서도 사회과학적 문제의식과 접근방식이 더욱 활발하게 사용되고 있음을 알게 해준다.

이 시기는 연구논문뿐만 아니라 다양한 박사학위논문과 단행본, 그리고 지리지가 발간되었다. 일제시기 제주도 마을 공동목장조합(강만익, 2011), 제주도 방언의 언어지리학(김순자, 2011), 지속가능한 제주관광을 위한 지오투어리즘 활성화(김범훈, 2014), 제주도 밭담의 존재형태(강성기, 2016) 등이 박사학위논문으로 연구되었다. 단행본으로는《두 개의 얼굴 이어도》(송성대, 2015),《제주 생활사》(고광민, 2016),《드론의 경관지형학: 제주》(권동희, 2017),《조선시대 제주도의 이상기후와 문화》(김오진, 2018) 등의 저서가 출간되었으며, 국토교통부 국립지리정보원에서는《한국지리지: 제주특별자치도》(2012)를 다른 시·도와 통합하지 않고 독립된 지리지로 발간하였다.

제8절 소결: 지속적인 양적 증가와 질적, 구조적 변화

지리학 분야에서 제주도에 대한 연구는 해방 이후 꾸준히 증가해왔으며 특히 2000년대 이후 급속한 증가 추이를 보이고 있다. 연구물의 형태는 학술지에 게재된 논문이 주를 이루며 단행본과 지리지, 보고서, 석·박사학위논문 등 다양하다. 해방 이후 시기별 주요 연구 추이를 살펴보는 일은 지리 분야 연구의 과거와 현재를 돌아보고 미래를 전망하는 의미 있는 방법이 될 수 있을 것이다.

해방 이후부터 한국 전쟁을 겪은 1950년대까지는 한국의 지리학 연구자가 연구한 제주도 연구 성과를 찾아보기 어렵다. 서울을 비롯한 일부 지역의 대학에 지리학 관련 학과가 설립되고 교수진이 충원되었으나, 육지에서 멀리 떨어진 제주도를 연구하기에는 연구 인력이 부족하고 현장 접근성이 낮았기 때문인 것으로 보인다. 다만 독일의 지리학자 라우텐자흐가 1933년 한반도 전역을 답사하고 저술한 종합 지리지《KOREA》(1945) 속에 제주도가 독립된 지역으로 설정되어 기술되었다. 그는 제주도 곳곳을 탐사하고 한라산 정상을 올랐으며, 백록담과 오름, 남원의 쇠소깍, 제주목의 민가와 돌담 등 귀중한 사진을 남기기도 하였다.

1960년대는 식민지 시대 일본인들의 연구 성과를 참조하면서도 이들로부터 벗어나려는 시도가 이루어졌다. 모두 4편의 논문이 학술지를 통해 발표되었으며, 자연지리와 인문지리 분야가 균형을 이루고 있다.

1970년대는 소수의 지리학자가 비교적 다양한 연구 주제를 탐색하였다. 5명의 연구자가 6편의 논문을 학술지에 게재하였는데, 자원개발을 비롯하여 정치·군사, 화산지형, 문화, 인구, 농업 등 다양한 주제를 연구하였다. 이 시기에 최초로 제주도 취락에 관한 박사학위논문이 출간되었으며, 개인 연구자가 집필한 최초의 지리지도 간행되었다.

1980년대는 연구자 수와 논문 편수가 모두 급증하였다. 공저자를 포함하여 20명의 연구자가 25편의 논문을 학술지에 게재하였다. 그러나 연구 분야가 지형 중심의 자연지리 분야에 편중된 현상을 보인다. 관광지리와 기후에 대한 연구가 본격적으로 이루어지고, 토지이용과 해녀에 관한 연구도 시작되었다. 제주도를 포함한 도서지방의 초옥민가와 제주 땅에 새겨진 신유가사상과 풍수지리에 관한 박사학위논문이 각각 국내·외에서 출간되었으며, 국가가 편찬한 한국지리지에 제주도가 호남 지역과 함께 포함되어 저술되었다.

1990년대는 연구자 수와 논문 편수 모두 약간의 감소 추이를 보이는데, 연구 주제는 이전 시기와 마찬가지로 지형 중심의 자연지리 분야가 다수를 차지한다. 그러나 인문지리 분야에서는 환경, 지역정신과 정신문화, 소금생산, 농경지 풍경 등 비교적 다양한 주제들이 연구되었다. 처음으로 관광지리 박사학위논문이 출간되었으며, 제주인들의 정신문화를 연구한 단행본도 간행되었다.

2000년대는 급속한 양적 성장과 더불어 질적, 구조적 변화를 이루었다. 42명의 연구자가 53편의 논문을 전문 학술지에 게재하였다. 이전 시기보다 2.5배 이상 증가한 것이다. 이전 시기들과는 달리 인문지리 논문이 약 70%를 차지하는 점이 주목된다. 무엇보다 풍수, 신화와 설화, 옹기, 문학지리, 장수마을, 생태관광 등 연구 주제가 매우 다양해졌으며, 기후 특성과 민가 경관, 곶자왈과 주민의 삶, 한라산과 도민 문화, 기상재해와 관민의 대응 양상 등 자연지리와 인문지리의 경계를 넘는 연구들이 등장하였다. 이렇게 제주도에 관한 연구가 양적, 질적 성장을 한 것은 2000년 서울과 제주 등에서 열린 세계지리학대회의 영향이 큰 것으로 보인다. 또한 이 시기에 어촌 관광, 지속가능한 생태관광, 기후와 주민의 대응을 주제로 한 박사학위논문이 출간되었으며, 한라산에 대한 인문지리를 다룬 단행본도 간행되었다.

마지막으로 2010년대에는 사회적 응용성과 적실성을 지향하는 연구들이 많이 등장

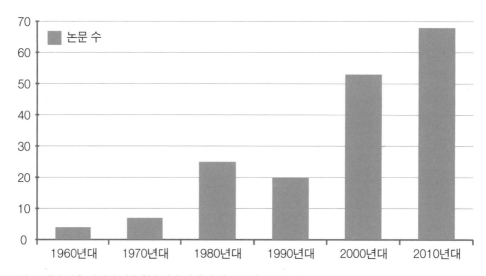

〈그림 1〉 해방 이후 시기별 전문 학술지에 게재된 제주도 연구 논문 수

하였다. 41명의 연구자가 68편의 논문을 전문 학술지에 게재하여 괄목할 만한 양적 증가를 보여준다. 자연지리와 인문지리의 비율은 약 3:7이며, 이전과 달리 자연지리 논문 중 기후 분야가 약 40%를 상회한다. 이 같은 양적 증가는 제주대학교 지리학 관련 학과의 교수진이 확충되고, 대학원 과정이 개설되면서 연구기반이 구축되고 연구 인력풀이 풍부해진 데에 기인하는 것으로 보인다. 이어도 영유권 분쟁, 지오파크 콘텐츠 개발, 물의 신자유화, 자연해설탐방 프로그램 개발, 창조도시, 귀농과 귀촌, 공유자원 관리, 국제자유도시와 신자유주의 예외 공간 등 사회적 응용성과 적실성이 높은 연구 주제들이 많이 다루어졌다. 마을 공동목장, 제주도 방언, 지오 투어리즘, 밭담에 관한 박사학위논문들이 출간되고, 제주 생활사를 폭넓게 다룬 단행본이 출판되었으며, 제주도를 독립적으로 다룬 한국지리지도 간행되었다. 2020년대의 연구 추이가 기대된다.

제3장 맺음말
－ 향후 과제를 생각하며

제주는 한반도 육지부와 멀리 떨어진 도서이다. 수백만 년에 걸쳐 형성된 화산지형과 아열대 기후라는 독특한 자연환경을 가지고 있으며, 이를 토대로 고유한 생활문화를 일구어온 독자적인 지역이기 때문에 지리학, 특히 지역지리 연구의 중요한 대상으로 인식되어 왔다. 이 연구는 해방 이후 지리학 분야에서 이루어진 제주에 대한 연구 성과를 살펴보고 향후 과제를 제시하려 하였다.

1945년 해방 이후 제주도에 대한 지리학 분야의 연구는 양적으로 꾸준히 증가하고 있으며 질적으로도 많은 발전을 보이고 있다. 지리학 분야의 연구 추이를 시기별로 간략하게 살펴보면, 우선 해방 이후부터 1950년대까지는 한국의 지리학자가 연구한 제주도 연구 성과를 찾아보기 어렵다. '60년대는 식민지 시대 일본 학자들의 연구 성과를 인용하면서도 이를 극복하려는 시도가 보인다. '70년대는 소수의 지리학자가 비교적 다양한 연구 주제를 다루었으며, '80년대에 들어와 연구 성과가 급증하는 추세를 보인다. 한편 '90년대에는 지리학 연구가 다소 정체를 보이다가 2000년대에 다시 커다란 양적 성장과 함께 질적이고 구조적인 변화를 보여준다. 특히 최근 2010년대에는 사회적 응용성과 적실성을 지향하는 연구들이 많이 등장하고 있다. 그러나 향후 해결하고 개선해야 할 과제도 안고 있다. 여기서는 맺는말을 대신하여 세 가지 과제를 제시하고자 한다.

첫째, 제주도내 지리학 연구 기반의 확충과 연구 인력풀의 확대가 필요하다.

2000년 이후 전문 학술지에 게재된 논문의 수가 급증하였다고는 하나, 2000~2019년 기간에도 매년 평균 6.1편에 불과한 실정이다. 이는 기본적으로 제주도내에 전문적인 연구 기반이 취약하고 연구 인력이 부족한 데에 기인하는 것으로 보인다. 현재 제주도에는 제주대학교 사범대학에 지리교육전공이, 교육대학에 사회과교육전공이 설치되어 지리학 전공 교수 6명이 재직하고 있다. 제주대학교 일반대학원에는 이직 지리학 석사과정이 설치되지 못하고 있으며, 박사과정에만 사회교육학부에 지리교육전공과 초등사회과교육전공이 설치되어 운영되고 있다. 지금까지 박사과정에서 5명의 박사를 배출하였지만 3명은 교과교육전공자(교육학박사)이다. 도내에 지리학 분야 박사학위 소지자는 제주대 교수 6명을 포함하여 모두 12명에 불과하다. 그나마 이 중 3명은 초·중등학교에 재직하고 있어 실질적으로 연구 활동에 참여하기가 용이하지 않다. 따라서 우선 제주대학교 일반대학원에 지리학 석·박사 과정을 설치하고, 여건이 허용된다면 제주대학교 사회과학대학에 지리학과를 설치하여 연구기반과 연구 인력풀을 확충할 필요가 있다.

둘째, 계통지리 연구뿐만 아니라 지역지리 연구의 활성화가 요구된다.

지리학은 오래전부터 한 지역의 자연과 인문 현상을 종합적으로 연구하는 지역지리학으로 출발하였다. 오늘날 세계적으로 지리학이 발달한 유럽 국가들은 모두 지역지리학 연구가 오랫동안 활발하게 이루어져, 자국과 세계 여러 지역에 관한 종합적인 지식과 정보를 많이 축적하고 있는 나라들이다. 그러나 한국의 지리학계는 해방 이후 미국의 계통지리 중심의 연구 패러다임의 영향을 받아 현재까지도 지역지리 연구가 매우 미흡한 편이며, 초·중등학교 지리교육과정과 교과서 내용도 계통지리 중심이다. 제주도에 대한 지리학 분야의 연구도 계통지리적 접근이 대다수이다. 지역학으로서의 제주학을 고려할 때 지역지리 연구는 더욱 필수적이다. 1945년 출간된 라우텐자흐의 《KOREA》를 계승하는 종합지리지 《제주도》(가칭)의 출현을 기대해 본다.

셋째, 지리학의 경계를 넘어 다양한 분과 학문과의 학제적(interdisciplinary), 통섭적(consilience) 연구를 지향할 필요가 있다.

오늘날의 세계는 대단히 복잡하고 중층적이며 다면적인 모습을 띠고 있다. 분과 학문의 경계를 넘어 통합적이고 융합적인 접근이 필요하다. 그러나 특히 한국의 학계는 자신들이 수백 년간 구축해놓은 분과 학문의 울타리 속에 갇혀 사물과 현상의 온전한 모습을 보기 어렵다. 지리학계도 예외는 아니다. 서로의 학문적 정체성은 인정하되 경계를 약화시키고 장벽을 충분히 낮춰 상호 소통을 원활하게 하려는 노력이 필요하다. 이렇게 할 때 실세계의 총체적인 모습을 보다 투명하고 폭넓게 이해하고 탐구할 수 있을 것이다.

본 연구는 해방 이후 지리학 분야에서 이루어진 제주도 연구 성과를 시기별로 살펴보고 향후 과제를 제시한 것이다. 그러나 연구 추이에 초점을 맞추어 주로 양적 변화만을 살펴봄으로써 충분한 연구가 이루어졌다고 보기 어려운 형편이다. 각각의 연구물에 대한 보다 심층적인 분석과 평가가 요구된다. 또한 지역학으로서의 제주학뿐만 아니라 서울학, 부산학, 호남학 등 여타 지역학 연구에서 지리학 분야의 연구 성과를 점검하는 일은 향후의 연구과제로 남긴다. 이 연구가 한국의 지역지리 연구와 지역학 연구에 작지만 소중한 단초가 되기를 기대한다.

(사)대한지리학회, 2016, 《대한지리학회 70년사: 1945~2015》.

강만익, 2011, 〈일제시기 제주도 마을 공동목장조합 연구〉, 제주대학교 대학원 사학과 박사학위논문.

강만익, 2013, 〈한라산지 목축 경관의 실태와 활용 방안〉, 《한국사진지리학회지》 23(3): 93-112.

강민정·권상철, 2007, 〈제주시 도시화의 공간적 특성: 인구와 지가 변화를 중심으로〉, 《한국도시지리학회지》 10(3): 55-67.

강상배, 1973, 〈제주도의 자원에 대한 연구〉, 《제주교대 논문집》 3: 53-82.

강상배, 1978a, 〈제주도의 지리적 환경과 특수자원의 개발 이용에 관한 연구〉, 《건국대 논문집》 8(1): 231-246.

강상배, 1978b, 〈제주도의 지역별 인구증감에 관한 지리학적 연구: 1960-1975〉, 《제주교대 논문집》 8: 73-103.

강상배, 1980, 〈제주도 남북사면 지형의 비교 연구〉, 《국토지리학회지》 5(1): 157-181.

강상배, 1982, 〈제주도 인구의 성비 변화에 대한 연구〉, 《제주교대 논문집》 12: 53-70.

강상배, 1984, 〈제주도의 지역별 인구증감에 관한 지리학적 연구(II): 1960-1980〉, 《제주교대 논문집》 14, 11-45.

강상배, 1992, 〈제주도의 자연환경: 지리학적 관점에서 본〉, 《제주도연구》 9: 65-83.

강성기, 2012, 〈제주도 서부지역의 농업환경 변화에 대한 지리적 해석: 한경면 고산리를 사례로〉, 《한국사진지리학회지》 22(3): 99-119.

강성기, 2016, 〈제주도 농업환경에 따른 밭담의 존재형태와 농가인식에 관한 연구〉, 제주대학교 대학원 사회교육학부 박사학위논문.

강성기·정광중, 2016, 〈제주도 구좌읍 하도리 밭담의 존재형태와 농가인식에 대한 연구〉, 《한국지역지리학회지》 22(4): 809-825.

강승삼, 1987, 〈제주도 지형·지질연구의 과거·현재와 전망〉, 《제주도연구》 4: 147-172.

강치영·권상철, 2006, 〈제주문학 속에 나타난 장소와 공간연구〉, 《탐라문화》 29: 7-43.

건설교통부 국토지리정보원, 2004, 《한국지리지: 전라·제주 편》.

건설부 국립지리원, 1986, 《한국지지 지방편 IV(광주·전북·전남·제주)》.

고광민, 2016, 《제주 생활사》, 한그루.

고선영, 2009, 〈제주 세계자연유산 등재와 생태관광〉, 《한국지역지리학회지》 15(2): 215-225.

고영자 편역, 2015, 《구한말 佛語·英語 문헌 속 제주도(1893~1913)》, 제주시우당도서관.

고영자 편역, 데이비드 네메스 서문, 2013, 《서양인들이 남긴 제주견문록(1845~1926)》, 제주시우당도서관.

고영자 편역, 손명철 감수, 2014, 《서양인들이 남긴 제주도 항해·탐사기(1787~1936)》, 제주시우당도서관.

고의장, 1984, 〈제주도와 울릉도의 지형경관에 대한 비교 연구〉, 《국토지리학회지》 9(1): 481-506.

고지희·김태호, 2018, 〈한라산 국립공원의 가치, 자연, 문화자원을 활용한 영실 탐방로 환경 해설프로그램 설계〉, 《한국지리학회지》 8(2): 193-203.

공우석, 1998, 《제주도 기온 온난화가 한라산 고산식물의 분포에 미치는 영향》, 한국연구재단(NRF) 연구성과물, 1-41.

국토교통부 국토지리정보원, 2012, 《한국지리지: 제주특별자치도》.

권동희, 1996, 〈화성암과 제주도의 용암동굴 연구〉, 《동굴》 45: 49-63.

권동희, 2007, 〈제주특별자치도의 지형관광자원: 세계자연유산 지정 후보지로서의 재조명〉, 《한국사진지리학회지》 17(1): 9-20.

권동희, 2010, 〈천연기념물 지형의 지리학적 분석〉, 《한국사진지리학회지》 20(1): 17-26.

권동희, 2011, 〈제주도 지오파크의 발전석 콘텐츠 개발-산방산, 용머리 해안을 중심으로〉, 《한국지형학회지》 18(3): 1-10.

권동희, 2012, 〈제주도 지형지〉, 《한국사진지리학회지》 22(1): 1-12.

권동희, 2016, 〈지리학에서의 드론 사진 활용-제주도 지형 사례 연구〉, 《한국사진지리학회지》 26(4): 1-18.

권동희, 2017, 《드론의 경관지형학: 제주》, 푸른길.

권상철, 2001, 〈제주도 관광개발과 환경보존의 상충〉, 《자연보존》 114: 51-55.

권상철, 2003a, 〈인구이동과 인적자원 유출: 제주지역 유출, 유입 인구의 속성 비교〉, 《한국도시지리학회지》 6(2): 59-73.

권상철, 2003b, 〈제주시 인구이동 특성과 지역발전: 유입, 유출인구의 사회경제적 속성 비교를 중심으로〉, 《제주도연구》 24: 85-107.

권상철, 2008, 〈제주도 발전전략의 교호적 변화〉, 《대한지리학회지》 43(2): 171-187(영문).

권상철, 2012, 〈물의 신자유주의화-상품화 논쟁과 한국에서의 발전-〉, 《한국경제지리학회지》 15(3): 358-375.

권상철, 2013, 〈창조도시의 지역적 변용: 제주 세계평화의 섬과 평화산업 사례〉, 《한국도시지리학회지》 16(2): 17-29.

권상철, 2015, 〈대안 공동체 경제 논의와 제주 지역 사례: 마을 공동 어장과 이시돌 목장〉, 《한국경제지리학회지》 18(4): 395-414.

김경훈·홍시환·유충걸, 1996, 〈백두산과 제주 화산도에 있는 용암동굴의 X선 분석〉, 《동굴》 46: 9-31.

김권호·권상철, 2016, 〈공동체 기반 자연환경의 지속가능한 이용방안: 제주 해너의 공유자원 관리 사례〉, 《한국지역지리학회지》 22(1): 49-63.

김기덕·이승호, 2001, 〈기후 특성과 관련된 제주도의 민가 경관〉, 《한국지역지리학회지》 7(3): 29-43.

김도정, 1973, 〈한국의 화산지형〉, 《대한지리학회보》 7: 1-9.

김동전·강만익, 2015, 《제주지역 목장사와 목축문화》, 제주대학교 탐라문화연구원.

김만규·박종철·이성우, 2010, 〈제주도 서부 지역 고가수조 경관의 형성 배경〉, 《한국지역지리학회지》 16(6): 623-634.

김명광·김오진·이현영, 2007, 〈제주도에서 관측된 산성비 사례 연구〉, 《기후연구》 2(1): 33-49.

김민철·부창산·김영훈, 2008, 〈제주 지역 내 중국 및 일본 관광객의 선택속성의 차이 분석〉, 《한국지역지리학회지》 14(2): 126-140.

김범훈, 2014, 〈제주와 미래 가치: 제주 관광의 지속가능성과 대안적 모델로서의 지오투어리즘〉, 《탐라문화》 44: 83-120.

김범훈, 2014, 〈지속가능한 제주관광을 위한 지오투어리즘 활성화 방안-성산일출봉의 사례를 중심으로-〉, 제주대학교 대학원 사회교육학부 박사학위논문.

김범훈·김태호, 2007, 〈제주도 용암동굴의 보존 및 관리방안에 관한 연구〉, 《한국지역지리학회지》 13(6): 609-622.

김상호, 1963, 〈제주도의 자연지리〉, 《지리학》 1: 2-14.

김상호, 1979, 〈한국농경문화의 생태학적 연구-기저농경문화의 고찰-〉, 《사회과학논문집(서울대학교 사회과학대학)》 4: 81-122.

김순자, 2011, 〈제주도 방언의 언어지리학적 연구〉, 제주대학교 대학원 국어국문학과 박사학위논문.

김오진, 2008, 〈조선시대 제주도의 기상재해와 관민의 대응 양상〉, 《대한지리학회지》 43(6): 858-872.

김오진, 2009, 〈조선시대 제주도의 기후와 그에 대한 주민의 대응에 관한 연구〉, 건국대학교 대학원 지리학과 박사학위논문.

김오진, 2018, 《조선시대 제주도의 이상기후와 문화》, 푸른길.

김우관·전영권, 1987, 〈제주도 기생화산의 사면형태〉, 《지리학논구》 8: 47-68.

김지은·양보경, 2010, 〈서양 고지도에 나타난 제주의 지명과 형태〉, 《문화역사지리》 22(2): 38-49.

김태호, 2001, 〈한라산 백록담 화구저의 유상구조토〉, 《대한지리학회지》 36(3): 233-246.

김태호, 2003a, 〈제주도 해안지대의 지형분류〉, 《한국지형학회지》 10(1): 33-47.

김태호, 2003b, 〈한라산과 다랑쉬 오름 등산로의 답압에 의한 토양 압밀현상〉, 《한국지역지리학회지》 9(2): 169-179.

김태호, 2006a, 〈한라산 유상구조토의 붕괴프로세스와 요인〉, 《한국지역지리학회지》 12(4): 437-448.

김태호, 2006b, 〈한라산 아고산 초지대 나지의 확대속도와 침식작용〉, 《대한지리학회지》 41(6): 657-669.

김태호, 2009, 〈제주도 산지습지의 지형특성〉, 《한국지형학회지》 16(4): 35-45.

김태호, 2010, 〈한라산 아고산대에서의 사면 물질 이동〉, 《대한지리학회지》 45(3): 375-389.

김태호, 2012a, 〈용암류 특성에 의한 제주도 폭포의 유형화〉, 《한국지역지리학회지》 18(2): 129-140.

김태호, 2012b, 〈한라산 백록담 서북벽 암온의 향별 특성〉, 《한국지형학회지》 19(3): 109-121.

김태호, 2012c, 〈한라산의 지형 특성을 활용한 자연해설 탐방프로그램의 개발〉, 《한국지형학회지》 19(2): 17-32.

김태호, 2013, 〈한라산 아고산대의 동결기 기온 및 지온변화〉, 《한국지형학회지》 20(3): 95-107.

김태호, 2014, 〈탐라십경도에 표현된 제주도의 지형경관〉, 《한국지형학회지》 21(4): 149-164.

김태호, 2016, 〈탐라순력도의 지형경관에 투사된 지형인식〉, 《탐라문화》 51: 177-206.

김태호, 2017, 〈옛 그림 속 제주의 지형경관 그리고 지형인식〉, 《대한지리학회지》 52(2): 149-166.

김태호·안중기, 2008a, 〈제주도 스코리아콘의 유출특성〉, 《한국지형학회지》 15(2): 55-65.

김태호·안중기, 2008b, 〈한라산 구린굴의 천장 함몰로 인한 병문천의 유로 변경〉, 《대한지리학회지》 43(4): 466-476.

데이비드 네메스 지음, 고영자 번역, 손명철 감수, 2016, 《新제주순력담(1973~1974)》, 제주시우당도서관(David J. Nemeth, 2014, *Jeju Island Rambling: Self-exile in Peace Corps, 1973-1974*).

데이비드 네메스, 2002, 〈풍수지리와 장묘문화: 제주도 풍수의 중요성〉, 《탐라문화》 22: 171-183.

문현숙, 1989, 〈제주와 서귀포의 기후 비교연구〉, 《국토지리학회지》 14(1): 51-73.

박경·손일·장은미, 2004, 〈제주 김녕-월정 사구의 발달과정에 관하여〉, 《한국지역지리학회지》 10(4): 851-864.

박경환, 2006, 〈다문화주의 없는 다문화 사회: 제주특별자치도의 지속가능한 재세계화를 위한 이론적 함의〉, 《한국도시지리학회지》 9(3): 69-78.

박동원, 1985, 〈제주도의 해안과 산지지형〉, 《제주도연구》 2: 321-322.

박동원·오남삼·박승필, 1984, 〈가파도와 마라도의 지형〉, 《제주도연구》 1: 365-382.

박병수, 1981, 〈제주도 용암동굴의 성인과 특성〉, 《동굴》 7: 15-16.

박병수, 1984, 〈제주도 용암동굴에 관한 지리학적 연구〉, 《사회문화연구》 3: 161-177.

박승필, 1986, 〈제주도 기생화산에 관한 연구-지형과 분포를 중심으로〉, 《제주도연구》 3: 373-378.

부혜진, 2015, 〈귀농·귀촌 인구 증가에 따른 제주도 촌락 지역의 변화〉, 《한국지역지리학회지》 21(2): 226-241.

부혜진, 2018, 〈창조계층으로서 문화예술인들의 제주 이주와 그것이 지역 관광에 미치는 영향〉, 《한국지역지리학회지》 24(1): 18-31.

서종철·손명원, 2007, 〈제주 사계해안의 지형시스템〉, 《한국지역지리학회지》 13(1): 32-42.

손명철, 2017, 〈지역지리 연구의 주요 원리와 제주 지역 연구에 주는 함의〉, 《문화역사지리》 29(3): 78-91.

송경언, 2002, 〈제주도 어촌의 관광지화와 공간이용 변화 과정에 관한 연구〉, 서울대학교 대학원 지리학과 박사학위논문.

송경언, 2003, 〈제주도 어촌의 관광지화에 따른 공간이용 변화 과정〉, 《대한지리학회지》 38(1): 87-103.

송경언·박삼옥·정은진, 2006, 〈강원·제주 장수지역에 있어 서비스기능의 생산연계와 혁신네트워크: 호남 장수지역과의 비교〉, 《한국경제지리학회지》 9(1): 97-122.

송성대 등, 2010, 《제주지리론》, 한국학술정보(주).

송성대, 1983, 〈제주시의 관광기능성에 관한 지리학적 고찰: 관광산업을 중심으로〉, 《제주대 논문집》 16(2): 603-632.

송성대, 1984, 〈관광자원 분포성향에 의한 제주도의 지역별 관광성〉, 《제주대 논문집》 18(2): 523-549.

송성대, 1985, 〈제주시의 인구성장에 관한 고찰〉, 《제주대 논문집》 20(2): 241-257.

송성대, 1989, 〈한국 도서지방 초옥민가의 지역성〉, 경희대학교 대학원 지리학과 박사학위논문.

송성대, 1993, 〈제주도의 풍토주가: 초옥민가를 중심으로 하여〉, 《제주도연구》 10: 99-174.

송성대, 1996, 《제주인의 해민정신: 정신문화의 지리학적 요해》, 제주문화.

송성대, 1997a, 〈제주도의 지리적 환경과 지역정신〉, 《탐라문화》 18: 245-273.

송성대, 1997b, 〈제주인의 해민정신: 정신문화의 지리학적 요해〉, 《국토지리학회지》 29(1): 138-139.

송성대, 2000, 〈제주 육대음택명혈지의 경관해석과 메타언어에 대한 시론〉, 《탐라문화》 21: 135-176.

송성대, 2001, 《문화의 원류와 그 이해》(제주인의 해민정신 개정증보판), 도서출판 각.

송성대, 2002, 〈풍수지리와 장묘문화: 풍수지리연구 패러다임 전환에 대한 일고〉, 《탐라문화》 22: 185-209.

송성대, 2009, 〈제주 해민들의 이어도토피아〉, 《문화역사지리》 21(1): 170-190.

송성대, 2010, 〈한·중 간 이어도 해 영유권 분쟁에 관한 지리학적 고찰〉, 《대한지리학회지》 45(3): 414-429.

송성대, 2014, 《이어도 100문 100답》, (사)이어도연구회.

송성대, 2015, 《두 개의 얼굴 이어도》, (사)이어도연구회.

송성대·강만익, 2001, 〈조선시대 제주도 관영목장의 범위와 경관〉, 《문화역사지리》 13(2): 143-162.

송성대·김정숙, 2000, 〈제주도 신화 속의 여성 원형 연구〉, 《문화역사지리》 12: 1-17.

송성대·오영심, 2003, 〈제주도 전통사회의 옹기 생산과 유통에 관한 연구: 대정읍 구억리를 중심으로〉, 《탐라문화》 23: 65-86.

송원섭, 2019, 〈경관의 재현성과 비재현성의 의미론적 조우: 제주도 안거리-밖거리 전통주거문화경관 사례를 중심으로〉, 《대한지리학회지》 54(2): 229-249.

안중기·김태호, 2006, 〈한라산 아고산 초지대 小流域의 물수지〉, 《대한지리학회지》 41(4): 404-417.

안중기·김태호, 2015, 〈제주도 중산간지대의 지표수 이용시설에 대한 수문지형학적 접근〉, 《한국지형학회지》 22(1): 17-27.

양보경, 2001, 〈제주도 고지도의 유형과 특징〉, 《문화역사지리》 13(2): 81-102.

오남삼, 1986, 〈화산경관 분출 순서 연구: 화순지역 중심〉, 《제주대 관광개발연구소 논문집》 3(1): 21-53.

오남삼, 1987, 〈지정문화재의 관광자원론 고찰: 제주도를 중심으로〉, 《탐라문화》 6: 203-237.

오남삼, 1988, 〈제주도 해안지형에 대한 일고찰〉, 《탐라문화》 7: 181-202.

오남삼, 1991, 〈관광지 주민의 관광행태에 관한 연구: 서귀포시를 사례 지역으로 하여〉, 서울대학교 대학원 지리학과 박사학위논문.

오상학, 2004, 〈조선시대 제주도 지도의 시계열적 고찰〉, 《탐라문화》 24: 131-152.

오상학, 2006, 〈조선시대 한라산의 인식과 그 표현〉, 《국토지리학회지》 40(1): 127-140.

오상학, 2010, 〈고려시대 제주 법화사의 역사지리적 고찰〉, 《국토지리학회지》 44(1): 51-62.

오상학, 2011, 〈한·중·일 고지도에 표현된 이어도 해역 인식〉, 《국토지리학회지》 45(1): 73-92.

오상학, 2013, 〈중국 고지도에 표현된 제주도 인식의 변천〉, 《문화역사지리》 25(2): 1-14.

오상학, 2016a, 〈서양 고지도에 표현된 제주도〉, 《한국고지도연구》 8(2): 51-72.

오상학, 2016b, 〈목판본 「탐라지도」의 내용과 지도학적 특성〉, 《한국지도학회지》 16(2): 13-26.

오승남·권상철, 2010, 〈지방자치단체의 장소마케팅 유형 연구: 제주특별자치도를 중심으로〉, 《제주도연구》 34: 157-189.

오영숙·최광용, 2014, 〈온난수송대 접근에 의한 한라산 봄철 호우 현상의 종관적 특징〉, 《기후연구》 9(3): 193-205.

오일환·김기수, 2004, 〈18세기 서양 고지도에 나타난 우리나라와 제주도-형태와 명칭 표기 변화를 중심으로-〉, 《문화역사지리》 16(1): 113-122.

오정준, 2003, 〈제주도 지역개발의 변화 양상에 관한 연구〉, 《국토지리학회지》 37(2): 139-154.

오정준, 2003, 〈제주도의 지속가능한 관광에 관한 연구: 생태관광지의 사례를 중심으로〉, 서울대학교 대학원 지리교육과 박사학위논문.

오정준, 2004, 《지속가능한 관광의 이론과 실제: 제주사회와 제주관광의 변화》, 백산출판사.

오홍석, 1969, 〈제주도의 부락 입지에 관한 연구-변천과정과 입지요인을 중심으로-〉, 《대한지리학회지》 4(1): 41-54.

오홍석, 1975, 〈제주도의 취락에 관한 지리학적 연구〉, 경희대학교 대학원 지리학과 박사학위논문.

오홍석, 1984, 〈범선 항해시대의 濟·京海路〉, 《제주도연구》 1: 97-144.

오홍석, 1987, 〈제주도 취락연구의 동향과 과제〉, 《제주도연구》 4: 65-75.

오홍석, 1992, 〈제주도의 환경보전과 관리〉, 《제주도연구》 9: 85-99.

오홍석, 2006, 〈제주도의 지역특성과 문학-예술적 표현〉, 《탐라문화》 29: 161-192.

오홍석, 2009, 《문학지리: 문학의 터전·그 지리적 특성》, 부연사.

우락기, 1966, 〈제주도의 지질〉, 《제주시》 4: 42-47.

우락기, 1978, 《濟州道: 大韓地誌 I》, 성민사.

우락기, 1980, 《국민관광 I 제주도》, 한국지리연구소.

원학희, 1985, 〈제주 해녀어업의 전개〉, 《국토지리학회지》 10(1): 179-198.

윤혜연·장동호, 2019, 〈우도비를 활용한 제주도 중산간지역 오름의 자연·환경적 공간분포 특성〉, 《한국지리학회지》 8(2): 193-203.

이 전, 2016, 〈제주도 촌락 가옥의 유형과 특성에 관한 연구〉, 《한국지역지리학회지》 22(2): 369-382.

이덕안, 2005, 〈도서지방의 설화에 담긴 지리적 의미 찾기-제주도, 흑산도, 비금도를 사례로〉, 《국토지리학회지》 39(4): 501-517.

이성우·김만규, 2012, 〈제주도 해안마을 울담의 높이에 관한 연구〉, 《대한지리학회지》 47(3): 390-406.

이승욱·조성찬·박배균, 2017, 〈제주 국제자유도시, 신자유주의 예외 공간, 그리고 개발자치도〉, 《한국지역지리학회지》 23(2): 269-287.

이승호, 1987, 〈제주도 해안지역의 겨울철 바람에 관한 연구〉, 《제주도연구》 4: 219-259.

이승호, 1996, 〈제주도에 분포하는 편형수에 의한 탁월풍의 추정〉, 《한국지리환경교육학회지》 4(1): 121-133.

이승호, 1999, 〈제주도 지역의 강수 분포 특성〉, 《대한지리학회지》 34(2): 123-136.

이승호·이현영, 1995, 〈제주도 감귤 과수원의 야간 기온분포(II)〉, 《대한지리학회지》 30(3): 230-241.

이자원, 2015, 〈제주도 가시리 마을 만들기 사업을 통한 한국형 마을 만들기 연구〉, 《국토지리학회지》 49(4): 425-437.

이정면, 1981, 〈제주도 토지이용도 작성에 있어서의 전산처리방법〉, 《국토지리학회지》 6(1): 17-30.

이준선, 1999, 〈프랑스와 한국의 농경지 풍경 비교: Bretagne와 제주도 경우〉, 《한국지리환경교육학회지》 7(2): 825-848.

이현영·이승호·김미정, 1995, 〈제주도 감귤 과수원의 야간 기온 분포(I)〉, 《환동해권의 시간과 공간의 교감》(목지 오홍석 박사 화갑 기념 논문집 1), 549-659.

장보웅, 1974, 〈제주도 민가의 연구〉, 《대한지리학회지》 9(2): 13-31.

장상섭, 1989, 〈제주도 남해안의 SEA STACK과 구조와의 관계〉, 《국토지리학회지》 14(1): 91-109.

장영진, 2013, 〈계약생산과 초국적 농식품 체계: 제주도 제스프리 골드키위 농업을 사례로〉, 《한국경제지리학회지》 16(4): 585-596.

정광중, 1998a, 〈제주도 구엄 마을의 돌소금 생산구조와 특성〉,《국토지리학회지》 32(2): 87-104.

정광중, 1998b, 〈제주도 해안지역의 경관적 특성〉,《사진지리》 7: 61-74.

정광중, 2002, 〈탐라시대의 지리적 환경과 주민들의 생활기반〉,《초등교육연구》 7: 35-39.

정광중, 2003, 〈장수마을의 지리적 환경과 제조건에 관한 시론적 연구〉,《제주도연구》 23: 37-65.

정광중, 2004, 〈곶자왈과 제주인의 삶〉,《제주교대 논문집》 33: 41-65.

정광중, 2006, 〈한라산과 제주도민의 문화〉,《한국사진지리학회지》 16(2): 1-18.

정광중, 2007, 〈제주 마을의 지리적 환경 연구: 삼도 1동을 사례로〉,《제주교대 논문집》 36: 13-52.

정광중, 2008a, 〈덕수리의 인문지리적 환경〉,《초등교육연구》 12: 1-22.

정광중, 2008b, 〈마을 만들기와 산지천변 야시장 조성에 관한 연구〉,《초등교육연구》 13: 1-33.

정광중, 2011a, 〈제주도 대정읍성의 지리적 환경 고찰〉,《한국사진지리학회지》 21(2): 43-61.

정광중, 2011b, 〈제주도 농어촌 지역 마을자원의 발굴과 활용에 대한 시론적 연구-애월읍 신엄마을을 사례로-〉,《한국사진지리학 회지》 21(3): 153-170.

정광중, 2011c, 〈제주시 용담동-도두동 해안도로변 생활문화유적의 잔존실태〉,《한국사진지리학회지》 21(4): 53-68.

정광중, 2012, 〈제주의 숲, 곶자왈의 인식과 이용에 대한 연구〉,《한국사진지리학회지》 22(2): 11-28.

정광중, 2013a, 〈마라도의 지리적 환경과 지역환경 조성 방안〉,《한국사진지리학회지》 23(2): 1-20.

정광중, 2013b, 〈제주도 애월읍의 지리적 환경과 인구변화의 특징〉,《한국사진지리학회지》 23(3): 57-79.

정광중, 2014, 〈제주 선흘 곶자왈 내 역사문화자원의 유형과 평가〉,《한국사진지리학회지》 24(2): 1-20.

정광중, 2015, 〈저지-청수 곶자왈과 그 주변 지역에서의 숯 생산 활동〉,《문화역사지리》 27(1): 83-111.

정광중, 2016a, 〈숯 제조 재현과정과 현대적 의미 탐구-제주지역의 곰 숯 제조를 사례로-〉,《탐라문화》 53: 83-114.

정광중, 2016b, 〈제주도 생활문화의 특성과 용천수 수변 공간의 가치 탐색〉,《국토지리학회지》 50(3): 253-270.

정광중, 2017a, 〈제주 곶자왈의 경관 특성과 가치 탐색〉,《문화역사지리》 29(3): 58-77.

정광중, 2017b, 〈제주 돌담의 가치와 돌담 속 선조들의 숨은 지혜 찾기〉,《제주도연구》 48: 177-203.

정광중·강만익, 1997, 〈제주도 염전의 성립과정과 소금생산의 전개-종달·일과·구엄 염전을 중심으로-〉,《탐라문화》 18: 351-379.

정광중·강성기, 2013, 〈장소자산으로서 제주 돌담의 가치와 활용방안〉,《한국경제지리학회지》 16(1): 99-117.

정광중·강성기·최형순·김찬수, 2013, 〈제주 선흘 곶자왈에서의 숯 생산활동에 관한 연구〉,《한국사진지리학회지》 23(4): 37-55.

정광중·오상학·강만익·진관훈, 2006,《한라산의 인문지리》, 제주도·한라산생태문화연구소(한라산총서 4).

정근오, 2014, 〈제주도 벼농사의 역사지리적 연구: 천제연 일대를 사례로〉,《문화역사지리》 26(3): 56-72.

정주연·이혜은, 2013, 〈알뜨르 비행장이 갖는 지리적 의미에 관한 연구〉,《한국사진지리학회지》 23(4): 29-36.

정현주, 2006, 〈제주특별자치도의 지속가능한 미래전략으로서 생태관광의 전망〉,《한국도시지리학회지》 9(3): 57-68.

제주도지편찬위원회, 2006,《제주도지 제1권 지리 편》.

진종헌 외, 2018, 〈사잇공간? 제주 중산간지대 경관변화의 사회문화지리적 연구〉, 한국연구재단 2018일반공동연구지원사업단.

진종헌, 2016, 〈제주 오름에 대한 미학적 시선의 출현과 오름 '경관'의 형성-김종철의《오름나그네》다시 읽기-〉,《문화역사지리》 28(4): 1-14.

최광용, 2011, 〈한라산 사면 및 고도별 기온감률 변동성〉,《기후연구》 6(3): 171-186.

최광용, 2013, 〈한라산의 사계절 극한강수현상 발생 패턴〉,《기후연구》 8(4): 267-280.

최광용, 2016a, 〈제주 지역 주민 경제 활동 지원을 위한 수요자 맞춤형 기상 기후 정보 서비스 발굴〉, 《한국지리학회지》 5(2): 107-119.

최광용, 2016b, 〈한라산 지역 열역학적 푄 현상 발생시 종관기후 패턴〉, 《기후연구》 11(4): 313-330.

최광용, 2017, 〈고해상도 기후변화 시나리오 자료를 활용한 한라산 지역 기온 및 기후대 변화 전망〉, 《기후연구》 12(3): 243-257.

최광용, 2018, 〈제주도 지역 체감온도의 시·공간적 분포 특징과 장기간 변화 경향〉, 《한국지리학회지》 7(1): 29-41.

최광용, 2019, 〈한라산 지역의 기후학적 사계절 개시일과 지속기간〉, 《한국지역지리학회지》 25(1): 178-193.

최광희·최광용·김윤미, 2014, 〈태풍 볼라벤에 의한 제주도 방풍림 조풍(潮風) 피해〉, 《대한지리학회지》 49(1): 18-31.

최재헌, 2005, 〈국제자유도시개발의 성공적 추진: 제주국제자유도시의 과제와 발전전략 모색〉, 《한국도시지리학회지》 8(3): 9-20.

현경희·김태호, 2001, 〈제주도 스코리아콘의 사면발달〉, 《제4기학회지》 15(1): 37-45.

홍시환, 1968, 〈군수산업 육성 면에서 본 제주도의 식품가공업 개발책〉, 《한국군사학논집》 6: 88-131.

홍시환, 1971, 〈안전방위면에서 본 제주도의 후방기지화론〉, 《지리학보》 1: 25-31.

홍시환, 1991, 〈제주도의 동굴 개관〉, 《동굴》 26: 15-28.

홍시환, 1994, 〈제주도의 화산동굴에 관한 연구〉, 《관광연구저널》 4: 235-245.

홍시환, 1997, 〈제주도의 화산동굴과 동굴지형지물 ㅅㄱ〉, 《동굴》 51: 9-14.

홍시환, 2004, 〈제주도의 화산동굴 소고〉, 《동굴》 62: 19-23.

홍시환·강상배, 1990, 〈제주도 협재굴 지대의 지형적 특성 연구〉, 《동굴》 23: 56-70.

홍시환·鹿島愛彦·小川孝德, 1989, 〈제주도 화산동굴의 광물소고〉, 《동굴》 21: 1-7.

홍시환·배두안, 1998, 〈제주도 빌레못 동굴의 지형지물 연구〉, 《동굴》 53: 29-38.

南滿洲鐵道株式會社, 1912, 《濟州歷史地理》, 丸善株式會社(1986, 아세아문화사 영인본: 한남대학교 도서관 소장).

朝鮮總督府, 1931, 《濟州島地質圖》.

朝鮮總督府, 1931, 《濟州島地質調査報告書》.

Church, R.J.H., 1951, The French school of geography, in Taylor, G.(ed.), *Geography in the Twentieth Century*, Methuen, 70-90.

Lautensach, Herman, 1945, KOREA: *Eine Landerkunde auf Grund eigener Reisen und der Literatur*, Leipzig: K. F. Koehler Verlag(translated by Katherine and Eckart Dege, 1988, *KOREA: A Geographical Based on the Author's Travels and Literature*, Berlin: Springer-Verlag; 김종규·강경원·손명철 옮김, 2014, 《코레아: 일제 강점기의 한국지리》, 푸른길).

Nemeth, David J., 1987, *The Architeture of Ideology: Neo-Confucian Imprinting on Cheju Island*, Korea, University of California Press(데이비드 네메스 저, 고영자 역, 2012, 《제주 땅에 새겨진 신유가사상의 자취》, 제주시우당도서관).

Taeho Kim, 2008, Thufur and turf exfoliation in a subalpine grassland on Mt. Halla, Jeju Island, Korea, *Mountain Research and Development* 28(3/4): 272-278.

2부

역사 기록물이 전하는
제주도의 옛 제주 지리 환경

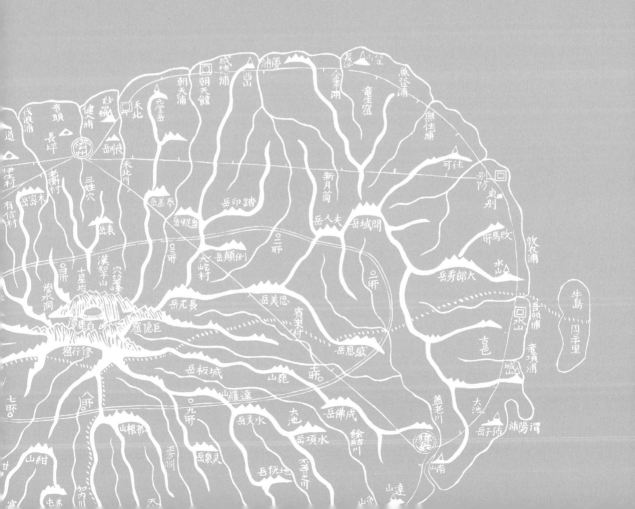

조선시대 제주도 9진성의 역사지리

오상학

제1장 머리말

제주도는 대한민국의 가장 큰 섬으로 북으로 목포와의 거리는 141.6㎞, 북동쪽 부산과의 거리는 286.5㎞이며, 동으로 일본 대마도(對馬島)와는 255.1㎞ 떨어져 있다. 동쪽으로 대한해협을 사이에 두고 일본의 대마도 및 큐슈 지역, 서쪽으로 중국의 상하이(上海)와 마주하며, 남쪽으로 동중국해와 면하고 있다. 한국, 일본, 중국 등 동북아시아의 중심부에 위치하고 있다. 부속도서는 8개의 유인도와 82개의 무인도가 있다. 화산활동에 의해 형성된 화산섬으로 섬의 중앙부에는 순상화산인 한라산이 솟아 있으며 중산간 일대에는 측화산인 오름과 더불어 광활한 목초지가 형성되어 있다.

이와 같은 제주도의 지정학적 위치와 화산섬이라는 환경적 특성은 조선시대 제주도 인식의 두 축을 형성했다. 화산활동으로 인해 형성된 중산간의 오름과 광활한 목초지는

---

* 이 글은 필자의 논문인 〈조선시대 제주도 9진성에 대한 역사지리적 고찰-고지도에 표현된 내용을 중심으로-〉 (《한국고지도연구》 11-1, 2019)을 바탕으로 작성되었다.

조선 최대의 목마장으로 이용되면서 국가에서 필요한 말을 공급했다. 본토에서 멀리 떨어진 남쪽 변방의 섬이라는 지정학적 조건은 제주도를 국방의 요충지로서 인식하여 일찍부터 방어시설을 구축하였다.

고려시대 삼별초가 제주사회에 들어오면서 환해장성을 쌓고 반란을 진압하려는 고려군과 일대 격전이 제주에서 벌어졌고, 이후 원나라가 탐라총관부를 두고 제주를 직접 통치한 이후 목호들이 반란을 일으키자 고려의 최영 장군이 이를 토벌하기 위해 대군을 이끌고 와서 또 한 번의 격전이 제주도에서 벌어졌다. 특히 몽골 제국 때는 일본 정벌의 전초 기지가 되기도 했다.

고려 말부터 왜구의 침입이 기승을 부리자 이를 막기 위한 대책들이 강구되었고 조선시대로 접어들면서 하삼도 지역에 해안 방어에 필요한 읍성이 광범위하게 축조되었다.[1] 제주도에도 이 무렵에 관방 시설이 정비되고 성곽도 축조되기 시작했는데, 1439년 제주 도안무사(都按撫使) 한승순(韓承舜)의 장계에 따르면 방호소, 봉수, 연대 등의 관방시설이 이미 설치되어 있었다고 한다.[2] 이후 진성(鎭城)의 축성이 잇따르고 1678년 화북진성이 축조되면서 제주도는 아홉 개의 진성(9진성)의 체계가 완성된다.

제주도는 섬이라는 특성으로 인해 국방은 해상으로 들어오는 외적을 막는 것이 핵심이다. 해안선이 날카로운 화산암으로 덮여있는 제주의 경우 육지와는 달리 큰 포구가 발달하기는 어렵다. 조선시대의 기록에서도 왜구가 여러 번 침략하였으나 한 번도 뜻을 이루지 못한 것은 암초가 온 섬의 해중에 깔려 있어서 정박하기가 힘들기 때문이라는 사실을 지적하고 있다. 따라서 해안 방어는 배를 정박할 수 있는 포구를 수호하는 것이 중요한 사안이 되어 중요 포구에 진성을 구축하고 해안 방어의 요충지로 삼았던 것이다.

이 글은 제주도의 대표적인 관방 시설인 9진성에 대한 역사지리적 접근으로 9진성의 축조과정과 입지적 특성을 먼저 고찰하고 현존하는 조선시대 지도나 지적원도를 통

---

1) 차용걸, 1983, 〈조선전기 관방시설의 정비과정〉,《한국사론》7, 46쪽.
2) 《세종실록》권84, 세종 21년, 윤2월 임오.

해 9진성의 지리와 경관을 파악하고자 하였다. 이러한 작업은 이후 진성의 복원과 문화재의 관리, 보존에 도움을 줄 수 있을 것으로 기대한다.

제2장 조선시대 9진성의 축조와 입지 특성

제주에서 진성과 같은 관방시설이 구체적으로 확인되는 시기는 고려시대부터로 볼 수 있다. 고려의 마지막 항몽세력인 삼별초는 제주를 항몽의 최후 거점으로 삼고 '고토성(古土城)', '고장성(古長城)', '애월목성(涯月木城)', '항파두고성(缸波頭古城)' 등의 성을 축조했다. 이때 축조했던 성의 흔적들이 현재에도 일부 남아 있다.[3] 그러나 이러한 성들은 제주도의 군사방어 전략 속에서 체계적으로 만들어진 것은 아니었다.

조선시대에 접어들어 중앙집권적 체제가 정비되면서 해안 방어도 체계를 갖추게 되었다. 제주목, 정의현, 대정현 3읍의 체제로 행정구역이 완성됨에 따라 읍치를 방어하기 위한 읍성이 축조되었고 점차 해안을 방어하는 관방시설도 들어서게 되었다. 조선초기 세종 때인 1439년에 이미 제주목 소속의 김녕, 조천관, 도근천, 애월, 명월, 대정현 소속의 차귀, 동해, 정의현 소속의 서귀포, 수산 등의 방호소가 있었다. 이들 방호소는 배를 댈 수 있는 중요한 요해처에 위치해 있었지만 대부분 성곽이 축조되지 않았고, 우도와 가까운 수산방호소와 죽도(차귀도)에 가까운 차귀방호소의 성곽을 우선적으로 쌓도록 했다.[4] 1443년에는 제주 안무사가 김녕방호소와 명월방호소가 우도와 죽도(지금의 차귀도)에 가깝고 서귀방호소는 정의현과 대정현과 거리가 멀어 축성하여 방어하도록 요청했다.[5] 이 요청에 대해 병조에서 논의 결과 그해의 풍흉을 보아 쌓겠다고 했으나

3) 김일우, 2016, 〈조선시대 제주 관방시설의 설치와 분포양상〉, 《한국사학보》 제65호, 289쪽.
4) 《세종실록》 권84, 세종 21년, 윤2월 4일 임오. 《세종실록》의 원문에는 遮歸防護所가 西歸防護所로 잘못 기재되어 있다.
5) 《세종실록》 권99, 세종 25년, 1월 10일 병인.

의정부에서는 "제주는 사면이 험하여서 적선이 정박하기 어려우며, 토지가 메마르고 백성들이 가난하여 성을 쌓기가 매우 어려우니, 예전대로 요해처만 엄하게 방어하기를 청합니다."라고 하여 축성이 보류되었다.[6]

이후 1510년 제주목사 장림(張琳)의 방어절목(防禦節目)에는 진성의 축조와 관련된 내용이 수록되어 있다. 조천관, 김녕포, 도근천포, 애월포, 명월포, 서귀포, 동해포의 방호소에는 본래 성이 없어서 성을 쌓도록 했고, 수산과 차귀에는 옛 성을 수축하고 구덩이와 말목(末木)을 설치했다.[7] 그러나 방어청에서는 장림의 방어절목에 대해 답변을 내렸는데, 진성을 축성하는 것이 급하지만 한꺼번에 성을 쌓는 것은 지탱하기 어려우므로 순차적으로 하도록 했다.[8] 1530년에 간행된 《신증동국여지승람》에는 대수산방호소와 차귀방호소의 성곽과 더불어 서귀포방호소성이 나온다. 서귀포방호소성이 신증 항목에 수록되지 않은 것으로 보아 1481년 1차 편찬 때 수록된 것인데 이로 보면 1481년 이전에 서귀포방호소성이 축조되었다고 볼 수 있다.

1653년 편찬된 이원진의 《탐라지》에는 조천성, 애월성, 별방성, 명월성, 수산성, 서귀성, 차귀성, 동해성 등이 수록되어 있다. 17세기 중엽에는 모슬진성을 제외한 8개의 진성이 축조되어 있음을 알 수 있다. 1676년에는 윤창형 목사가 동해방호소를 모슬진으로 옮겨 진성을 축조하였고, 1678년에는 최관 목사가 화북진성을 완성했다. 이로부터 9진성이 확립되고 각 진 소속의 25개 봉수, 38개 연대와 더불어 방어망이 구축되어 조선 말기까지 지속되었다. 이것은 조선 전기 수전소(水戰所)를 중심으로 운영되었던 수군 방어체제가 혁파되고 봉수-연대-진성의 육상 전력만을 토대로 한 관방체계로의 전환이었다. 제주에서 발생하는 잦은 재해와 명청(明淸) 교체기의 국제적 상황이 이러한 전환의 원인이 되었다. 그리하여 17세기 말에는 해상 방어체계의 공백을 메우기 위해 정교한 육상 방어체계가 필요했는데, 연대-봉수-진성의 체계를 마련하였다. 원해에서

---

6) 《세종실록》 권100, 세종 25년, 5월 28일 임오.
7) 《중종실록》 권12, 중종 5년, 9월 16일 기사.
8) 《중종실록》 권12, 중종 5년, 9월 19일 임신.

접근하는 외적선을 봉수에서 감시하고, 근해에서 외적선의 동향을 연대에서 정확하게 파악하여 진에 전달하며, 진에서는 이러한 정보를 바탕으로 방어가 필요한 지점에 병력을 효율적으로 배치하는 역할을 담당하였던 것이다.[9]

　9진성의 입지를 보면 내륙형, 해안형으로 나눠볼 수 있고, 해안형은 연해형과 육계도형(陸繫島型)으로 세분해 볼 수 있다. 차귀진성과 수산진성은 해안가에서 10리 정도 떨어진 곳에 위치하여 내륙형으로 분류된다. 해안형 중에서 모슬진성과 조천진성은 육계도에 축조된 육계도형에 해당한다. 나머지 화북진, 별방진, 서귀진, 명월진, 애월진 등은 연해형으로 분류해 볼 수 있다. 《탐라순력도》에 수록된 지도인 〈한라장촉〉〈그림 1〉에는 9진성의 입지가 잘 표현되어 있는데, 제주목, 정의현, 대정현의 읍성과 더불어 붉은색으로 표현되어 있다. 9진성은 해안으로 들어오는 적들을 방어하는 것이 일차적인 목적이었기 때문에 내륙에 위치한 수산진과 차귀진은 해안 방어에 불리하여 입지 타당성에 대한 논란이 이어지곤 했다. 성곽의 형태는 대부분 원형 또는 타원형이지만 수산진성, 차귀진성처럼 사각형의 형태를 띤 것도 있다.

　9진성의 규모는 문헌 간에 약간의 차이는 있지만 1760년대의 일본 천리대 소장 《증보탐라지》의 기록을 토대로 보면, 명월진 3,050자, 별방진 2,390자, 수산진 1,264자, 차귀진 1,190자, 화북진 608자, 애월진 225보(549자), 서귀진 500자, 조천진 428자, 모슬진 335자 등의 순서다.[10] 명월진, 별방진이 큰 규모에 해당하고 육계도에 입지한 조천진과 모슬진이 작은 규모라 할 수 있다. 대부분의 진성에 성문이 설치되어 있으나 조천진, 모슬진처럼 육계도에 축조된 진성은 성문이 하나만 있다. 아울러 모든 진성에는 객사와 병고가 들어서 있다. 객사인 경우 일부 기와지붕으로 된 것도 있지만 대부분 초가로 되어 있다.

---

9) 신효승, 2016, 〈조선후기 제주도의 관방체계〉, 《역사와 실학》 59, 103~133쪽.
10) 《증보탐라지》 제6, 九鎭.

〈그림 1〉《탐라순력도》〈한라장촉〉의 9진성 제주세계유산본부 소장.

제3장 제주도 9진성의 지리와 경관

제1절 내륙형 진성

1. 수산진성

수산진성은 지금의 서귀포시 성산읍 수산리 579-1번지에 있는 진성이다. 해안가까지는 직선거리로 3.5km 떨어져 내륙형 진성에 해당한다. 진성이 처음 축조된 시기는 명확하지 않다. 고려 충렬왕 때 원나라 탑라치(塔羅赤)가 가축을 싣고 와서 방목했던 곳이 이곳인데 후에 방호소를 설치한 것이다. 수산진성이 처음 축조된 것은 1439년 제주도안무사 한승순(韓承舜)이 의정부에 청하면서 이뤄진 것으로 보인다.[11] 1481년 1차 완성된 《동국여지승람》에 대수산방호소성이 둘레 1,264자, 높이 26자로 축성되었다고 한 것으로 보아 9진성 가운데 가장 이른 시기에 만들어진 것으로 보인다. 1592년 왜구들이 침입하자 이경록(李慶祿) 목사가 성산으로 이설했고 1599년 성윤문(成允文) 목사가 다시 이곳에 진을 설치했다. 1705년에 만호진(萬戶鎭)으로 승격되었다가 1718년에 다시 조방장(助防將)으로 환원했다.[12]

18세기의 《증보탐라지》에는 성의 둘레 1,264자, 높이 16자, 성정군이 170명, 치총 1인, 조방장 1인, 양방군 41명, 서기 8명, 궁인 2명, 시인(矢人) 12명으로 기록되어 있다. 성곽에 동문과 서문이 설치되어 있고, 객사는 3간, 군기고 3간이다. 성안에는 우물과 샘이 없고 다만 봉천수 한 곳이 있다. 수산진 소속의 봉수로는 성산, 수산 봉수가 있고, 소속 연대로는 종달포, 오조포, 협재 연대 세 곳이다. 해안에서 10리 정도 떨어진 내륙에

---

11) 《신증동국여지승람》 권38, 정의현, 성곽.
12) 《탐라지초본》 정의현, 진보. 여기서는 李慶祿 목사가 李慶億으로 잘못 표기되어 있다. 《증보탐라지》에는 1706년 宋廷奎 목사가 계본을 올려 만호로 승격시켰고, 1716년 黃龜河 어사가 조방장으로 환원했다고 되어 있다.
13) 《증보탐라지》 제6, 구진, 수산진.

입지한 진성으로 해안 방어상의 어려움이 지적되어 이도원(李度遠) 어사 같은 이는 진을 1738년 성산이나 오조리 옛 성으로 옮기는 것을 요청했으나 실행되지는 않았다.[13]

《탐라순력도》의 〈수산성조(首山城操)〉〈그림 2〉에는 수산진성과 그 일대의 모습이 그려져 있다. 성곽이 타원형으로 그려져 있고, 동쪽과 서쪽에 옹성의 구조로 된 성문이 설치되어 있다. 이증의 《남사일록》에는 남문, 북문이 있었다고 했는데, 이는 방위를 오인한 것으로 보인다. 객사를 비롯한 건물들은 모두 초가 지붕으로 되어 있고 성안의 남쪽에는 샘이 그려져 있다. 동쪽 바닷가에는 성산이 그려져 있는 허물어진 성곽의 모습도 보인다. 오조포 옆에는 '구수산고성(舊首山古城)'이 그려져 있는데 한때 수산진이 들어섰던 곳이다. 남쪽 수산봉에는 봉수가 그려져 있고 협재포구에는 협재 연대가 그려져 있는데, 거의 동일한 형태로 그려져 있다.

수산진성은 현재 수산초등학교 담장으로 사용되고 있다. 현존 상태는 양호하며 원형을 잘 유지하고 있다. 9진성 가운데 보존 상태가 가장 양호한 성곽이라 할 수 있다. 성곽의 형태는 정방형이며, 성의 서쪽, 북쪽 귀퉁이에 두 개의 치성이 남아 있다. 또한 북측 성벽에는 여장이 잘 보존되어 있다. 성

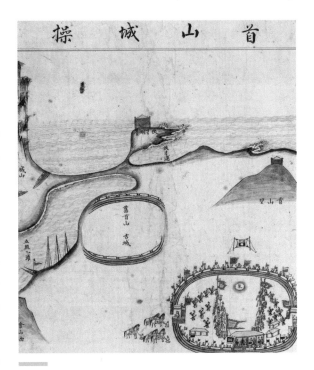

〈그림 2〉 《탐라순력도》 〈수산성조〉 제주세계유산본부 소장.

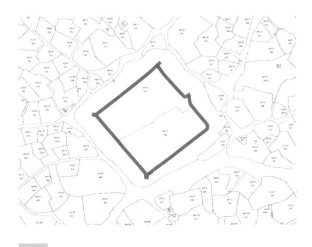

〈그림 3〉 수산진성 일대의 지적원도

문은 동문과 서문 두 개의 문이 축조되어 있었다. 동문 지역은 과수원, 서문 지역에는 학교 건물이 들어서 있다. 동성 한 부분에는 '진안 할망당'이 있는데, 진성의 축성 때 희생당한 소녀의 영혼을 달래는 당이라는 전설이 있다.

2. 차귀진성

차귀진성은 지금의 한경면 고산리에 위치했던 진성이다. 바닷가까지는 직선거리로 1.3km 정도 떨어져 있다. 수산진과 더불어 내륙에 입지한 진성으로 고려 말 원나라 지배 시 하치가 성을 쌓고 말을 기르는 곳으로 삼았다. 하치가 망한 후 이원진(李元鎭) 목사가 진의 설치를 청하고 여수(旅帥)를 두었다. 그 후 1675년에 여수를 혁파하고 영에서 조방장을 차출했다. 1706년에 만호로 승격시켰다가 1716년에 다시 조방장으로 환원시켰다. 18세기의 《증보탐라지》에 따르면 성의 둘레가 1,190여 자이며 높이는 10자다. 성정군 134명, 치총 2인, 조방장 1인, 양방군 50명, 첨방군 53명, 서기 8명, 포수 1명, 궁인 6명, 시인 6명이 있었다. 동쪽과 서쪽에 문이 있으며 문 위에 초루가 있었다. 객사가 3간, 군기고가 3간이고 가운데에 우물이 하나 있었다. 소속 봉수로는 당산(堂山) 봉수가 있고 소속 연대로는 우두(牛頭) 연대가 있었다.[14]

제주순무어사 박천형은 서계에서 "차귀진은 바닷가와 3~4리쯤 떨어져 있다. 축성이 가장 완고하여 파손되기가 어렵다. 고려 말 목자(牧子)들이 말을 몰기 위해 쌓은 것이라 한다. 이원진 목사 때 기존의 성이 있어서 장계를 올려 진의 설치를 청하였다. 진터를 보면 바닷가의 요충지가 아니고 또한 선박처도 아닌 궁벽한 무인 들판이어서 진을 설치해서 방어하는 것이 의의가 없으므로 종전의 어사들도 혁파하자는 논의가 있었지만 관직의 변경과 관련되는 것이라 시행하기는 어렵다."라고 평했다.[15] 차귀진의 입지가 해안방어에 유리한 요충지가 아니고 넓은 벌판 가운데 위치하고 있어서 혁파

---

14) 《증보탐라지》 제6, 구진, 차귀진.
15) 《濟州巡撫御使朴天衡書啓》.

하자는 논의가 있었지만 실제 시행되지는 못했다.

《탐라순력도》의 〈차귀점부(遮歸點簿)〉〈그림 4〉에는 차귀진성과 주변 지역의 모습이 묘사되어 있다. 진성에는 동쪽과 서쪽에 옹성의 구조를 지닌 성문이 설치되어 있다. 서문 인근에 객사 건물이 있고 북쪽에는 병고(兵庫)가 들어서 있는데, 모두 초가 지붕의 형태를 띠고 있다. 해안가 당산봉에는 당산 봉수가 그려져 있고, 와포(瓦浦)에는 우두(牛頭) 연대가 그려져 있다.

현재의 차귀진성은 대부분 허물어져 과거의 모습을 찾아보기 어렵다. 평지에 위치한 성곽이어서 성담도 사라지고 성안은 마을 주민들의 주택이 들어서 있고 일부는 밭으로 이용되고 있다. 1914년의 지적원도〈그림 5〉에도 성안은 이미 주민들의 택지로 이용되고 있음을 알 수 있다. 동문과 서문을 연결했던 도로가 아직도 이용되고 있다. 전체적인 성곽의 형태는 원형으로 그려진 《탐라순력도》의 것과는 차이가 있다. 이는 《탐라순력도》의 성곽 표현이 실제의 형태보다는 원형의 형태로 모식적으로 표현한 데에 기인한다.

〈그림 4〉《탐라순력도》〈차귀점부〉 제주세계유산본부 소장.

〈그림 5〉 차귀진성 일대의 지적원도

제2절 해안형 진성

1. 연해형 진성

가. 화북진성

화북진은 지금의 제주시 화북1동 포구에 설치되었던 진이다. 화북은 일명 별도(別刀)라고도 하는데 과거 수전소(水戰所)로 사용되었던 곳이다. 1698년 제주에 어사로 파견되었던 이증(李增)의 《남사일록》에 따르면 1678년 봄 윤창형(尹昌亨) 목사가 처음으로 방호소를 설치하였다고 한다.[16] 그러나 천리대 소장 《증보탐라지》에는 1678년 최관(崔寬) 목사가 화북진을 설치하였다고 기록되어 있다. 최관 목사는 1678년 8월에 도임하여 윤창형 목사의 뒤를 이어 재직하였다.[17] 이러한 사실로 미루어 보면, 화북진의 설치는 윤창형 목사가 처음으로 시작하여 최관 목사 때 완료된 것이라 할 수 있다.

《증보탐라지》의 기록에는 "당시 성 둘레 608자, 높이 10자, 동서에 양문이 있고 그 위에 초루(譙樓)가 있었다. 성정군은 159명, 치총 2, 조방장 1인이 있었다. 성안에 물이 없어서 성 서쪽 10보쯤에 인수천(仁水泉)이 있는데 조수가 통하여 맛이 짜다. 과거 후풍처로 모두 조천을 경유한다. 지금은 화북진이 제주성과 가까워 출입에 편리한 까닭에 군영이나 관아 관리와 왕래하는 사신들이 대부분 이 포구를 이용했다."라고 했다.[18] 《남사록》에 따르면, 예전에는 포구에 환풍정(喚風亭)이 있었으나 중간에 없어졌다가 남지훈(南至薰) 목사가 개건(改建)했다고 한다. 성안에 객사와 망양대, 군기고가 있었다. 성 밖의 포구 머리에는 영송정(迎送亭)이 있는데, 출입하는 배를 점검하는 곳으로 1735년 김정 목사

16) 李增, 《南槎日錄》.

17) 《탐라관풍안》.

18) 《증보탐라지》 제6, 九鎭, 禾北鎭.

19) 《탐라관풍안》.

20) 《濟州巡撫御使朴天衡書啓》.

가 개건한 것이다. 아울러 포구에는 선창(船艙) 시설이 축조되어 있었는데, 이 역시 1736년에 김정 목사가 세운 것이다. 포구의 좌우에 뾰족한 돌들이 많아 배가 파선되는 일이 빈번하자 배를 대는 선창을 돌로 쌓은 것이다. 김정 목사는 몸소 돌을 져 나르면서 선창을 쌓았으나 이 해 9월에 화북관에서 죽었다고 전해진다.[19] 화북진에 소속된 연대로는 별도연대가 있었다. 1781년에 작성된《제주순무어사박천형서계(濟州巡撫御使朴天衡書啓)》에는 화북진성이 요충지에 있지만 성안이 협착하고 우물이 없고 창고가 없어서 수성(守城)하기가 어렵다고 평하고 있다.[20]

《탐라순력도》의 〈화북성조〉〈그림 6〉를 보면 화북진 일대의 지형과 진성의 모습이 잘 그려져 있다. 진성의 둘레는 608자로 비교적 작은 규모에 해당한다. 화북진성은 북쪽이 해안가를 접하여 축조되어 있는데, 동쪽과 서쪽에 성문이 설치되어 있고 옹성의 구조를 지니고 있다. 성안 가운데에 기와집으로 그려진 것은 객사 건물로 보이고 북쪽 성벽의 기와 지붕은 망양대로 추정된다. 그밖에 초가 건물로 그려진 것은 군기고와 기타 부속 건물로 보인다.

진성 인근 해안에는 별도포의 모습이 잘 표현되어 있다. 삼중의 구조로 된 포구의 모

〈그림 6〉《탐라순력도》〈화북성조〉 제주세계유산본부 소장.

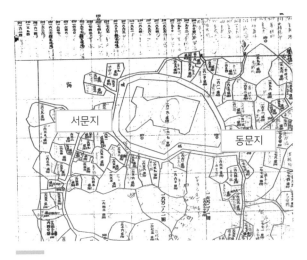

〈그림 7〉 화북진성 일대의 지적원도

습과 배를 정박시키는 시설인 선창이 '성창(城滄)'으로 표기되어 있다. 성의 동쪽에는 연대가 그려져 있는데, 별도 연대에 해당한다. 별도포리 마을의 모습이 대부분 초가의 모습으로 그려져 있고 기와 지붕으로 된 비각의 모습도 보인다. 지금도 화북의 옛 길과 바닷가에는 비가 남아 있는데 누구의 비인지는 명확하지 않다.

18세기에 제작된《제주실경도》의 〈화북진〉은《탐라순력도》이후의 변화된 모습을 잘 보여주고 있다. 성곽의 내부에는《탐라순력도》에 표시되지 않은 환풍정과 망양대의 모습이 보이고 있다. 아울러 해안의 포구에도 내선창, 외선창, 이별암, 영송정 등의 모습이 세밀하게 그려져 있어서 당시의 경관을 구체적으로 파악해 볼 수 있다. 지도의 상단에는 다음과 같은 화북진에 관한 기록이 수록되어 있다.

제주목 고을 동쪽 10리에 있는데 왕래하는 선박이 정박하는 곳이다. 성 둘레는 608척이고, 성안에 환풍정(喚風亭)이 있다. 목사와 사신이 모두 이곳에서 바람을 기다린다. 성 위에는 망양대(望洋臺)가 있고 성 밖 수백 보에 이별암이 바다에 접하고 있는데 위에 영송정(迎送亭)이 있다. 대소의 관리가 왕래할 때 아전들이 이곳에서 영송했기 때문에 이같은 이름이 붙여졌다. 포구는 일명 별도라고 하는데 또한 이것이다. 좌우의 산록이 둥글게 휘돌아가며 바다로 들어가는데 앞쪽에 내선창(內船滄)과 외선창(外船滄)이 있고 동쪽에는 연대가 있다. 매년 봄, 가을, 여름 바람이 잘 맞을 때 상인들이 와서 배를 정박하고 양안(兩岸)에 닻을 내린다. 배의 박달나무 돛대가 고드름처럼 이어지니 바다 섬의 진기한 구경거리가 된다. 도회처(都會處)는 산진, 해남의 각 곳에서 돌아오니 이곳은 지도리와 같은 관문 포구이다.

인용문에서 알 수 있듯이 화북진은 관리들이 왕래하는 포구이면서 상인들이 장사를 하는 포구의 역할도 하고 있다. 군사적 요충지이면서 조천관과 더불어 제주의 관문으로 상업활동도 활발하게 이루어지고 있었던 것인데 실제 지도에서도 포구에 즐비한 선박을 볼 수 있다.

1914년 지적원도〈그림 7〉에는 화북진성의 윤곽이 잘 그려져 있다. 지목이 성으로 표시되어 있으며 내부의 토지는 국유지로 되어 있다. 동쪽과 서쪽에 도로가 있는 곳에 성문이 있었던 것으로 보인다. 화북진성은 현재 전체에서 절반 정도가 남아 있다. 서문 추정지에서 북쪽으로 70m 지점은 기단석, 성석, 면석 비율이 일정하게 되어 있어서 당시의 성벽으로 추정된다. 여기서 동쪽으로 50m 지점은 성열이 가정집 울타리와 맞붙어 있다. 성의 상단부는 심하게 멸실되어 있으나 하단부는 온전하게 남아 있다. 서남쪽 일대는 기단석, 성석, 면석이 확실하게 구분되지 않고 축조방식도 허술하다. 남쪽 일대는 성열처럼 보이기는 하나 1970년대 도로 확장 시 안쪽으로 밀려 쌓은 것이다.[21]

나. 별방진성

별방진은 제주성에서 동쪽으로 80리에 있는데 지금의 구좌읍 하도리에 위치해 있다. 1510년 장림(張琳) 목사가 이곳이 우도 근처로 외적들이 다니는 요충이 되므로 서쪽에 있던 김녕방호소를 이곳으로 이설한 것이다. 《증보탐라지》에 따르면, 성 둘레는 2,390자, 높이 7자, 성정군 509명, 치총 4명, 조방장 1인, 양방군 100명, 서기 7명, 궁인 13명, 시인 12명이 있었다. 동, 남, 북 세 곳에 문이 있고, 문 위에 초루가 있었다. 성안에는 고을의 창고가 있고 우물도 두 곳에 있었다. 객사는 3간이고 군기고는 4간이다. 김녕현에 방호소를 두었고 어등포에는 전선을 배치했는데 이후 혁파되었다.[22]

이증의 《남사일록》에는 격대가 7곳, 타(垜)가 139곳이 있었다고 한다. 성의 규모는 명월진 다음으로 크다. 성의 규모가 큰 만큼 소속된 봉수 연대도 많다. 소속된 봉수로는 입산봉수(笠山烽燧), 왕가봉수(往哥烽燧), 지미봉수(地尾烽燧)가 있었고, 소속 연대로는 무주포연대(無主浦煙臺), 좌가마연대(佐哥馬煙臺), 입두연대(笠頭煙臺)가 있었다. 이익태 목사의 《지영록》에는 다음과 같이 묘사되어 있다.

조천관에서 바다를 접해서 동쪽으로 60리를 가면 넓은 들판이 망창(莽蒼)하고 포구가 서로 바라보고 있다. 방호소성이 모래와 돌이 있는 해변에 있는데 둘레는 2,390자, 높이는 7자,

---

21) 이청규·강창언, 1988, 〈화북성지 지표조사보고〉, 《하북포구지표조사보고》, 제주대학교 탐라문화연구소.
22) 《증보탐라지》 제6, 九鎭, 別防鎭. 이 책에서는 동남북 삼문이라고 했는데, 이는 동서남 삼문의 오기이다.

타(垜)가 139, 적대(敵臺)가 7, 동서남에 세 개의 문이 있다. 북수구(北水口)로 조수가 드나들어 객관 뒤에 작은 못을 파 놓았다. 성안에는 두 개의 창고가 있는데, 여러 곡식이 6,200여 석이며, 잘 정비된 무기들이 무기고에 많이 쌓여 있다. 정군(丁軍)은 407, 봉수 2, 연대 3이다. 직군(直軍)은 매달 모두 여섯 번으로 나누어 신박과 포구 세 곳을 관장한다. 지미봉이 동쪽 머리에 우뚝 솟아 있고, 소섬이 바깥 바다에 멀리 머리를 내밀어 있다. 성지(城池)와 기계(器械)가 방호소 중에서 가장 크다. 땅 이름은 도의탄(道衣灘)이다. 1510년에 목사 장림(張琳)이 이곳과 우도의 왜선 정박처가 서로 가깝기 때문에 김녕방호소를 없애고 여기에 이설하였다고 한다.

제주순무어사로 왔던 박천형의 서계에는 "동북으로 바다에 접해 있고 성안이 화북, 조천에 비해 조금 넓고 샘과 창고가 있고 규모가 크나 단지 포구가 협착하고 돌부리가 창과 같아 배가 정박할 수 없으니 봉수를 두어 위급함을 알리는 것이 오히려 가능할 수는 있지만 진을 설치해 막는 것으로는 이곳이 적당하지 않다."라고 평해 놓았다. [23]

이익태 목사가 제작한 《탐라십경도》의 〈별방소〉를 보면, 그림의 상단에 한라산 동쪽 사면에서 가장 큰 오름인 다랑쉬오름[大朗秀岳]이 크게 그려져 있다. 그 동쪽 편에는 '곶자왈'에 해당하는 마마수(亇馬藪)가 강렬하게 표현되어 있다. 방호소의 남쪽으로는 나무와 가옥을 그려 마을을 표현하였다. 성곽이 축조된 방호소에는 관청 건물들이 그려져 있고, 내부에는 조수가 드나드는 곳까지 묘사되어 있다. 상단의 기록에 의하면, 둘레가 2,390자, 높이 7자로 제주에 축조된 진성 중에서는 규모가 큰 편에 속한다. 동북쪽으로는 지금의 종달리에 있는 지미봉이 우뚝 솟아 있다. 지미봉 정상의 봉수와 서남쪽 언덕에 연대도 그려져 있다.

《탐라순력도》의 〈별방조점(別防操點)〉〈그림 8〉에도 해안의 별방포와 함께 진성이 그려져 있다. 성곽에는 동문, 서문, 남문이 설치되어 있고 옹성의 구조로 되어 있다. 해안

---

23) 《濟州巡撫御使朴天衡書啓》.

에 위치한 진성이면서 바닷물이 성안까지 들어오는 독특한 구조로 이루어져 있다. 성곽 밑으로 바닷물이 성안으로 들어왔다 나갔다 했던 것으로 보인다. 지도에도 '조수(潮水)'라고 표기되어 있다.

성안에는 북쪽에 객사 건물이 들어서 있고 대부분의 관청 건물은 서쪽에 위치하고 있다. 객사 건물은 통상 양익(兩翼) 구조로 되어 있지만 지도에는 양익이 없는 모습으로 그려져 있다. 동창(東倉)이 크게 그려져 있는데, 지도 하단의 주기에는 창곡(倉穀)이 2,860여 석이 있다고 되어 있다. 이원진의 《탐라지》에는 성 북쪽에 대변청(待變廳)이 있었다고 하는데, 이는 군기를 만드는 곳으로 궁인, 시인들이 이곳에서 활이나 화살을 만들었던 곳으로 보인다.

현재 별방진성은 전체의 성곽 가운데 100m 구간이 유실되어 있고, 200m 구간에 잔존 성곽이 있으며, 650m 구간이 복원되어 있다. 성안에는 마을 주민들의 주택이 들어서 있고 나머지는 대부분 농지로 활용되고 있다. 북쪽 수구문을 통해 조수가 드나들었는데 지금도 연지까지 조수가 들어온다. 대부분의 관아 건물들은 연지의 서쪽에 들어서 있었음을 알 수 있다. 사료에는 성안에 우물 2개소가 있다고 되어 있는데, 지금도

〈그림 8〉《탐라순력도》〈별방조점〉 제주세계유산본부 소장.

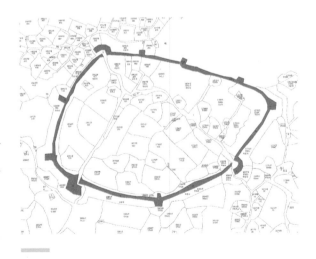

〈그림 9〉 별방진성 일대 지적원도

성안에 두레박물이 남아 있다. 옹성의 형태로 축조된 동문, 서문, 남문이 있었으나 성문은 남아 있지 않고 남문과 서문에서 옹성의 흔적을 확인해 볼 수 있다. 특히 치성이 원형의 모습을 간직하고 있으며 성곽 전면에 있던 해자성의 흔적이 잘 남아 있어서 차후 제주도 진성의 특수성을 규명하는 데 도움을 줄 것으로 평가된다.

다. 애월진성

애월진성은 제주성에서 서쪽으로 45리에 있는데, 예전에는 목성(木城)이 있었다. 본래 삼별초가 쌓아서 관군을 막은 곳이었다. 1585년(선조 14)에 김태정(金泰廷) 목사가 석성으로 고쳐 쌓았다. 18세기의《증보탐라지》에 "성 둘레가 225보, 높이 16자다. 성정군 387명, 치총 2명, 조방장 1인, 양방군(良防軍) 75명, 서기 7명, 포수 7명, 궁인 6명, 시인 6명이다. 남서 두 문이 있고 문 위에 초루가 있다. 객사가 4간, 군기고가 4간이다. 성안에 우물이 없고 성 밖 10보쯤에 하수천(河水泉)이 있는데, 바닷물이 통해 맛이 짜다. 성 동쪽 1리쯤에 고수(庫水)가 있는데 맛이 매우 달다. 소속 봉수로는 고내봉수가 있고 연대는 애월연대, 남두리연대가 있다."라고 기재되어 있다.[24]

제주순무어사 박천형은 그의 서계에서 "애월진성은 북쪽으로 바다에 접해있고 포구의 선박처가 가장 평탄하고 장애가 없어서 육지배가 화북이나 조천으로 가다가 바람을 타지 못하면 종종 이곳에 정박하기 때문에 요충지라 말할 수 있지만 성안이 좁고 우물과 곡식 창고가 없어서 외적이 들어온다 하더라도 성을 지키기가 어렵다."라고 평했다.[25]

《탐라순력도》의 〈애월조점(涯月操點)〉〈그림 10〉에는 애월진성의 모습이 표현되어 있다. 성은 원형의 형태를 띠고 있는데, 성문은 특이하게 서문과 남문만이 있고 동문은 없다. 방어와 사람들의 왕래 편의를 고려하여 배치한 것으로 보인다. 고려시대 삼별초

---

24)《증보탐라지》제6, 구진, 애월진.
25)《濟州巡撫御使朴天衡書啓》.
26) 제주도, 1996,《제주의 방어 유적》, 88~89쪽.

가 목성의 형태로 쌓은 것이기 때문에 9진성 가운데는 가장 역사가 오랜 것이라 할 수 있다. 조천진성, 모슬진성처럼 규모가 작은 성으로 1702년 당시 성정군은 245명 배치되어 있었다. 지도에도 객사, 군기고를 비롯한 대부분의 건물이 초가 지붕으로 묘사되어 있다.

1914년의 지적원도〈그림 11〉를 보면 애월진성 지역은 지번이 1736번지로 지목은 잡종지로 되어 있지만 국유지로 표시되어 있다. 지번 옆에는 '구진영(舊鎭營)'이라고 표기하여 과거 애월진의 터임을 나타내고 있다. 현재 애월진성은 애월초등학교 부지에 일부 남아 있다. 서측 성벽은 민가의 울타리를 겸하고 있어서 외벽 하부의 성석만 남아 있고 내벽은 소실되었으며, 동측 성벽은 학교 시설이 들어서 있어서 흔적은 전혀 남아 있지 않다. 남측 성벽은 일부 복원되어 있다. 북측 성벽에는 총안(銃眼)과 미석(眉石)이 보이고 있고, 여장(女墻)과 회곽도(廻廓道)가 여전히 남아 있어 원형을 그대로 보존하고 있다. 성문은 다른 진성과 달리 동문이 없고 서문과 남문이 있었지만 지금은 흔적을 찾을 수 없다. 서문으로는 마을과 직접 연결되지 않지만 서쪽에 있는 용천수를 이용하기 위한 용도로도 사용했을 것으로 보인다.[26]

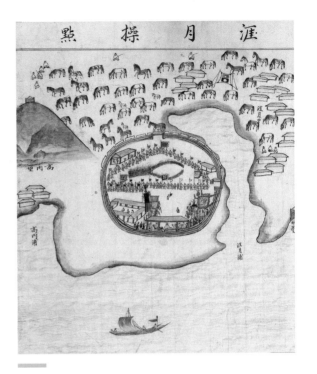

〈그림 10〉《탐라순력도》〈애월조점〉 제주세계유산본부 소장.

〈그림 11〉 애월진성 일대의 지적원도

라. 명월진성

명월진성은 지금의 제주시 한림읍 동명리에 있는 진성으로 1510년 장림(張琳) 목사가 처음으로 축조했다. 처음의 성곽은 둘레가 2,020자, 높이 8자였고 동문, 서문, 남문이 있었다. 비양도에 왜선이 출몰하므로 이곳에 성을 쌓은 것이다.[27] 1592년(선조 25)에 이경록 목사가 다시 고쳐 쌓았다. 9진성 가운데 가장 규모가 큰 성으로 성 둘레가 3,050자, 높이 11자다. 성정군이 545명, 치총 4, 만호 1인이다. 원래 조방장에서 1763년 이수봉(李壽鳳) 어사가 서계를 올려 승격한 것이다. 양방군 63, 대변군관(待變軍官) 30인, 진무(鎭撫) 14명, 포수 12명, 궁인 13명, 시인 14명이 있었다. 동서남 세 문이 있고 모두 초루를 갖추고 있다. 객사는 3간, 군기고 4간이고 사창(司倉), 영진창(營賑倉)이 있었다. 성안에 샘이 있는데 가물어도 마르지 않고 물맛이 매우 달나고 한다. 이 신에 소속된 봉수는 도내(道內) 봉수와 만조(晚早) 봉수이고 소속 연대로는 두모(頭毛), 한포(閑浦), 배령(盃令), 마두(馬頭), 죽도(竹島), 우지(牛池), 귀덕(歸德) 등 7개소가 있었다.[28]

명월진성에 관해서는 이익태의 《지영록》에도 기록이 있고 이것은 《탐라십경도》에도 동일하게 수록되어 있다. 다음은 이에 대한 기록이다.

고을의 서쪽 40리가 애월소이고 애월을 지나 25리에 명월소가 있다. 성 둘레는 3,020자, 높이는 8자, 타(垛)가 123, 격대 7, 정군 463, 봉수 2, 연대 7이다. 북성 안에 샘이 있는데 물이 바위 구멍에서 솟아난다. 물이 맑고 차며 도도하여 돌 제방을 둘러쌓았는데 못처럼 차 있다. 비록 천만의 군이라도 길이다 쓸 수 있게 무궁하다. 동문 밖에도 또한 큰 시내가 있어 성을 에워싸며 서쪽으로 흘러가다가 안의 샘물과 북수구 바깥에서 합쳐져 많은 논에 물을 대면서 북쪽으로 바다에 들어간다. 대개 주성 동쪽으로 정의헌에 이르기까지 물이 솟는 우물이 있는 하

---

27) 《신증동국여지승람》 권38, 제주목, 관방.
28) 《증보탐라지》 제6, 구진, 명월진.
29) 《濟州巡撫御使朴天衡書啓》.

천은 없는데 그러나 이 성 안팎에는 길게 흐르는 물이 유독 있는 것이다. 서쪽으로 바라보면 10리나 되는 긴 모래밭이 널려 있고, 영롱한 과원의 귤은 둘러가며 귤빛을 내고 있다. 그 사이에 세 개의 굴이 있는데, 배령굴은 깊고 길어 거의 30리나 되고 석종유(石鍾乳)가 가장 잘 발달되어 있다. 비양도 안에는 전죽(箭竹)을 키워 매년 수천 다발을 잘라내는데 소위 자고죽(自枯竹)이라고 한다. 문관(門館), 창곡(倉穀), 군기(軍器) 등 여러 가지 갖춘 것이 별방과 1, 2위를 다툰다.

명월진성은 위의 기록처럼 둘레가 3,020자, 높이 8자로 제주도 내의 진성 가운데 가장 규모가 크고 부대 시설도 별방소와 더불어 잘 갖춰져 있었다. 제주순무어사 박천형은 서계에서 "명월진이 북쪽으로 바다에 접해 있고 진의 바로 앞에 선박처가 없지만 서쪽 3리쯤에 독포(獨浦)가 있어서 어선과 상선이 많이 정박한다. 제주목과 대정현 사이에 위치하여 토지가 비옥하고 어채(魚採)의 이익은 여러 진 가운데 최고다. 성이 넓고 주민도 많다. 우물과 창고가 있어 자급이 가능하니 서남부의 하나의 거진(巨鎭)이다."라고 평하고 있다. [29]

《탐라십경도》의 〈명월소(明月所)〉에는 명

〈그림 12〉《탐라순력도》〈명월조점〉 제주세계유산본부 소장.

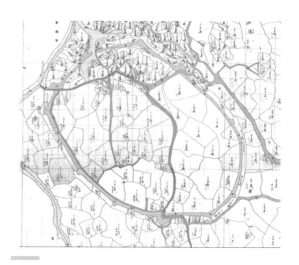
〈그림 13〉 명월진성 일대의 지적원도

월진성의 모습이 잘 표현되어 있다. 성곽은 부정형으로 그려져 있고, 서문, 동문, 남문이 설치되어 있었다. 성안의 서쪽으로 창고를 비롯한 각종의 건물이 그려져 있고, 북쪽으로는 객사 같은 건물의 모습도 보인다. 특히 성안에는 마르지 않는 샘이 있었는데, 지도에도 '용천(湧泉)'이라 표기되어 있다. 이 물은 북쪽으로 흘러 나가 주변의 논에 물을 대었는데, 지도에도 제주도에서는 매우 드물었던 논이 성 밖에 표현되어 있고 '자포답(紫浦畓)'이라 표기되어 있다. 오늘날 이 논은 큰더리논으로 불리고 있다. 샘물이 흘러가는 바닷가에는 '제목교(濟木橋)'라는 다리도 그려져 있다. 바닷가 마을인 독개는 '독포(獨浦)'라는 한자를 차용하여 표기했다.

성 주위에는 여러 마을들을 지붕의 모습으로 표현하였다. 성의 서쪽에는 지금이 협재굴에 해당하는 것이 그려져 있는데, 상단의 기록에는 '배령굴(排鈴窟)'로 표기되어 있다. 해안에는 비양도의 모습이 보이는데, 상부에는 분화구도 보인다. 북쪽의 해안과 서쪽에는 연대가 그려져 있고, 성의 남쪽에 있는 오름의 정상에는 봉수도 보이고 있다.

《탐라순력도》의 〈명월조점〉〈그림 12〉에도 명월진성의 모습이 잘 묘사되어 있다. 옹성의 형태를 지닌 성문이 동쪽, 서쪽, 남쪽에 설치되어 있다. 성안의 북쪽에는 객사를 비롯한 건물이 보이고 서쪽에는 서별창(西別倉), 병고(兵庫) 등의 건물이 들어서 있다. 성의 서북쪽에 샘이 크게 그려져 있다. 샘이 흘러나가는 성의 북쪽 지역에 논이 들어서 있는데, '살포답(乙浦畓)'이라 표기되어 있다. 해안가에는 독개라고 불리는 포구가 '독포(獨浦)'로 표기되어 있고 마두연대가 그려져 있다. 봉수로는 남쪽에 만조망(晩早望)이 그려져 있고 진성의 서북쪽에는 월계과원도 보인다.

명월진성은 9진성 가운데 규모가 가장 큰 성으로 현재까지 원형이 많이 남아 있다. 전체 1,500m 중에서 665m가 잔존구간이고 멸실구간이 575m, 보수구간이 260m 정도이다. 성문은 동문, 서문, 남문 등의 3문이 있었는데 동문, 서문은 멸실되었고 남문은 최근에 복원되었다. 1914년의 지적원도〈그림 13〉를 보면, 성곽의 형태와 치성, 성문의 옹성 구조가 잘 드러나 있다. 특히 성곽 전면에 있었던 것으로 보이는 해자성의 형태도 확연히 표현되어 있다. 아울러 동서문을 연결하는 간선도로와 남문으로 이어지는 옛 길이 여전히 이용되고 있는 상황을 보여준다. 현재 정수장으로 이용되는 성안의 용천수가 상당한 규모였음을 알 수 있다.

마. 서귀진성

서귀진성은 정의현성과 대정현성 중간 지점에 있는 진성으로 제주도의 남쪽 해안 방어를 담당했다. 원래 홍로천 상류에 있던 것을 1589년 이옥(李沃) 목사가 지금의 장소로 옮긴 것이다.[30] 이곳은 탐라가 원에 조공할 때 바람을 기다리던 곳이었다 한다. 18세기의 《증보탐라지》에 따르면, 성의 둘레는 500자, 높이 6자, 방군 겸 성정군이 100명, 치총 1인, 조방장 1인이 있었다. 동쪽과 서쪽에 문이 있고, 객사가 3간, 군기고가 3간이다. 양방군이 77명, 첨방군이 12명, 시인이 2명이 있었다. 성안에 우물이 하나 있는데, 성 아래에서 구멍을 파서 물을 끌어왔다.[31] 이러한 수리시설은 최근의 발굴을 통해 확인되었다. 정방폭포의 상류 물을 동쪽 성안으로 끌어들여 작은 저수지를 만들고 물을 저장한 다음 서성 밖으로 흘려보내던 시설이다.[32]

서귀진은 남쪽 바닷가 끝에 있어서 형세가 쇠잔하고 보잘것없어서 유사시 외적을 방어하기가 쉽지 않아 1691년 진성 아래 무주전(無主田)을 나누어 백성들을 모집해 들어와 살게 했다. 1712년에는 진성 아래의 폐목장을 나누어 주고 '쇄환전'이라 하여 세금을 감하고 부쳐 먹도록 했으나 백성들이 다시 흩어지자 1733년 심성희(沈聖希) 어사가 계문하여 예전대로 하도록 하니 10여 호가 진성 아래에 살았다고 한다. 이곳에 소속된 봉수로는 자배(資杯), 호촌(狐村), 삼매양(三梅陽) 등이 있고, 연대로는 금로포(金露浦), 우미포(又尾浦), 보목포(甫木浦), 연동(淵洞) 등이 있었다.[33]

제주순무어사 박천형은 그의 서계에서 "서귀진은 바닷가에 접해 있는데, 동남쪽은 일본, 정남은 유구, 서남은 소주, 항주와 마주하고 있다. 이국 범선이 왕래하는 것을 요

---

30) 김석익, 《탐라기년》, 二十二年冬.
31) 《증보탐라지》 제6, 구진, 서귀진.
32) 이원진, 《탐라지》, 정의현, 방호소.
33) 《증보탐라지》 제6, 구진, 서귀진.

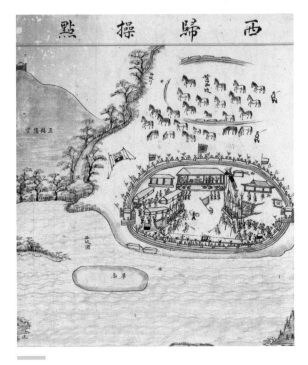

〈그림 14〉《탐라순력도》〈서귀조점〉 제주세계유산본부 소장.

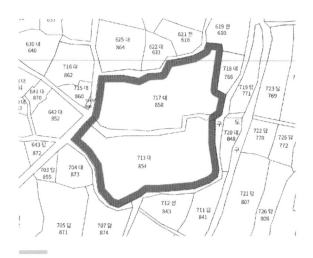

〈그림 15〉 서귀진성 일대의 지적원도

망하기 좋고 어선과 상선이 여기에 정박하기 때문에 요충의 땅이고 관방 형승의 곳이다. 성안이 협소한 것이 흠이나 우물과 창고가 있어서 족히 방수할 만하다."라고 평했다.[34]

이익태 목사의 《탐라십경도》의 〈서귀소〉에는 서귀진성과 주변의 모습이 잘 묘사되어 있다. 지도는 한라산이 있는 북쪽을 상단으로 배치하였다. 다른 그림에 비해 한라산 남사면의 모습이 잘 묘사되어 있다. 서귀진에는 성이 축조되어 있는데, 상단의 기록에는 둘레 825자, 높이 12자로 되어 있다. 높이는 다른 진성에 비해 높은 편이다. 동쪽과 서쪽에는 성문이 설치된 것을 볼 수 있다. 《탐라지초본》과 《증보탐라지》에는 남쪽과 서쪽에 성문이 있다고 하고 있으나 이는 방위를 잘못 인식한 것으로 보인다. 건물은 대부분 초가 지붕으로 이루어져 당시 기와의 조달이 용이하지 않던 지역 현실을 반영해 주고 있다. 진성의 북쪽에는 과거에 있던 진성을 '구서귀'라 표기하고 일부 성곽의 흔적도 그려 넣었다. 서귀진의 동쪽으로는 바다로 바로 떨어지는 정방폭포가 묘사되어 있고, 서쪽에는 세 갈래로 떨어지는 천지연폭포의 모습이 웅장하게 표현되어 있다. 진성의 북쪽에는 마을의 모습과 더불어 과원도 표시되어 있다.

《탐라순력도》의 〈서귀조점〉〈그림 14〉에는 서귀진성의 모습이 비교적 소상하게 묘사되어 있다. 타원형의 성곽에는 동쪽과 서쪽에 옹성 구조의 성문이 설치되어 있다. 북쪽에 객사 건물로 보이는 3간의 초가 건물이 있고 동쪽에는 병고(兵庫), 그리고 남쪽에는 창고가 그려져 있다. 진성의 북쪽에는 구서귀진성이 성곽의 흔적과 함께 그려져 있다. 서쪽 삼매양 오름에는 봉수가 그려져 있다. 지도 하단의 기록에는 당시 성정군이 68명으로 소규모의 병력이 배치되어 있음을 알 수 있다.

현재의 서귀진성은 서귀포시의 시가지가 확대됨에 따라 거의 원형을 상실하여 과거의 모습을 찾기가 힘들다. 1914년의 지적원도〈그림 15〉를 보면, 성곽의 형태가 《탐라순력도》의 타원형이 아닌 부정형의 모습을 띠고 있다. 동문과 서문을 연결하는 도로는 당시에도 도로로 이용되고 있음을 알 수 있다. 진성의 내부는 정의보통공립학교로 사용하였다. 현재는 동서를 잇는 도로가 더 확장되어 있고 내부의 건물이나 주택들은 없다. 서귀포시가 사적화 사업을 추진하면서 부지를 매입하여 관리하고 있기 때문이다. 최근 세 차례의 발굴조사에서 건물지 2동과 물을 끌어들이던 수로와 우물 유구 등이 확인되었다.[35]

2. 육계도형 진성

가. 조천진성

조천진성은 9진 가운데 모슬진 다음으로 규모가 작은 진성이다. 그러나 조천포가 제주도의 관문 역할을 하면서 이곳을 방어하는 조천진은 중요한 곳으로 인식되었다. 조천진이 처음 설치된 시기는 정확히 알 수 없으나 조천(朝天)이라는 지명으로 보아 유래가

---

34) 《濟州巡撫御使朴天衡書啓》.

35) 서귀포시·(재)제주문화유산연구원, 2012, 《서귀진지 표본조사 및 복원정비 타당성 조사보고서》.

오래된 것으로 보이는데, 고후(高厚)와 고청(高淸)이 신라에 조공할 때 이곳에서 배를 출발했기 때문에 이름이 붙여졌다고 한다. 18세기《증보탐라지》에 따르면, 성 둘레가 428자, 높이 9자, 성정군 200명, 치총 2명, 조방장 1인, 양방군 75명, 서기 8명, 포수 10명, 궁인 9명, 시인 10명 등이 있었다. 성안에는 샘이 없고 성 밖 수십 보쯤에 삼천(三泉)이 있었다. 또한 승수천(升水泉)이 있는데 그 맛이 매우 달아 성 밖 인가에서 길어다 사용했다. 조천관, 연북정이 있었는데 목사 이옥(李沃)이 성안으로 옮기고 쌍벽(雙碧)이라 편액했다. 목사 성윤문(成允文)이 중수하면서 다시 연북(戀北)이라 편액했다. 소속 봉수로는 서산(西山) 봉수가 있고, 소속 연대로는 조천연대, 왜포연대, 함덕연대가 있다.[36]

이증의《남사일록》에는 성안에 조천관과 군기고가 있고, 동쪽 성 위에는 쌍청루, 연북정이 있다고 했는데 쌍청루는 쌍벽루를 말하고 이후 연북정으로 편액되었다고 한다. 제주는 바다가 뾰족한 화산암으로 덮여 있어서 배를 정박시키기 어렵지만 조천포는 뱃길이 평탄하고 순할 뿐만 아니라 포구가 둥그렇게 되어 있어서 배를 감추기에 아주 좋다. 조천진성에는 남문만이 있고 문 위에는 초루가 있었다. 격대가 3곳이며 타(垛)가 23곳이 있었다고 한다.[37] 1781년 제주에 순무어사로 왔다가 돌아가 복명한 박천형의 서계에는 "진터가 바다 쪽으로 쑥 나가 있어 배가 출항하기에 아주 편리하다. 그래서 진상물을 실은 배는 대부분 이 진에서 출항하고, 육지에서 들어오는 배도 대부분 이곳에 도착하여 정박하므로 섬의 요로(要路)가 된다. 그러나 성안에는 샘이 없고 곡식을 저장하는 창고도 없어서 외적이 침입했을 때 성을 지키기가 어렵다."라고 평하고 있다.

조천진성의 모습을 잘 보여주는 지도로《탐라십경도》의〈조천관〉을 들 수 있다.《탐라십경도》는 이익태 목사가 제작한 그림지도로 지도의 상단에는 조천관과 관련된 기록이 있는데, 이는 그의 저서인《지영록》에도 동일하게 수록되어 있다. 다음은 조천관 상단에 있는 기록이다.

---

36)《증보탐라지》제6, 九鎭, 朝天鎭.

37) 이증,《남사일록》.

38) 이익태,《지영록》, 조천관.

제주성의 동쪽 30리에 있는데 암반이 해구(海口)에 뒤섞여 복잡하며 저절로 한 개의 작은 섬으로 된 진이다. 돌로 성을 쌓아 둘렀는데, 그 꼭대기 가운데에 공해(公廨) 수십 칸이 있다. 동남쪽 성 모퉁이 제일 높은 곳에 객관(客館)의 세 기둥이 아득히 반공(半空)에 걸렸고, 단확(丹雘)이 빛을 받아 빛나며 편액에는 연북정이라 하였다. 사면이 바다에 둘러 바닷물이 물러가면 한쪽은 육지와 연결되기 때문에 기교(擧橋)를 만들어 이것으로 성문으로 들어간다. 그리고 여러 사람들이 항해하러 왕래할 때 바람을 기다리는 곳이다. 그래서 방호소를 설치하고 조방장을 두었다. 성 주위는 428자, 높이가 9자이며, 정군(丁軍)이 241명인데, 관리하는 것은 봉수 1, 연대 3, 배 대는 포구 3곳이다. 성 밑의 포구에 돌로 된 보를 쌓아 가운데에서 수문을 열면 뱃길로 통하여 출입하게 된다. 평상시에는 그 안에 배를 둔다. 성 바깥의 하류하는 곳에 이섭정이 있다. 포구와 마을에는 수백 호가 굴림 가운데 즐비하여 배들이 정박하는 관방의 형승으로는 구진 중에서 으뜸이다.[38]

〈그림 16〉《탐라순력도》〈조천조점〉 제주세계유산본부 소장.

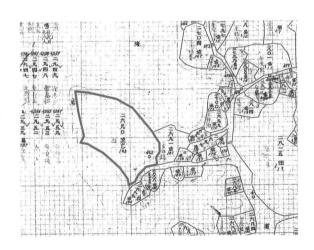

〈그림 17〉 조천진성 일대의 지적원도

《탐라십경도》의 지도를 보면, 조천진성은 해안 포구에 위치해 있어서 흡사 섬처럼 바닷물이 둘러싸고 있다. 썰물 때 동쪽 귀퉁이로 제주도 본섬과 연결되는 지형적 특색을 지니고 있다.[39] 지도에도 밀물 때 본섬과 연결하는 일종의 부교(浮橋)에 해당하는 거교(舉橋)가 그려져 있다. 거교는 들었다 놓았다 할 수 있는 다리로 지금의 부산 영도다리처럼 개폐식 기능을 지닌 것이다. 김상헌의《남사록》에는 제주성 해자에 조교(弔橋)가 설치되어 있다고 하는데 이는 거교와 동일한 기능을 지닌 것이다. 널판으로 만든 다리를 올렸다 내렸다 하면서 사용하게 한 것으로 당시 제주성에는 성문거교군(城門舉橋軍)이 75명 배치되어 있었다고 한다.[40]

주변을 둘러가면서 바위섬들이 포진해 있고, 남쪽의 해안으로는 마을의 가옥과 귤나무들이 세밀하게 묘사되어 있다. 조천관 주위로 성이 축조되어 있는데, 당시 둘레가 428자, 높이가 9자였다. 성안 북쪽 지역에 기와지붕으로 된 조천관의 모습이 그려져 있다. 성의 동남쪽에는 객관(客館)인 연북정(戀北亭)이 강조되어 그려져 있다. 연북정으로 오르는 계단은 성안에 그려져 있는데 지금은 성 밖으로 잘못 복원되어 있다. 그 북쪽으로는 군기고(軍器庫)와 여러 건물들이 그려져 있다. 성의 서남쪽에는 이섭정(利涉亭)이라는 조그만 정자가 그려져 있다. 조천관의 동북쪽에는 연대가 사각형의 모습으로 그려져 있는데, 관곶연대(館串煙臺)이다. 포구의 해안에는 탐승(探勝)하는 배들의 모습을 그려 풍취를 돋우고 있다.

1702년《탐라순력도》에도 조천진성이 잘 표현되어 있다.《탐라순력도》의 〈조천조점(朝天操點)〉〈그림 16〉을 보면 바닷가에 조천진성이 흡사 육계도처럼 그려져 있다.《탐라십경도》에는 진성과 본섬을 연결하는 거교가 그려져 있지만 여기에는 그려져 있지 않다. 썰물 때의 모습을 그린 것이라서 거교가 없을 수도 있고 아니면 거교를 없애고 매립하여 길을 만들었을 수도 있다. 전체적인 진성의 구조는《탐라십경도》의 것과 유사하

---

39) 현재는 이 주위가 매립되어 본섬과 완전히 연결되어 원 지형을 파악하기가 쉽지 않다.

40)《耽羅防營總攬》城門舉橋軍 七十五名 皆以守成直軍兼役 而不足則下班各役中抄定.

다. 성문은 남문 하나만 그려져 있는데, 문루의 지붕이 기와가 아닌 초가로 되어 있다. 김상헌의 《남사록》에는 동문이 있는 것으로 기재되어 있는데, 성문의 방위를 남쪽이 아닌 동쪽으로 오인한 것으로 보인다. 성의 남쪽 모서리에 연북정이 그려져 있는데 세 칸으로 되어 있다. 그 밖에 북동쪽에 조천관, 중앙으로 군기고의 모습이 보인다. 성곽 주변으로 관곶연대가 보이고, 《탐라십경도》에는 없는 죽도의 모습도 그려져 있다. 그러나 《탐라십경도》에 그려져 있던 이섭정의 모습은 보이지 않고 있다.

조천진성은 현재에도 잘 남아있는 진성 가운데 하나다. 1914년의 지적원도〈그림 17〉를 보면 조천진성 지역이 2690번지로 되어 있는데, 국유지로 표시되어 있다. 육계도에 위치한 진성으로 육계도까지 이르는 길이 도로로 표시되어 있다. 도로 주변으로 땅으로 매립되면서 주택이 들어서 있는 것을 볼 수 있다.

현재의 조천진성 지역은 조천포구가 확장되면서 북쪽 지역 매립된 곳과 연결되어 있다. 성의 동남쪽으로도 매립이 진행되어 주차장이나 대지로 사용되고 있다. 그러나 성곽은 보존상태가 양호하다. 성곽의 형태는 타원형을 띠고 둘레는 128m로 다른 진성에 비해 규모가 작다. 북측의 성벽은 해풍으로 무너진 것을 주민들이 복원하였다고 한다. 남측 성벽 위에는 연북정이라는 정자가 복원되어 있다. 연북정으로 올라가는 계단은 성 안에 축조되어 있었지만 다시 축조하는 과정에서 성 밖에 만들어 놓았다.

나. 모슬진성

모슬진성은 제주도의 서남쪽 해안가 방어를 담당하던 진성이다. 서귀포시 대정읍 하모리 포구 해안 육계도에 축조된 성으로 9진성 가운데 규모가 가장 작다. 조선시대에는 대정현 읍치에서 남쪽으로 10리에 있었다. 1675년 이선(李選) 어사가 건의하고 1678년에 윤창형(尹昌亨) 목사가 동해방호소를 철거하고 이설한 것이다. 18세기 《증보탐라지》에 따르면, 성의 둘레는 335자, 높이는 12자이다. 성정군이 17명, 치총 2인, 조방장 1인, 양방군 51명, 첨방군 74명, 서기 8명, 잡색군 9명이 있었다. 성문은 북쪽에 하나 있고, 객사 3간, 군기고 3이다. 성안에는 샘이 없고 성 밖 동쪽 50보 거리에 영신정(靈神井)이 있는데, 조수가 통해 맛이 짜다. 성의 아래에는 마을이 제법 커서 유사시 지원을 받

〈그림 18〉《탐라순력도》〈모슬점부〉 제주세계유산본부 소장.

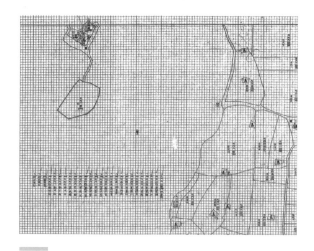

〈그림 19〉 모슬진성 일대의 지적원도

을 수 있다고 한다. 당시 소속된 봉수로는 저별(貯別) 봉수가 있었고, 연대로는 무수(無水) 연대가 있었다.[41]

제주순무어사 박천형은 그의 서계에서 "진성 옆으로 포구가 있어서 상선들이 이곳에 정박하고 이국 선박을 조망하기 좋아 해안 방어의 요새지라 할 수 있다. 그러나 성 안이 좁고 우물이나 창고지가 없어 천혜의 요새지만 방어하기는 어렵다."라고 평가했다.[42] 성외 동쪽 50보 지점에 영신수(靈神水)라는 큰 샘이 있는데 아마도 이 샘물을 식수로 이용했던 것으로 보인다.[43]

《탐라순력도》의 〈모슬점부(摹瑟點簿)〉〈그림 18〉에는 모슬진성과 주변의 지세가 표현되어 있다. 육계도에 축조된 진성에는 북쪽의 성문으로 본섬과 연결되어 있다. 성안에는 객사와 병고 등의 건물이 초가 지붕의 형태로 그려져 있다. 1794년 제주 목사 심낙수(沈樂洙)의 장계에는 모슬진의 관청을 수리한 내역이 기록되어 있는데, 객사 18간, 무기고 8간, 보경정(報警亭) 24간, 군방(軍房) 12간, 문루 9간, 대변청(待變廳) 30간, 공진정(拱辰亭) 4간 등으로 표기되어 있다.[44] 당시 모슬진의 규모에 비해 관청 건물의 규모가 제법 크다. 모슬진성의 동쪽으로 모슬포가 위치해 있고 성 북쪽의 해안가에는 모슬촌이라는 마을이 들어서 있다. 모슬봉 위에는 봉수가, 바닷가에는 연대가 그려져 있는데 무수연대로 보인다.

모슬진성은 9진성 가운데 과거 흔적이 가장 적게 남아 있는 성이다. 모슬진성 주변이 매립되면서 성이 허물어지고 이에 따라 옛날 모습을 찾기가 어렵다. 1914년 지적원도〈그림 19〉에는 모슬포항이 매립되기 이전이기 때문에 육계도에 있었던 모슬진성이 뚜렷하게 표현되어 있다. 지번이 770번지인데 진성이 있던 곳이기 때문에 국유지로 표시되어 있다. 그러나 진성 동쪽의 포구가 매립되어 육지가 되면서 육계도의 모습은 완전히 사라지게 되었다. 현재의 모슬포수협 북쪽 지역이 모슬진성의 터가 되며 이쪽으로 연결되는 포구 쪽 도로가 과거 모슬진성과 연결되었던 도로로 추정된다.

제4장 맺음말

조선시대 제주도의 방어체계는 조선 전기 수전소의 수군과 육상의 병력을 함께 운용하다가 조선 후기에는 연대-봉수-진성이라는 육상 방어체계로 전환되었다. 적선의 상륙이 예상되는 지점에 진을 설치해 성을 쌓고 봉수와 연대를 설치하여 해상에서 침입하는 적을 감시하였다. 17세기 후반에는 수전소의 수군이 모두 폐지되고 제주도를 둘러가면서 9진성, 25봉수, 38연대의 체계가 구축되어 조선 말기까지 유지되었다. 이때 완성된 9진성은 육상방어의 중심체 역할을 수행하였고 일부의 진성은 지금까지 보존되어 내려오고 있다.

---

41)《증보탐라지》제6, 구진, 모슬진.
42)《濟州巡撫御使朴天衡書啓》.
43)《탐라지초본》, 대정현, 진보.
44)《일성록》, 정조 18년 갑인 7월 12일(정유).

9진성의 입지를 보면 내륙형, 해안형으로 나눠볼 수 있고, 해안형은 연해형과 육계도형으로 세분해 볼 수 있다. 차귀진성과 수산진성은 해안가에서 10리 정도 떨어진 곳에 위치하여 내륙형으로 분류된다. 해안형 중에서 모슬진성과 조천진성은 육계도에 축조된 육계도형에 해당한다. 나머지 화북진성, 별방진성, 서귀진성, 명월진성, 애월진성 등은 연해형으로 분류해 볼 수 있다. 9진성은 해안으로 들어오는 적들을 방어하는 것이 일차적인 목적이었기 때문에 내륙에 위치한 수산진과 차귀진은 해안 방어에 불리하여 입지 타당성에 대한 논란이 이어지곤 했다.

9진성의 규모를 보면 문헌 간에 약간의 차이는 있지만 1760년대의 일본 천리대 소장의 《증보탐라지》의 기록을 토대로 보면, 명월진 3,050자, 별방진 2,390자, 수산진 1,264자, 차귀진 1,190자, 화북진 608자, 애월진 225보(540자), 서귀진 500자, 조천진 428자, 모슬진 335자 등의 순서다. 명월진, 별방진이 큰 규모에 해당하고 육계도에 입지한 조천진과 모슬진이 작은 규모라 할 수 있다.

제주도 9진성의 지리와 경관은 현존하는 제주도의 회화식 고지도에서 파악해 볼 수 있는데, 1694년 이익태 목사가 제작한 《탐라십경도》의 〈조천관〉, 〈별방소〉, 〈명월소〉, 〈서귀소〉와 1702년 이형상 목사가 제작한 《탐라순력도》의 〈화북성조〉, 〈조천조점〉, 〈별방조점〉, 〈수산성조〉, 〈서귀조점〉, 〈모슬점부〉, 〈차귀점부〉, 〈명월조점〉, 〈애월조점〉의 회화식 지도가 대표적이다. 9진성의 성곽의 형태는 대부분 원형 또는 타원형이지만 수산진성, 차귀진성처럼 사각형의 형태를 띤 것도 있다. 모든 진성에 성문이 설치되어 있는데, 규모가 큰 별방진성과 명월진성에는 동문, 서문, 남문이, 화북진성, 수산진성, 서귀진성, 차귀진성은 동문과 서문, 애월진성은 서문과 남문, 육계도에 축조된 조천진성에는 남문, 모슬진성에는 북문이 축조되었다. 아울러 모든 진성에는 객사와 병고가 들어서 있다. 객사인 경우 일부 기와지붕으로 된 것도 있지만 대부분 초가로 되어 있다. 명월진이나 별방진처럼 큰 규모의 성에는 성안에 우물이 있으나 대부분의 진성에는 우물이 없어서 근처의 용천수를 이용했다.

9진성 가운데 현재 보존상태가 양호한 것은 수산진, 화북진, 조천진 등이고 별방진, 명월진, 애월진도 일부 구간은 과거의 성곽이 그대로 남아 있다. 그러나 모슬진, 차귀진, 서귀진은 과거의 모습이 사라져 원형을 파악할 수가 없다. 별방진, 명월진, 조천진 등은 일부 구간이 복원되어 있으나 원형과는 상이한 형태로 복원되어 있다. 사라져버린 원형을 제대로 복원하기 위해서는 9진성의 경관이 육지부의 진성과 어떤 차이가 있는 지를 규명할 필요가 있는데, 차후의 과제로 삼고자 한다.

《남사록》(김상헌).

《南槎日錄》(李增).

《승정원일기》.

《신증동국여지승람》.

《일성록》.

《濟州巡撫御使朴天衡書啓》.

《조선왕조실록》.

《증보탐라지》(일본 천리대 소장).

《지영록》(이익태).

《탐라관풍안》.

《탐라기년》(김석익).

《耽羅防營總攬》.

《탐라순력도》.

《탐라십경도》.

《탐라지》(이원진).

《탐라지초본》.

김명철, 2000, 〈조선시대 제주도 관방시설의 연구-3읍성과 9진성을 중심으로-〉, 《제주도사연구》 제9집, 43-87.

김일우, 2016, 〈조선시대 제주 관방시설의 설치와 분포양상〉, 《한국사학보》 제65호, 281-317.

김태호, 2014, 〈탐라십경도에 표현된 제주도의 지형경관〉, 149-164.

김태호, 2016, 《〈탐라순력도〉의 지형경관에 투사된 지형인식〉, 《탐라문화》 51, 177-206.

김태호, 2017, 〈옛 그림 속 제주의 지형경관 그리고 지형인식〉, 《대한지리학회지》 52-2, 149-166.

노재현 외, 2009, 〈탐라십경과 탐라순력도를 통해 본 제주 승경의 전통〉, 《한국조경학회지》 37-3, 91-104.

서귀포시·(재)제주문화유산연구원, 2012, 《서귀진지 표본조사 및 복원정비 타당성 조사보고서》.

신효승, 2016, 〈조선후기 제주도의 관방체계〉, 《역사와 실학》 59, 103-133.

윤민용, 2011, 〈18세기 《탐라순력도》의 제작 경위와 화풍〉, 《한국고지도연구》 3-1, 37-54.

윤일이, 2007, 《〈탐라순력도〉를 통해 본 제주 9진의 건축특성〉, 《대한건축학회논문집 계획계》 제23권 제10호, 113-120.

이보라, 2007, 〈17세기말 탐라십경도의 성립과 《탐라순력도첩》에 미친 영향〉, 《온지논총》 17, 69-117.

이청규, 강창언, 1988, 〈화북성지 지표조사보고〉, 《하북포구지표조사보고》, 제주대학교 탐라문화연구소.

제주도, 1996, 《제주의 방어 유적》.

제주특별자치도 제주시, 2014, 《별방진 보존·관리 및 활용계획》.

제주특별자치도 제주시, 2015, 《명월성 보존·관리 및 활용계획 수립 용역》.

차용걸, 1983, 〈조선전기 관방시설의 정비과정〉, 《한국사론》 7.

조선시대 제주도의
이상기후와 해양 문화

김오진

제1장 머리말

제주도는 지질적인 환경 때문에 토질이 척박한 편이고 토지 생산력도 낮다. 대양 상의 섬이라 기상재해가 빈번하게 엄습하여 농업활동에 불리하다. 부족한 식량과 생활 물자를 확보하기 위해 제주 해민들은 일찍부터 바다로 진출하여 해상활동을 전개하였으며 주변 지역과 활발히 교류했다. 제주도는 한반도와 중국 및 일본을 연결하는 해상 십자로의 중심에 위치해 있기 때문에 주변 지역과 교류하기에 유리했다. 제주도의 연근해는 대륙붕이 광활하게 발달해 있고, 용암류가 해저에 넓게 분포하고 있어 해조류 및 어족 자원이 풍부하여 어로 활동이 활발했다.

과거 범선 시대의 해양 활동에는 기후와 기상 조건이 절대적으로 큰 영향을 주었다. 그중 바람 요소가 가장 중요하게 작용했다. 제주 해민들은 해양 활동 중 예기치 않은 돌

---

* 이 글은 2009년에 발표한 저자의 원고(김오진, 2009, 〈조선시대 이상기후와 관련된 제주민의 해양활동〉, 《기후연구소》 제4권 제1호)와 2018년에 출간한 책(김오진, 2018, 《조선시대 제주도의 이상기후와 문화》, 푸른길)을 수정하여 작성되었다.

풍과 역풍을 만나 표몰되거나 실종되는 경우가 비일비재했다. 제주도 근해를 통과하던 이국선들도 악천후로 표류하다 제주도에 자주 표착했다.

제주도는 예로부터 풍재(風災), 수재(水災), 한재(旱災)가 많다고 하여 삼재도(三災島)라 불리어 왔다. 제주인들은 이런 삼재의 거친 환경에도 굴하지 않고 적극 대응하면서 삶을 영위해왔고, 지역문화를 창조해 왔다.

기후와 기상에 가장 민감한 사람들 중 하나가 해양 활동에 종사하는 해민들이다. 제주 해민들의 해양 활동을 고기록을 통해 이상기후 및 기상 상황과 관련시켜 분석한 연구는 빈약한 편이다. 여기서는 조선시대의 고기록과 문화유산을 중심으로 과거 제주 해민들이 이상기후에 어떻게 대응하며 해양 활동을 전개했는지를 살펴보고자 한다.

제2장 조선시대 제주 해민들의 해양 활동

제1절 해양 환경과 해상 교통

제주도는 해안선의 길이가 약 303km에 달하고, 주변에 수심 100m 내외의 대륙붕이 넓게 펼쳐져 있다. 제주도 연근해는 난류의 영향으로 수온이 따뜻하여 해조류 번식과 생장에 유리하고, 어패류가 풍부하여 수산자원의 보고를 이루고 있다. 제주인은 육전(陸田)과 해전(海田)을 구분하지 않았다. 미역이 많이 나는 바다를 '미역밭', 자리돔이 많이 나는 바다를 '자리밭', 소라가 많이 나는 바다를 '구쟁기밭(소라밭)'이라고 했다.

제주도 주변 바다는 기상 변화가 심하고, 약간만 바람이 불어도 파랑이 거세다. 해저에는 용암류가 넓게 펼쳐져 있기 때문에 그물질이 불리했다. 그물을 드리웠다 갑작스런 풍랑으로 걷어 올리지 못하면 잃어버릴 수도 있다. 따라서 제주인들의 고기잡이는 위험 부담이 적은 낚시가 주된 어법이었다. 제주도 연근해의 옥돔, 조기, 갈치, 돔 등은 낚시를 이용하여 잡았다.

제주도에서는 어로, 교역, 진상품의 수송 등 해상 활동 중에 태풍과 돌풍 등 이상기후로 해난 사고가 빈번했다. 잦은 해난사고는 성비 불균형을 야기하여 심할 때는 여자가 남자의 3배나 되었다. 제주도 속담에 "딸 나면 돼지 잡아 잔치하고, 아들 나면 발길질로 차버린다."라는 속담이 있다. 또한 "딸을 낳으면 우리를 섬길 자이고, 아들을 낳으면 우리 애가 아니고 고래의 밥이다."라는 속담도 있다. 아들은 바다 일을 하다 언제 죽을지 모르는 운명이지만, 딸은 평생 의지할 수 있다. 때문에 딸을 낳으면 기뻐서 돼지를 잡고 잔치했다는 것이다. 이상기후로 인한 잦은 조난은 여다도의 형성에 큰 영향을 끼쳤음을 알 수 있다.

조선 정부는 제주도의 적은 인구 규모에 비해 역과 조세, 공납을 많이 부과했다. 우마, 귤, 약재, 옥돔, 전복, 미역, 목재, 열매, 산짐승 등의 진상 공물은 물론이고 지방 관아에 음식을 바치는 지공(支供)이 있었다. 또한 6고역이라 부르는 역이 있었다. 시기에 따라 다소 다르지만 목자역(牧子役), 답한역(畓漢役), 과직역(果直役), 포작역(鮑作役), 잠녀역(潛女役), 선격역(船格役)이 바로 그것이다. 관영 목장의 마소를 돌보는 목자역, 관과원의 귤나무를 키우는 과직역, 제주도에서만 있는 관답(官畓)을 경작하는 답한역이 있다. 이것들도 힘들었지만 더 무섭고 가혹했던 역은 해상활동과 관련된 포작역, 잠녀역, 선격역이다. 바다에서 생산되는 진상품인 전복, 해삼, 미역, 옥돔 등을 생산하는 임무는 잠녀와 포작인들이 맡았다. 포작인(어부)은 관아 선박의 사공(선격)으로 차출되어 진상품을 수송하는 선격역도 맡는 등 고역의 연속이었다. 이들은 언제 익사할지 모르는 위험한 역이었다. 포작인 열 명이면 살아남는 자는 두세 명에 불과했다. 제주도는 여자가 많아 거지라도 첩을 거느렸지만 포작인은 홀아비가 많았다. 여자들은 혼자 사는 한이 있더라도 힘든 역을 평생 지고 사는 포작인과 결혼을 기피했던 것이다(김상헌, 《남사록》). 포작인들은 이에 견디다 못하여 도외로 도망하는 일이 자주 발생했다.

김정호의 《대동지지》에는 남해안과 제주도를 왕래하는 3개의 해로가 기록되어 있다. 나주에서 출발하여 무안 대굴포, 해남 어란양을 거쳐 추자도를 지나 제주도에 이르는 길이 있다. 해남에서 출발하여 삼촌포, 거요량, 삼내도를 거쳐 추자도를 지나 제주도에 이르는 길도 있다. 강진에서 출발하여 군영포, 삼내도를 거쳐 추자도를 지나 제주도에 이르는 길도 있다.

이 해로들은 《고려사지리지》에도 기록되어 있고, 《세종실록지리지》, 《신증동국여지승람》 등의 여러 기록에도 나타나 있어 조선시대에 많이 이용되었던 해로임을 알 수 있다. 강진과 해남 해로가 주로 이용되었으며 나주 해로는 다른 항로에 비해 거리가 멀고 시간도 많이 걸렸기 때문에 공행 외에는 별로 이용되지 않았다. 그러나 조선 후기에 제주도의 기근을 구제하기 위해 영산포의 제민창을 활용하면서 나주 해로는 구휼곡 운송에 많이 이용되었다.

관리 및 진상선 등의 공행에 많이 이용되었던 남해안의 주요 출입항은 이진포, 남당포, 관두포이다. 제주도에서는 화북포와 조천포가 육지를 연결하는 주요 출입항이었고, 도근포, 애월포, 어등포, 산지포 등도 출입항으로 이용되었다. 남해안과 제주도를 왕래할 때 중간 목표지점으로 추자도를 설정하여 항해했다. 순풍을 만나면 해남, 영암, 강진에서 반나절이면 추자도 해역에 도착했다. 추자도 앞바다를 바로 통과하여 관탈섬을 지

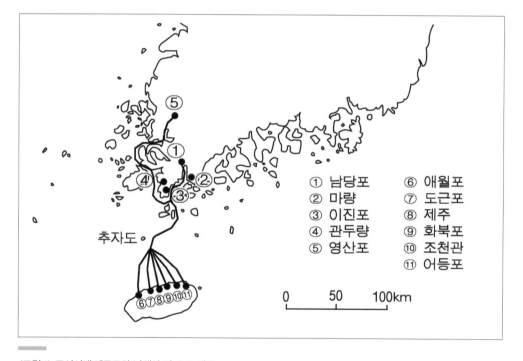

<그림 1> 조선시대 제주도와 남해안 간 주요 해로

나 제주도의 조천포, 화북포로 입항했고, 때로는 애월포, 도근포, 어등포로도 입항했다.

　강진, 해남, 영암 삼읍은 윤번으로 도회관(都會官)을 정하여 각각 1년씩 돌아가면서 제주도를 출입하는 수령과 관리 및 감색[監色: 진상품 운반 감독 관리], 선격[船格: 뱃사공] 등을 접대하고 입출항에 따른 공무를 처리했다.

　제주도의 진상선은 제주목사가 공물을 검사, 봉인한 후 제주를 출발하여 제주해협을 건넜다. 육지의 강진, 해남, 영암 중 그 해의 도회관에 입항하여 검사를 받은 후 서해안을 따라 북진하여 한강을 거슬러 올라가 한양에 도착했다. 세종 때 공물을 한양까지 해로로 운송하는 상황이 다음과 같이 기록되어 있다.

> 제주에서 공물을 운반하는 배가 매년 3척이 내왕한다. 한 척마다 영선천호 1명, 압령천호 1명, 두목 1명, 사관 4명이고, 격군은 큰 배에 43명, 중간 배에 37명, 작은 배에 34명이다. 생명을 물에 걸고 바다를 건너 내왕하니 논공할 만하다. 공물 배가 5차례를 무사하게 경강(京江)에 도착하면, 사관 이상은 각각 전직으로 인하여 해령으로 제수했다.
>
> 《세종실록》 29권, 세종 7년(1425) 7월 15일조

> 진헌(進獻)은 육로로 운반하는 것이 사실 가장 좋은 방법인데 연로의 각 읍에서 제때에 전달하지 않아서 매번 썩었다. 대체로 배로 운반하는 경우 다행히 순풍을 만나면 한 달 안에 도착할 수 있지만 혹 바람에 막히면 지체되어 썩는 것은 마찬가지였다. 그러나 백성들과 나라의 비용은 육지로 운반하는 것보다 훨씬 덜 들기 때문에 배로 운반하는 것으로 정했다. 배 두 척에 분배하면 비용이 800냥이다.
>
> 《고종실록》 21권, 고종 21년(1884) 6월 27일)

　제주에서 한양까지 공물을 5회 무사고로 수송하면 품계를 올려주는 등 상을 내렸음을 알 수 있다. 육로로 운반하는 것이 안전한 방법이었지만 각 읍에서 제때 운반하지 않아 지체되어 썩어버리는 경우가 많았다. 노력과 비용 면에서 배를 이용하는 것이 유리했기 때문에 주로 해로를 이용하여 진상품을 수송했음을 알 수 있다.

육지에서 제주도로 오는 선박은 북풍이나 북서풍을 이용했고, 제주도에서 육지로 가는 배는 동풍, 남동풍, 남풍을 이용하는 것이 일반적이다. 제주의 동쪽인 조천관, 별도포[화북], 어등포[행원]는 동풍을 이용하여 육지로 나갔고, 남당포, 관두포에 다다랐다. 제주의 서쪽인 도근포[외도], 애월포에서는 서풍을 이용하여 육지로 나가면 관두포, 난포[영암] 등에 다다랐다. 풍향에 따라 출발지와 입항지가 달랐던 것이다. 순풍을 만나면 아침에 남해안과 제주도에서 각각 출발하여 저녁에 목적지인 제주도와 남해안에 도달할 수 있었다.

파도는 남동풍에는 낮고 북서풍에는 높았다. 제주도로 들어갈 때는 조류를 따라 내려가는 것 같아서 배 가기가 쉬웠으나, 나올 때는 조류를 거스르게 되므로 배가 항해하는 데 힘들었다. 풍력을 이용한 조선시대의 제주도-육지 간의 항해는 공간 거리보다도 풍향과 풍속이 중요하게 작용했다. 항해의 성패는 바람에 의해 좌우되었던 것이다. 제주해협을 횡단하는 항해의 중간 목표지는 추자도였다. 육지-제주도를 왕래하는 배는 추자도를 지나 목적지로 갔다. 순풍이 불면 추자도에 기착하지 않고 곧바로 남해안으로 항해했지만, 출항 후 예기치 않은 강풍이나 역풍이 불면 회항하거나 추자도에 피항했다.

제주 해민들은 탐라국 시대의 전통을 이어받은 제주선[탐라선]을 이용하여 해상 활동을 전개했다. 제주선은 조선배보다 날쌔고, 일본배보다 견고했다. 뱃전의 두께가 일본배나 조선배보다 두꺼워 단단했고, 배의 맨 앞부분 이물에 두툼한 덕판과 보호대를 설치하여 견고했다. 제주 현무암 해안에 접안하는 데 용이했고, 수전에도 강했으며, 거센 풍랑에도 쉽게 부서지지 않았다.

제2절 해난사고와 표류

조선은 제주도를 중앙통치 조직에 완전 편입시켜 제주인들의 해상 활동을 통제했다. 조정에서 필요로 하는 진상품의 공급지로 부각되면서 진공선의 출입이 빈번했다. 중앙에서 파견된 관리의 출입도 잦았고, 절해고도라는 위치 특성 때문에 특급 유형지로 활용되면서 유배인들의 유입도 많았다. 제주도를 출입하는 과정에서 예기치 않은 태풍

<그림 2> 제주도의 전통배인 제주선 제주시 건입동, 2003년 8월.

과 폭풍을 만나 수많은 표류인이 발생했다. 또한 제주도 연해에서 어로 작업을 하거나 주변 지역과 교역 활동을 하던 제주인들도 빈번하게 해난사고를 당했다.

《조선왕조실록》및 《비변사등록》,《승정원일기》,《탐라기년》등을 분석해 보면, 조선시대에 제주인들과 제주도 기점 왕래자들의 해난사고 기록 건수는 총 152건이다.

그중 18세기에 58건으로 가장 많았고, 15세기 31건, 19세기 26건, 16세기 23건, 17세기 14건 순이다. 17세기는 이상기후가 가장 빈번했던 시기임에도 불구하고 해난사고 기록 건수는 가장 적다.

17세기에 해난사고 건수가 적은 것은 출륙금지령으로 해양활동이 위축되고, 표류하면 출신지를 강진이나 해남 등 육지 사람이라 사칭해 제주임을 속이는 풍조 때문으로 보인다. 정부의 가혹한 수탈과 빈번한 기근으로 민생이 어려워지자 제주 해민들은 대거 육지와 주변국으로 도망갔다. 정부에서는 이를 막고자 1629년에 제주 해민들의 도외 출륙과 해상활동을 통제하는 '출륙금지령'을 내렸다. 정부의 통제에도 불구하고 해상활동에 나섰다가 이상기후를 만나 타지에 표류하면 출신지를 육지 지역으로 사칭하는 관습까지 생겼다. 송환 후에 국법을 어긴 처벌을 받을까 두려웠기 때문이다. 더구나 출륙금지령이 내려지기 18년 전인 광해 3년(1611)에 안남 왕세자 등 수백 명을 태운 상선이 구풍(颶風)에 떠밀려 제주읍성 죽서루 밑에 표도했던 적이 있다. 제주목사와 판관은 그 배의 재화가 탐나서 그들을 살해하고 빼앗아 버렸다(김석익, 《탐라기년》; 《광해군일기》 50권, 광해 4년(1612) 2월 10일조). 이 사건으로 탐라[제주]에 표류하면 죽여 버린다는 소문이 주변국 사람들에게 퍼져 버렸다. 그로 인해 제주 해민들은 타지에 표류하면 그 보복을 받을까봐 출신지를 육지로 사칭하는 일이 자주 발생했다(정운경, 《탐라견문록》; 장한철, 《표해록》). 제주도 연근해에서 해난사고의 대표적 사례를 보면 다음과 같다.

1640년에는 진공선 5척이 바람을 만나 난파되었는데, 물에 빠져 죽은 자가 100여 명이나 되었다. 왕은 그들의 처자들을 구휼하게 하고, 배에 실었던 공물을 모두 탕감해 주었다.

《인조실록》 40권, 인조 18년(1640) 2월 3일조)

인조 18년에 진상품을 실은 선박 5척이 육지로 가다가 돌풍을 만나 침몰했다. 이때 물에 빠져 죽은 사람이 100여 명이나 되었다. 17세기 이상기후의 위력을 엿볼 수 있는 대형 해난사고였다. 인조는 그 가족들에게 구휼을 베풀었고 침몰된 공물은 모두 탕감해 주었다.

제주도 인근 해역에서 이상기후로 표류하다 주변국에 도착하여 극적으로 돌아오는 사례가 많았다. 《조선왕조실록》, 《탐라기년》, 《비변사등록》 등을 바탕으로 귀환 건수를 분석해 보면 총 63건이다. 그중 중국에서의 귀환이 31건으로 가장 많고, 일본에서 22건, 유구[琉球: 오키나와]에서 9건, 안남[安南: 베트남]에서 1건이다. 이를 비율로 보면, 중국에서 귀환은 49%로 절반 가까이 차지하고 있고, 일본에서 35%, 유구에서 14%이다.

제주도는 중국·일본·한반도를 연결하는 해상 교통로의 중앙에 위치해 있고, 태풍의 길목에 있다. 한라산은 대양 상에 높이 솟아 있기 때문에 원거리에서 관측할 수 있는 인지거리가 길다. 제주 주변 해역에서 표류하던 사람들은 멀리서 한라산이 보이면 제주도를 향해 배를 몰았을 것이다.

《조선왕조실록》, 《탐라기년》, 《비변사등록》, 《승정원일기》 등의 기록에 따르면, 외국인이 제주도에 표착한 기록은 총 99건이다. 19세기에 37건으로 가장 많고, 18세기에 29건, 17세기에 19건, 15세기에 7건, 16세기에 7건이다. 표착한 외국인을 국적별로 보면 중국인이 53건으로 가장 많고 일본인 21건, 유구인 14건, 유럽인 3건, 안남인 1건, 여송인[呂宋 필리핀] 1건이며 국적 불명은 6건이다. 외국인의 표착 건수를 비율로 보면, 중국인이 54%로 가장 많고, 일본인 21%, 유구인 14%이다. 외국인들은 제주도 근해를 통과하다 태풍이나 폭풍을 만나 제주도에 표착한 경우가 대부분이다.

제주도는 육지와 단절된 닫힌 공간이라기보다 바다를 통해 세계로 뻗어나갈 수 있는 열린 공간이다. 특히 동북아시아 해상 교통로의 중앙에 위치해 있기 때문에 제주 해민들은 일찍부터 해양으로 진출했고, 또한 외지인들도 제주도 주변을 자주 통과했다. 그런 과정에서 제주도를 중심으로 표류 사건이 빈번하게 발생했다. 제주도를 출항하여 타지로 가는 도중 예기치 못한 폭풍과 역풍으로 표류하다 타국에 표착하여 돌아온 사례들이 비일비재하다.

중국에 표류했다가 귀환한 대표적인 사례가 최부를 태우고 표류했던 제주 해민들이다. 최부 일행이 화북포를 출항한 날은 1488년 윤정월 3일이다. 이때는 제주도에 강풍과 추위를 가져왔던 시베리아 고기압이 서서히 약화될 때이다. 늦겨울이나 봄에는 시베리아 고기압이 화북지방에서 이동성 고기압으로 자주 변질된다. 변질된 기단이 편서풍을 타고 우리나라 북쪽을 통과하여 동진하게 되면 제주도에는 북동풍이 불어오곤 한다. 약해지던 시베리아 고기압이 일시적으로 강해지면서 겨울 못지않은 꽃샘추위가 기승을 부리기도 한다. 또한 이 시기는 이동성 저기압이 제주도 주변을 자주 통과하면서 폭풍우가 몰아치기도 한다.

당시 제주 해민들은 이를 경험적으로 잘 인식하고 있었기에 이 무렵을 '영등절'이라하여 배를 띄우는 것을 삼갔다. 영등절은 음력 2월 초하루부터 보름까지로 돌풍이 많고 일기변화가 심하다. 한겨울은 북서풍이 지속적으로 불어와 날씨를 예측하기 쉽지만, 영등절은 바람과 날씨가 어떻게 변할지 예측하기가 힘든 시기이다. 최부가 출발한 날은 윤정월 3일로 윤1월이지만 윤달이라서 한 달 더하면 2월이나 마찬가지다. 영등절 무렵에 배를 띄웠다가 표류했던 것이다.

영등절임에도 불구하고 경차관 최부는 제주 해민들에게 배를 띄우도록 명령했다. 부친상을 당한 급한 마음에 출항했다가 변을 당한 것이다. 풍세를 볼 줄 아는 제주 해민들은 출항을 적극 만류했다. 최부의 15일간 표류 중에도 풍향은 자주 바뀌었다. 그만큼 이 시기의 날씨는 변화가 심했다.

최부는 동풍에 의지하여 3일 화북포를 출항했고, 추자도 근해에서 강한 북동풍을 만나 표류하기 시작했다. 4일에는 흑산도 남쪽을 통과하여 서쪽으로 표류했다. 7일에는 바다 색깔이 하얀 해역에 닿았는데 북풍으로 바람이 바뀌면서 남쪽으로 표류했다. 8일에는 북서풍을 만나 남동쪽으로 떠내려갔다.

9일에는 멀리서 섬이 나타나고 인가가 어렴풋이 보여 유구국이라 생각하고 상륙 준비를 하던 중 바람이 갑자기 동풍으로 바뀌었다. 바람이 더욱 강해져 서쪽으로 배가 표류했다. 14일 어느 섬에 닿아 임시 정박을 했고, 15일에는 동풍이 불자 서쪽으로 키를 잡고 항해하여 한밤중에 어느 섬에 도착했다. 16일에는 동풍을 타고 갔더니 많은 섬들이 보였고, 명나라 사람들을 만나 태주부 임해현임을 알게 되었다. 윤정월 17일 육지에 상륙함으로써 15일 동안의 표류는 끝을 맺었다. 육로로 이동하여 북경에서 명 임금을 알현하고 압록강을 건너 6개월 만에 우리나라로 돌아왔다. 이들이 귀환하자 성종은 거센 풍랑에도 제주선이 부서지지 않아 중국에 표착할 수 있었다고 치하하면서 제주 해민들의 선박 건조 능력과 항해술을 높이 샀다.

유구왕국에 표류했다가 돌아온 대표적인 예는 김비의 일행이다. 성종 8년(1477) 2월 김비의 일행 8명은 진상용 감귤을 싣고 출항했다가 역풍을 만나 표류했다. 14일 동안 표류하다 유구국에 표착한 후 일본과 대마도를 거쳐 돌아왔다.

김비의 일행이 제주도를 출항한 날은 1477년 2월 1일로, 앞의 최부 일행의 표류 사례에서 살펴봤던 것처럼 영등절 시기이다. 제주인들은 이때의 변덕스런 날씨 특성을 인식하고 있었기 때문에 출항을 삼갔다. 그러나 관의 명령으로 오가는 관선(官船)은 진상품 수송과 공무 수행 같은 일 때문에 위험을 감수하면서 배를 띄우곤 했다. 김비의 일행역시 배를 띄우기 적당하지 않은 시기임에도 무리하게 출항했다. 왜냐하면 감귤은 조선시대 제주도의 대표적 진상품이었기 때문이다. 이것이 상하여 조정에 도착하면 제주목사는 책임을 추궁당했고 처벌까지 받았다. 감귤을 빨리 진상하기 위해 위험을 무릅쓰고출항했던 것이다.

김비의 일행이 추자도 부근에 이르렀을 때 강한 동풍이 불어 배가 서쪽으로 표류했다. 동풍이 불면 제주에서 육지로 배를 항해하기 어렵지 않다. 오히려 이 바람을 기다리기까지 했다. 그러나 이때의 동풍은 워낙 강했기 때문에 배를 조종하기 힘들었다. 7일정도 서쪽으로 표류하니 바다 색깔이 쌀뜨물처럼 혼탁했다고 했다.

9일째 되는 날부터는 서풍이 강하게 불어 배가 표류했다. 기록에는 서풍이지만 유구에 표류한 것으로 보아 북서풍으로 보인다. 약화되던 시베리아 고기압 세력이 강해지면서 북서풍이 거세게 불었던 것이다. 6일 동안 강한 북서풍에 배는 남동쪽으로 표류하여유구의 한 섬에 표착했다. 김비의 일행의 표류 상황을 보면 추자도 근해에서 동풍을 만나 서진하여 중국 연안 가까이 갔다가 북서풍으로 남동진하여 유구열도의 윤이섬에 표착했다. 윤이섬에서 유구국 도읍인 나하, 일본의 일기도와 대마도로 이동할 때 남풍을이용했다. 대마도에 머물다 남풍이 불자 이즈하라항을 출항하여 우리나라의 염포[울산]로 2년 4개월 만에 귀환했다.

표류는 타국에 대한 정보를 본국에 전하기도 했다. 김비의의 〈유구 표류기〉는 김비의 등이 구술한 것을 홍문관에서 기록했다. 표착지인 윤이섬에서부터 국왕이 사는 나하까지 이동하는 과정, 우리나라로 귀환하는 과정이 자세히 기록되어 있다. 또한 유구의9개 섬에서 각각 한 달에서부터 길게는 6개월 정도 머물면서 체험한 지리와 풍속 등이상세히 기록되어 있다.

제주도에서 베트남까지 표류했다가 돌아온 사례도 있다. 김대황 등 24명은 진상마3필을 싣고 육지로 가다가 추자도 앞에서 표류하기 시작하여 31일 만에 베트남 회안부에 표착했다.

<그림 3> 김대황 표착지 호이안 베트남 호이안, 2019년 8월.

　　김대황 일행이 제주의 화북포를 출발한 날은 1687년 9월 3일이다. 이를 양력으로 환산하면 10월 8일이다. 이때는 북태평양 고기압이 물러가고 시베리아 고기압이 영향을 미치는 시기이다. 한겨울에 비해 강하지 않지만 북서풍 계열의 바람이 많이 불 때다. 조선시대에 말을 진상하는 진마선은 보통 여름에 띄웠다. 바다에서 장시간 허비하다 보면 말이 상해버리기 때문에 빠르게 남해안으로 운반해야 한다. 남풍 계열의 바람이 약간 세게 불 때가 적기인데 이때는 여름이다. 바람이 강해야 풍압을 많이 받아 배의 속도를 빠르게 할 수 있기 때문이다. 가을과 겨울에는 역풍을 만날 가능성이 있기 때문에 쉽게 진마선을 띄우지 못했다.

　　김대황 일행의 출항은 가을이 깊은 시기에 이루어졌다. 목사가 새로 부임하여 특별히 진상하는 말이었기 때문이다. 추자도 주변을 통과할 때 바람이 갑자기 북동풍으로 바뀌고 비까지 심하게 내렸다. 풍랑도 크게 일어 배를 조종할 수 없는 지경에 이르렀다.

4일 동안 서쪽으로 표류했는데 9월 8일부터 13일까지는 바람이 북서풍으로 바뀌면서 남쪽으로 표류했다. 9월 14일에서 18일까지는 동풍이 심하게 불어 배는 서쪽으로 표류했다. 9월 19일부터 9월 25일까지는 북서풍이 불었다. 이렇게 변화무쌍한 날씨에 김대황 일행은 남서쪽과 남동쪽으로 번갈아가며 표류하여 10월 4일 안남의 회안부에 닿았다. 회안부는 지금의 '호이안'으로 베트남 중부의 다낭 시에서 남쪽으로 약 30km 정도 떨어져 있다. 그들은 10월 18일 관리들의 인솔 하에 도읍 후에로 이동하여 베트남 국왕을 알현했다. 10월 28일 회안부에 다시 보내져 약 9개월 정도 지내다가 1688년 7월 28일 베트남을 떠났다. 중국의 광동성, 절강성을 거쳐 12월 17일 대정현 지경인 진모살[중문해수욕장]에 도착했다. 표류한 지 1년 3개월 만에 귀환했다.

제3절 이상기후와 출륙금지령

17세기에 이상기후로 인한 기근과 역병으로 아사자와 병사자가 대거 발생했고, 인구공동화 현상이 발생했다. 인구의 과소 현상은 세역 부담의 증가로 이어졌고, 관리들의 수탈도 더해져 제주 해민들은 큰 고통을 겪었다. 절해고도라는 지리적 특성 때문에 그러한 폐단을 고소할 만한 마땅한 곳도 없었다. 제주인들끼리 만나면 서로 빌기를 "언제 죽어서 이 고생을 면하게 될 것인가?"라고 한탄했다[김상헌, 《남사록》].

이상기후로 인한 만성적인 식량 부족과 관의 수탈을 피해 도외로 도망치는 제주인들이 걷잡을 수 없이 증가했다. 조정은 제주인의 인구감소로 지방행정 조직의 붕괴에 직면하자 인조 7년[1629]에 섬 전체를 봉쇄하는 출륙금지령을 내렸다.

> 제주에 거주하는 백성들이 유리(流離)하여 육지의 고을에 옮겨 사는 관계로 세 고을의 군액(軍額)이 감소되자, 비국이 도민의 출입을 엄금할 것을 청하니, 상은 이를 윤허했다.
> 《인조실록》 21권. 인조 7년(1629) 8월 13일조

1629년 8월 13일 비변사는 제주인들이 육지로 도망가는 것을 막기 위해 도외 출입

을 엄금하도록 왕에게 청했다. 인조가 이를 허락하면서 공식적인 출륙금지령이 시작되었다. 출륙금지령은 인구 유출을 막아 각종 세금과 역을 확보할 수 있는 정책이었지만 제주인들에게는 창살 없는 형옥 생활이나 마찬가지였다. 제주도가 거대한 감옥으로 변해버린 것이다.

탐라국 이래로 제주 해민들은 농업과 더불어 해상교역 활동을 전개하면서 살아왔다. 조선 조정은 제주 해민들에게 해상활동과 교역활동을 강력 통제했고, 말과 감귤, 전복 등 진상품 생산에 내몰았다.

1822년에 제주도에 역병이 돌아 수천 명이 죽자 순조는 이를 위유하기 위해 조정화를 어사로 파견했다. 조정화는 별단을 올려 제주인들의 육지 출입을 허용하도록 건의했다. 순조는 조징에서 이를 처리하도록 명을 내리면서 1823년 2월 24일, 200여 닌간 지속되었던 출륙금지령이 공식적으로 해제되었다(《순조실록》 26권, 순조 23년(1823) 2월 24일조).

출륙금지령은 제주 해민들에게 족쇄로 작용했다. 해양을 통해 세계로 뻗어나갈 수 있는 기회를 장기간 박탈해 버렸다. 탐라국 이래로 바다를 누비면서 해양 활동을 전개했던 제주 해민들의 활동공간을 섬으로만 국한시켜 버리는 결과를 초래했다. 재해와 흉년으로 식량이 고갈될 때 제주인들은 바다를 통해 주변 지역으로 나가 교역활동을 하면서 먹거리를 구해왔던 활동이 통제되었다. 이상기후로 농사를 그르쳐 식량이 고갈되면 정부의 구휼에만 의존하는 취약한 지역구조로 고착화되어 버렸다. 제주도의 자생적 하부구조가 붕괴되어버리는 결과를 초래했다.

제3장 조선시대 제주 해민들의 해양 문화

제1절 바람에 대한 인식

조선 후기 실학자 이익은 《성호사설》에서 다음과 같이 팔방풍을 기록하고 있다. "동풍은 사(沙), 북동풍은 고사(高沙), 남풍은 마(麻), 동남풍은 긴마(緊麻), 서풍은 한의(寒意),

남서풍은 완한의(緩塞意), 북서풍은 긴한의(緊塞意), 북풍은 후명(後鳴)이라 한다."라고 했다(이익, 《성호사설》). 하늬바람, 샛바람, 마바람 등의 명칭을 기록하고 있는데, 조선시대에도 사용했음을 알 수 있다.

이익의 기록은 조선 후기 경기도 지역의 풍향 명칭이다. 조선시대의 제주도 관련 사료에는 풍향에 따른 바람의 명칭을 기록으로 남긴 것이 없다. 그러나 제주도 노인들은 이익의 기록에 나와 있는 명칭과 유사한 풍향을 지금도 사용하고 있다. 제주도 지역에서 풍향에 따른 바람의 명칭은 〈표 1〉과 같다. 제주도 내에서도 바람의 명칭은 지역에 따라 약간의 차이가 있음을 알 수 있다.

북쪽에서 불어오는 바람을 '하늬ᄇᆞ름'이라 했고, 북두칠성과 북극성을 좌표로 삼아 판별했다. 대정 지역에서는 북풍을 '하늬ᄇᆞ름'이라 했지만 일부에서는 '고든하늬ᄇᆞ름 곧은하늬ᄇᆞ름'이라고도 했다. 하늬ᄇᆞ름은 북풍과 북서풍 사이에 부는 바람으로 구별하기도 했다. 우도(牛島)에서는 북풍을 '높ᄇᆞ름'이라 불렀다. 서귀포 지역에서는 북쪽인 한라산 방향에서 불어온다고 하여 '상산ᄇᆞ름'이라고도 했다. 북동풍은 보통 '높새ᄇᆞ름'이라 했는데, '동하늬ᄇᆞ름'이라고도 했다. 제주시 지역에서는 '높하늬ᄇᆞ름'이라고도 했는데, 이것은 '높새ᄇᆞ름'과 비슷한 풍향이나 높새바람보다 약간 하늬바람으로 치우쳐 불어오는 바람이다.

동풍은 '샛ᄇᆞ름'이고 동남풍은 '동마ᄇᆞ름'이라고 했으며 '동마ᄇᆞ름'과 '샛ᄇᆞ름' 사이로 부는 바람을 제주도 동부지역에서는 '을진풍(乙辰風)'이라고도 했다. 24방위에서 을진은 동남쪽을 의미한다. 남풍은 '마ᄇᆞ름'이라 했으며, 남서풍을 '서마ᄇᆞ름', '서갈ᄇᆞ름', '늦하늬', '골마ᄇᆞ름' 등으로 불렀다. 서풍을 '갈ᄇᆞ름', '늧ᄇᆞ름'이라 했으며, 우도에서는 '하늬ᄇᆞ름'이 서풍이다, 북서풍을 '섯하늬ᄇᆞ름', '갈하늬ᄇᆞ름', '높하늬ᄇᆞ름' 등으로 부르기도 했다. 북서풍을 애월읍 지역에서는 '도지'라고도 했지만, 일반적으로 '도지'는 갑자기 폭우와 함께 몰아치는 바람을 일컬었다. 제주인들은 '하늬바람'보다 돌풍인 '도지'바람을 더 두려워했다. 도지바람 부는 것을 '도지 올린다.'라고 했는데, 12월에서 3월까지 간헐적으로 불었다.

시베리아 고기압은 한겨울에 한파와 강풍을 가져왔지만 봄이 되면 세력이 급속히 약

〈표 1〉 지역별 바람 명칭

풍향 지역	북	북동	동	남동	남	남서	서	북서
제주	하늬ᄇᆞ름	높하늬ᄇᆞ름 높새ᄇᆞ름	샛ᄇᆞ름	동마ᄇᆞ름	마ᄇᆞ름	서마ᄇᆞ름	놋ᄇᆞ름 갈ᄇᆞ름	섯하늬ᄇᆞ름 된하늬ᄇᆞ름
서귀포	하늬ᄇᆞ름 상산ᄇᆞ름	동하늬ᄇᆞ름 높새ᄇᆞ름	샛ᄇᆞ름	동마ᄇᆞ름	마ᄇᆞ름	서갈ᄇᆞ름	갈ᄇᆞ름	섯하늬ᄇᆞ름 갈하늬ᄇᆞ름
대정	하늬ᄇᆞ름	높새ᄇᆞ름	샛ᄇᆞ름	동마ᄇᆞ름	마ᄇᆞ름	서갈ᄇᆞ름	갈ᄇᆞ름 놋ᄇᆞ름	섯하늬ᄇᆞ름
우도	높ᄇᆞ름	높새ᄇᆞ름 정새ᄇᆞ름	샛ᄇᆞ름	을진풍 동마ᄇᆞ름	마ᄇᆞ름	골마ᄇᆞ름 늦하늬ᄇᆞ름 갈ᄇᆞ름	하늬ᄇᆞ름	높하늬ᄇᆞ름

출처: 현지답사를 통해 필자 작성.

화되었다. 청명이 지나면 시베리아 고기압은 그 세력이 미약해져 제주도에 큰 영향을 미치지 못하므로 바람이 약해져 어로 작업하기에 알맞은 날씨가 되었다.

여름과 가을에는 태풍이 내습하여 풍수해를 입혔다. 제주도에서는 태풍을 '놀ᄇᆞ름' 혹은 '노대ᄇᆞ름'이라고 불렀다. 제주도에서는 한라산을 예로부터 '진산(鎭山)'이라고도 했다. 남양에서 올라오는 놀ᄇᆞ름을 약화시키거나 진로를 바꾸게 하여 한반도를 보호한다는 의미가 내포되어 있다. 제주도에는 "6월에 태풍 오면 그 해에는 여섯 번 온다."라는 속담이 있다. 첫 태풍이 일찍 내습하면 그만큼 태풍이 발달할 수 있는 기상조건이 제주도 주변에 일찍 형성되기 때문에 내습 빈도가 높은 것이다. 이를 통해 제주 해민들은 태풍에 대한 관심이 컸음을 알 수 있다.

제주도의 국지풍으로 '느롯[老爲]'이 있다. 느롯은 '한라산 정상에서 저지대로 흐르는 차가운 공기'를 지칭하는 것으로 가을에서 봄까지 발달한다. 느롯은 새벽에 한라산 쪽에서 불어오는 일종의 산풍이기 때문에 풍속이 강한 바람이라기보다 기온이 낮고 차가운 바람이다. 한라산 남·북사면은 동·서사면에 비해 느롯이 많이 발생하고 강도가 강하다. 한라산 남사면은 겨울에도 느롯이 자주 발생하지만 북사면 지역은 겨울에 북서계열의 계절풍 때문에 느롯이 발생하는 경우가 드물고, 봄이나 가을에 발달하는 경우가 많다. 남사면의 서귀포 지역은 중문이나 남원 등 인근 지역보다 한라산정에서 가깝기 때문에 느룻의 강도가 강하다. 특히 서귀포시 호근동의 하논은 느룻이 심하다. 한라산 남사면의 급사면을 타고 강하한 느룻이 하논 화구원에 갇히면 냉기호가 형성되어 냉기류가 빠져나가기 힘들기 때문이다.

느룻은 내려오는 길이 있다. 느룻은 냉기류이기 때문에 공기가 무거워져 아래로 가라앉는다. 축적된 냉기류가 한라산 산정에서 해안 지대로 강하할 때 느룻 길을 따라 내려온다. 느룻이 내려오는 길은 주변보다 낮은 저지대가 연속되는 곳으로 이 일대는 기온이 차고 서리도 잘 끼며 서릿발이 주변에 비해 잘 자란다.

느룻이 발달하는 날은 이동성 고기압의 영향으로 대기가 안정되고 고요하기 때문에 바람이 약하다. 그래서 "아침 느룻 쎄민 날씨 좋다(아침에 느룻이 강하면 날씨 좋다)."라는 속담이 전해진다. 느룻이 부는 아침에는 몹시 춥지만 낮에는 날씨가 맑고 화창하여 겉옷을 얇게 입어도 될 정도로 일교차가 컸다. 느룻이 불면 어부들은 날씨가 좋아질 것을 예감하며 안심하고 출항했다.

제2절 해상 활동과 바람

바람은 범선 시대의 항해에 절대적인 영향을 끼쳤다. 특히 시베리아 기단에 의한 겨울계절풍과 북태평양 기단에 의한 여름계절풍이 제주인의 생활과 선박의 항해에 큰 영향을 끼쳤다. 시베리아 기단에 의한 북서풍의 최성기는 12월에서 2월로 풍속이 강하여 선박의 항해에 많은 어려움을 주었다. 북태평양 기단에 의한 남풍 계열의 바람은 여름철에 영향을 주었다. 여름계절풍은 겨울계절풍에 비해 풍속이 약하여 항해에 많이 이용되었다.

풍향과 풍속은 시시각각 달라지며, 예기치 않은 폭풍이 발생하기도 한다. 폭풍은 주로 저기압의 이동과 관련이 있다. 특히 저위도의 열대 해상에서 발생하여 중위도로 이동하는 열대성 저기압인 태풍은 제주도 연근해의 가장 강력한 바람으로 해상 활동 및 선박에 극심한 피해를 야기했다.

김상헌의 기록을 보면, 기상정보를 적절히 활용하며 항해했던 사례가 잘 나타나 있다.

> 안무어사의 임무를 완수한 후 육지로 가기 위해 한 달 가까이 조천관에서 순풍이 불기를 기다렸다. 순풍을 기다릴 때 후망인은 김상헌에게 해상 상황과 기상 정보를 보고했다. 풍세를 관측하여 날씨를 볼 줄 아는 조천 사람 점풍가는 동풍이 불자 출항을 권고했고, 김상헌 일행은 출항했다. 추자도 부근에서 역풍이 불자 초란도와 당포에 피항하여 6일 동안 바람을 기다렸고, 북풍에서 서풍으로 바뀌자 출항하여 해남의 이란포로 입항했다.
>
> (김상헌, 《남사록》)

이러한 일련의 출항 과정을 보면, 기상 정보를 적절히 이용하며 항해하는 모습을 엿볼 수 있다. 출항에 바람이 맞지 않으면 순풍이 불 때까지 대기했다. 기상 전문가라 할 수 있는 점풍가와, 기상관측과 해상 감시를 하는 후망인이 기상정보를 제공했다. 선박에는 풍향을 인지할 수 있는 상풍기가 설치되어 있었다. 또한 제주의 포작인[이부]으로 구성된 격군들은 돌발적인 악천후와 캄캄한 한밤중에도 추자도의 당포로 안전하게 배를 접안시킬 수 있는 능력을 갖추고 있었음을 알 수 있다. 임제는 제주인들이 배를 다루는 기술을 다음과 같이 표현하고 있다.

> 배가 항해 중 강풍으로 심히 빨리 가다가 돛이 찢겨졌지만 한 사공이 돛노 위로 기어 올라가 13척이나 되는 돛 머리에서 이를 보완했다. 빠르기가 나는 원숭이 같았다. 제주인들은 배를 다루는 게 마치 말을 다루듯 한다.
>
> (임제, 《남명소승》)

항해 중에 돛이 상하자 재빠르게 수리하고 있다. 항해 중 악천후에 대응하는 제주 해민들의 위기관리 능력을 엿볼 수 있다. 해민들은 파선에 대비하여 별도의 구조선을 준비했고, 혼탈피모(渾脫皮毛)와 표주박, 미숫가루, 떡 등을 준비했다(이원진, 《탐라지》). 혼탈피모는 털이 없는 가죽옷을 의미한다. 표류 시 구명대 혹은 구명복으로 사용하기도 했고,

장시간 표류 중 바닷물에 부풀어지면 뜯어 먹을 수도 있기 때문에 비상식량으로도 가능하다. 배가 파선되면 혼탈피모를 몸에 두르고, 표주박에 의지하여 장시간 표류했다. 비상식량으로 미숫가루와 떡을 준비했다. 새(茅)로 거적처럼 엮어 만든 초둔(草芚:둠)을 선미에 묶어 길게 늘어뜨려 배가 침몰되는 것을 막기도 했고, 배에 실은 물건들을 바다에 던지기도 했다(이이태,《저영록》). 돛과 노, 키 등 모든 동력 기능을 상실하여 표류할 때 안전을 위해 대바구니로 만든 물에 뜨는 닻 '풍'을 개발한 것도 제주 해민들의 지혜였다.

제주도의 국영목장에서 마소를 방목하다 성장하면 취합하여 음력 5, 6월에 조정에 진상했다. 이때는 북태평양 고기압이 확장되면서 남풍계열의 기류가 발달하는 시기로 이를 이용하여 제주해협을 건넜다. 김성구는 진상마의 운송에 대해 다음과 같이 기록하고 있다.

> 매년 5, 6월 사이에 감영에서 삼읍의 말을 골라 봉진한다. 조천관에서 바람을 기다리게 하고, 삼읍의 수령들이 윤번으로 차원을 정하여 그로 하여금 실어 보내는 일을 맡게 한다. 금년은 대정현감이다. 말을 실은 배는 다른 배와는 달라서 반드시 강한 바람이 있은 연후에 비로소 배를 출발시킨다. 대개 실은 것이 무거울 뿐 아니라 만약 하루 만에 도달하지 못하면 여러 섬에서 머물러야 하므로 말이 많이 상하기 때문이다.
>
> (김성구,《남천록》)

제주도에서 진상마 헌상은 동풍, 남풍이 발달하는 5, 6월에 행해졌다. 음력 5, 6월이면 여름철에 해당한다. 여름철은 남동, 남서기류가 발달하는 시기이다. 남풍계열의 바람을 이용하여 제주해협을 건넜다. 진마선은 수십 마리의 말을 적재하므로 배가 무거워 바람이 약하면 속력이 늦어졌다. 또한 운송시간이 길어지면 말이 해상에서 상할 우려가 있기 때문에 최단시간에 바다를 건너야 했다. 운송시간의 최소화를 위해 보통 때보다 바람이 센 날 출항했다. 바람이 세면 풍랑이 거칠어 선박의 전복 위험도가 높아진다. 이에 대비하여 진마선에는 안전 항해용 돌덩이를 배의 밑바닥에 바닥짐으로 적재했다. 강한 바람과 풍랑으로 배가 요동칠 때 무게 중심을 잡기 위한 것이었다. 강풍 시 진마선은 전복 위험도가 높기 때문에 배의 안정성과 복원성을 확보하기 위해 선박 중앙의 하부에 무게 중심을 확보할 필요가 있다. 선박 중앙의 선저에 돌덩이들을 적재함으로써 중앙 하부를 무겁게 하여 전복 위험도를 감소시켰던 것이다. 선박의 전복을 막기 위해 바닥에 돌과 모래 등을 싣는 것을 '바닥짐[밸러스트(ballast)]'이라고 한다. 오늘날 대형 철선들도 선박의 복원성을 확보하기 위하여 선박의 양현 측에 바닷물을 담아두는 '밸러스트 탱크(ballast tank)'를 둔다.

제주도의 진마선은 육지로 출항할 때 안전 항해용 제주현무암 돌덩이를 적재했고, 귀항 때는 빠르게 항해하기 위해서 이를 버리고 왔다. 진상마를 실은 배가 제주도를 출발하면 기착지는 해남의 이진포와 관두포, 강진의 마량 등이다. 해남 이진리에 가면 그 지역의 기반암과 확연히 구별되는 제주현무암 돌덩이들이 곳곳에 널려 있다. 방파제 축항, 민가의 돌담 중에 섞여 있기도 하고, 갯벌에 박혀 있는 것도 볼 수 있다. 진상마를 하역한 다음 버리고 온 것이다. 최근에 조경용 석재로 가치가 높아 다른 지역으로 반출되면서 그 양이 많이 줄었다.

제주도와 육지 간 항해에 가장 큰 영향을 끼친 것은 바람이다. 이에 대한 이건의 기록을 보면 다음과 같다.

> 제주도에 들어가는 데는 북서풍이 필요하고 나오는 데는 동남풍이 필요하다. 만일 순풍을 얻을 수 있다면 일편고범이라도 아침에 출발하여 저녁에 도달할 수 있다. 순풍이 아니면 아무리 빠르고 억센 송골매의 날개가 있다 하더라도 건널 수 없다.
>
> (이건, 《제주풍토기》)

풍선(風船)은 선미 방향에서 바람 불어오는 것이 항해에 유리했기 때문에 육지에서 제주도로 항해할 때는 북풍과 북서풍을 이용했고, 제주도에서 육지로 항해할 때는 동풍, 남동풍을 이용했다. 조선시대 풍선의 항해는 바람에 의해 성패가 좌우되었다. 역풍이나 돌풍이 불면 표류하거나 침몰하는 경우가 많았다. 순풍을 만나면 제주도에서 아침에 출발하면 저녁에 남해안에 도달할 수 있었으나, 바람이 없으면 아무리 뛰어난 배라

<그림 4> 이진리 제주현무암 돌덩이 전남 해남군 북평, 2007년 8월.

도 제주해협을 건너기가 쉽지 않았다.

바람을 이용한 항해는 공간거리보다도 풍향과 풍속이 중요하게 작용했다. 바람은 뱃사람에게 벗과도 같았다. 바람이 없으면 원거리 항해가 불가능했다. 서양의 뱃사람들에게 가장 두려운 곳으로 '말의 위도'가 잘 알려져 있다. 이곳은 회귀선 부근의 무풍대로 고기압이 연속적으로 발달하여 바람이 별로 없다. 이곳에 갇히면 바람을 이용하는 범선은 오도 가도 못했다. 고기압권이라 비도 오지 않기 때문에 식수마저 떨어져 죽음의 바다를 이룬다. 아시아에서는 계절풍이 불기 때문에 북회귀선 주변에 무풍대 발달이 미약하다. 제주도 주변은 북회귀선에서 멀리 떨어져 있는 데다 계절풍의 영향을 받고, 저위도와 고위도의 열순환 과정에서 바람이 많다.

제주도는 대양상에 위치해 있기 때문에 해륙풍이 자주 분다. 낮에는 해양에서 한라산 방향으로 해풍이 불고, 밤에는 육지에서 바다로 육풍이 분다. 계절과 지역에 따라 다르지만 제주도의 해풍은 오전 9시쯤에 시작되어 오후 1~3시에 최고조에 달하고 그 후 차차 약해진다. 육풍은 오후 7~8시경에 발생하기 시작하여 새벽 2~5시에 최고조에 달하고 그 후 점차 약해진다. 외해에서는 해륙풍의 영향이 적으나 연안 부근에서는 선박의 입출항과 항해에 그 영향이 컸다. 제주인들은 이를 이용하여 육풍의 영향을 받는 이른 새벽에 출항했고, 해풍이 발달하는 오후에 입항했다.

풍선(風船)은 정면인 이물[뱃머리] 쪽에서 바람이 불어오면 그 방향으로 운항할 수 없다. 그러나 제주인들은 바람이 오는 방향으로 배를 운항하는 항해술이 있었다. 곧바로 직진하는 것이 아니라 바람을 비껴 받으며 '갈지(之) 자'로 지그재그식 항해를 했던 것이다. 이와 같은 항해술을 '환치기[環轉]' 혹은 '맞배질'이라고 했다.

<그림 5>는 풍향에 따라 풍선이 항해할 수 있는 범위를 나타낸 것이다. 풍선(風船)을 몰았던 제주인들의 경험에 의하면, 이물[뱃머리]에서 바람이 불어올 경우 배는 정면 방향으로 갈 수 없고, 60° 혹은 300° 방향까지 바람을 비껴 받으며 항해할 수 있다. 위험을 감수하고 무리하게 운항하면 45°와 315°까지 가능하지만 배가 한쪽으로 심하게 기울어 항해하기가 쉽지 않다. 정면이나 정면에 가까운 0°~45°, 315°~0° 범위의 방향으로 항해하는 것은 바람과 마주 보다시피 하면서 전진해야 하기 때문에 돛을 달고 항해하기는 불가능했다. 돛을 내리고 노를 이용하여 항해할 수 있지만 바람을 받으며 전진하기가 쉽지 않다. 배의 속도가 매우 느리고 노를 젓는 체력 소모가 심하기 때문에 환치기[맞배질]하는 것이 오히려 유리했다.

바람을 비껴 받으며 항해할 경우 풍향 반대쪽으로 배가 기울어질 수 있다. 키를 잡고 조종하는 사람을 제외하고 나머지 사람들은 기울어진 반대쪽으로 가 풍선의 균형을 잡도록 했다. 바람을 비껴 받으며 계속 항해하다 보면 목적지와 점점 멀어지기 때문에 일정 거리를 항해한 다음에 반대 방향으로 풍선을 틀어 항해했다. 일정 거리를 다시 항해한 후 또 방향을 반대로 틀어 바람을 비껴 받으며 지그재그식으로 전진하여 항해했다. 이를 반복하면서 목적지로 항해했다. 환치기하여 해안가로 접근한 후 입항에 바람이 적

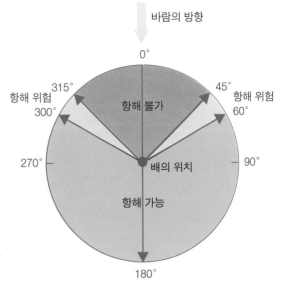

〈그림 5〉 맞바람 시 풍선의 항해 가능 범위
출처: 현지답사를 통해 필자 작성.

바람의 방향

0°
315° 항해 위험 45°
300° 항해 불가 60°
270° 배의 위치 90°
항해 가능
180°

절치 않으면 돛을 내리고 노를 저어 입항했다. 바람이 너무 강해 환치기하기 어려울 경우 인근의 다른 포구로 입항하기도 했다.

고물[선미] 방향에서 순풍이 불 경우 항해에 유리하지만 강하게 불면 오히려 위험했다. 키를 조정하기 힘들 뿐만 아니라 강한 풍압에 의한 과속으로 선체가 물속으로 곤두박질할 위험이 있었다. 돛이 여러 개일 경우 돛을 내려 한두 개로만 항해하거나, 펼쳐진 돛의 일부를 접어 풍압을 덜 받게 하는 항해술을 이용하여 감속 운항을 했다.

제주 해민들은 제주도의 기후 특성을 잘 인식하고 있었으며, 이를 적절히 활용하며 해양 활동에 종사했다. 제주도에는 "보재기[어부]는 사흘 정도 날씨는 안다."라는 속담이 있다. 제주인들은 오랫동안의 해양활동 경험에서 기상변화에 대응하는 기술을 체득하여 항해 및 해양활동에 활용했음을 보여 준다.

태풍이나 폭풍 후에 파도와 바람에 의해 해안가로 떠밀려온 해조류를 채취하기도 했다. 제주인들은 이를 '풍태' 혹은 '듬북'이라 하여 건조시킨 후 거름으로 사용했다. 풍태의 채취는 강풍이 지나간 다음 행해졌고, 마을 사람들끼리 일정 구역을 배분했다. 같은 바다를 할당받은 사람끼리 동아리를 구성하여 공동으로 풍태를 채취했으며, 해안가에 풍태가 밀려왔는지 망을 보는 사람도 있었다. 망보는 사람은 폭풍이 불고 바다가 거칠어 풍태가 밀려올 만한 날씨면 바닷가에 가서 이를 살피다가 해조류가 떠밀려오면 동아리 회원들에게 알렸다. 동아리 회원들은 갯가의 풍태를 뭍으로 올려 건조시켰다. 공동 작업 후 망본 사람에게는 좀 더 많이 배분해 주었다. 풍태를 건조시킨 후 나눠 가졌고,

〈그림 6〉 풍태 채취 제주시 조천읍, 2007년 6월.

이것을 쌓아둔 노적을 '듬북눌'이라고 했다. 중산간 마을은 바다가 없기 때문에 해조류를 거름으로 사용하기 어려웠지만 해안가 마을에서는 중요한 천연비료였다.

제3절 바람과 민간신앙

제주도는 1만 8천여 신들이 모여 사는 '신들의 천국'이라 불린다. 제주도는 바람이 강한 지역이기 때문에 이와 관련된 문화가 발달했다. 제주도에 불어오는 바람을 환영하고 환송하는 대표적인 민간 풍습이 '영등제'이다. 영등제는 음력 2월 초하루부터 보름까지 바람의 신인 '영등할망'과 '영등신'을 맞이하고 보내는 축제이다. '영등신'은 겨울에서 봄으로 바뀌는 시기에 찾아오는 풍신(風神)이다. 영등신은 제주도 서쪽으로 들어와서 동쪽으로 나간다고 한다. 북서풍이 불어올 때 제주도를 통과하는 바람의 진로와 일치한다.

'영등신'이 제주도에 오는 달인 음력 2월을 '영등달'이라 하고, 이때 부는 바람을 '영등바람'이라 하며, 이 바람을 맞이하며 벌이는 굿을 '영등굿'이라 한다. 영등굿은 주로 제주도 해안 마을에서 행해졌는데, 제주시 사라봉 기슭에서 행해지는 '칠머리당굿'이 대표적이다. 과거 제주인들은 영등신이 한림읍 귀덕리 '복덕개'로 들어와서 제주도 곳곳의 경작지에 곡식 씨를 뿌려주고, 바닷가에는 해초 씨를 뿌려준 후 우도의 '질진깍'으로 나가 제주도를 떠난다고 믿었다.

영등신이 제주 섬을 두루 살피고 지나간 후에야 본격적인 봄이 시작되고 해전(海田)과 육전(陸田)의 농사가 잘된다고 여겼다. 《신증동국여지승람》이나 《남사록》 등에는 영등제를 '연등(燃燈)'이라고 표기하고 있다. 《신증동국여지승람》의 영등제에 대한 기록을 보면 다음과 같다.

> 2월 초하루에 귀덕·김녕 등지에서는 나뭇대 열둘을 세우고 신을 맞이하여 제사를 지냈다. 애월에 사는 사람들은 떼 모양을 말머리와 같이 하여 비단으로 꾸미고 떼몰이 놀이를 하여 신을 즐겁게 했다. 보름에 이르러 이를 끝맺었으며 이를 연등(燃燈)이라 했다. 이 달에는 배타는 것을 금했다.
>
> (이행 외, 《신증동국여지승람》)

제주인들은 2월 초하루부터 보름까지는 배를 띄우지 않았다. 공선은 관의 명령으로 출항하기도 했지만 파선되는 경우가 많았다. 2월은 바람이 고르지 않은 때이다. 이때는 동지섣달에 비해 날씨가 따뜻하지만 바닷바람은 한겨울 못지않게 사납고, 풍향이 변화무쌍하기 때문에 출항을 자제했다.

음력 2월은 한겨울에 강력했던 대륙 고기압이 서서히 약화되는 시기이다. 그러나 약해지던 대륙 고기압이 일시적으로 강화되면 다시 겨울로 되돌아간 것과 같은 꽃샘추위가 나타나기도 한다. "정이월 바람에 검은 암소 뿔 오그라진다."라는 제주도 속담이 있다. 검은 암소의 뿔은 단단하여 쉽게 오그라지지 않지만 봄철 문턱에 접어든 영등철에 강한 바람과 꽃샘추위에 뿔이 오그라져 버린다는 뜻이다.

바람을 이용한 범선의 항해는 바람이 일정한 방향으로 불 때 유리하다. 풍향이 자주 바뀌어 역풍이 불면 표류 및 침몰 상황에 직면한다. 4월부터 8월까지는 남서, 남동 계열의 바람이 많다. 3월은 겨울과 봄의 교체기이고, 또한 풍향의 교체기이다. 북서 계열에서 남서 계열의 바람으로 바뀌는 시기로 풍향의 변화가 심할 때이다. 3월은 강풍이 심하게 불고, 풍향이 일정하지 않기 때문에 바람을 이용하여 범선을 운항하는 데에는 불리하다. 일기변화가 심한 기후환경을 반영하여 영등달이 나타난 것이고, 이에 대처하기 위해 영등축제가 행해졌던 것이다.

영등철은 꽃샘추위가 빈번하여 강풍과 한파가 엄습하고 풍향이 자주 바뀌는 시기이다. 이때를 무사히 넘기면 바람이 점차 약해지고 풍향이 고르면서 해상 환경이 개선되기 때문에 해민들은 안전하게 항해 빛 조업을 할 수 있다. 제주 해민들은 악천후로 해상 활동이 위험한 시기에 조업 및 항해를 삼가고 풍신인 영등신이 무사히 지나가길 기원하는 대동축제를 벌였다. 영등제 기간은 해민들의 축제 기간이기도 했지만 어로 작업의

〈그림 7〉 영등제 제주시 건입동, 2008년 3월.

준비기이면서 휴식기이기도 했다. 영등 기간이 지나면 바람이 수그러지고 날씨가 따뜻해져 해상 환경이 개선되면서 본격적인 해양 활동이 시작된다. 이때를 대비하여 선박을 정비하고, 어구를 손질하며, 휴식도 취했다. 제주인들은 주로 어업과 농업을 겸하는 반농반어 생활을 했는데, 새봄을 맞아 농사일을 준비하는 시기로도 활용했다. 이처럼 영등제는 겨울에서 봄으로 전환하는 시기에 강풍과 꽃샘추위, 심한 일기 변화 현상을 극복하고, 풍농과 풍어를 기원하는 제주 해민들의 기후문화를 잘 보여 준다.

해민들은 어로 작업 시 순풍과 해상 안전 및 풍어를 기원하는 신당을 포구 인근에 만들기도 했다. 어부와 해녀가 공동으로 이용하기도 했으나, 어부는 어부당을, 해녀는 해녀당을 별도로 만들어 해신과 풍신에게 소원을 빌기도 했다. 유교 문화의 영향으로 해상 안전을 기원하는 사당이 세워지기도 했다. 제주시 화북포에 있는 해신사는 1820년에 해상 활동 시 해민들의 안전을 기원하기 위해 만든 사당으로 해신지위를 모셔 놓고 해상 안전과 수복 안녕을 기원하는 제사를 지냈던 곳이다.

제주에는 탐라시대 때 쌓은 칠성대(七星坮: 칠성단: 칠성도)가 있었다. 이원진의 《탐라지》에 의하면 "제주성 안에 돌로 쌓은 옛터가 있다. 삼성(三姓)이 처음 나와서 삼도(三徒)로 나누어 차지하였고, 북두칠성 형상을 모방하여 대(坮)를 쌓고 나누어 살았기 때문에 칠성도(七星圖)라 하였다."라고 기록되어 있다. 칠성대에 관한 내용은《신증동국여지승람》,《제주읍지》,《탐라지초본》,《노봉문집》 등에도 기록되어 있다. 북두칠성을 본뜬 칠성대의 배치와 연관시켜 봤을 때, 북극성 자리에는 탐라 개국신화가 깃든 삼성혈이 있다. 삼성혈은 지형적으로 언덕 위에 있어 신성한 공간이다. 거주공간인 대촌(大村: 제주시의 옛 명칭)과 칠성대를 한눈에 조망할 수 있는 곳이다. 고·양·부 삼신인이 활쏘기로 터전을 정도(定都)했다는 삼사석 전설로 미루어 보아 탐라국의 중심지인 대촌은 북극성과 북두칠성을 본떠서 만든 계획도시였음을 짐작게 한다. 제주 해민들에게 북극성과 북두칠성은 우주의 중심이었고, 해상 활동의 좌표였다. 또한 천상과 지상의 조화와 일치를 염원하는 정신세계의 상징이었다.

제주 해민들은 칠성단에서 탐라의 안녕과 번영을 기원하는 제천의식을 올리면서 이상기후와 기근, 전염병과 화재 등 각종 재해와 재난을 극복하고자 했다. 또한 다산과 장

〈그림 8〉 대포동 해안가 어부당 서귀포시 대포동, 2020년 9월.

수를 빌었고, 생업의 풍요 등을 기원했다. 동북아시아의 거친 바다를 누비면서 해양 활동을 전개했던 제주 해민들의 해상 안전을 빌기도 했다. 해상왕국인 탐라국 해민들은 주변국과 교역할 때 북두칠성과 북극성, 해와 달을 좌표로 삼아 항해를 했고, 바람의 방향을 가늠할 때도 이를 보고 판별했다.

제4절 기근에 대응한 해산물 채취

이상기후로 재해가 발생하면 기근으로 이어지는 경우가 많았다. 제주도는 사면이 바다이기 때문에 해산물이 풍부하다. 연안의 각종 어류와 패류, 미역 등의 해산물은 주민들에게 평시에 좋은 식재료였지만, 기근 시에는 구황식품으로 이용되기도 했다. 해조류 중 미역은 진상품으로도 유명했지만 구황식품으로도 이용되었다. 당시 관리들과 육지 사람들은 미역을 탐냈기 때문에 이를 채취하는 잠녀의 고역은 이루 말할 수 없었다. 이건은《제주풍토기》에서 잠녀가 미역을 채취하는 모습을 잘 기록하고 있다.

> 미역을 캐는 여자를 잠녀라고 한다. 그들은 2월부터 5월까지 바다에 들어가서 미역을 채취한다. 그 미역을 캐낼 때에는 잠녀가 발가벗은 몸으로 낫을 갖고 바다에 떠다니며 바다 밑에 있는 미역을 캐고, 어부가 끌어 올린다. 남녀가 서로 어울려 작업하고 있으나 이를 부끄러이 생각하지 않는 것을 볼 때 놀라지 않을 수 없다. 전복을 잡을 때도 이와 같이 하는 것이다. 그들은 미역과 전복을 잡아다가 관가의 역에 응하고 나머지를 팔아서 의식(衣食)을 하고 있다. 1년간의 작업으로도 그 역에 응하기가 부족하다. 만약 탐관이나 만나기라도 하면 잠녀는 거지가 되어 얻어먹으러 돌아다닌다고 한다.
>
> (이건,《제주풍토기》)

미역을 캐는 작업은 여자가 담당했는데 이를 '잠녀[潛女. 해녀]'라고 했다. 잠녀는 어부와 어울려 미역 채취 작업을 했다. 잠녀가 물속에 들어가 미역을 채취하면 어부가 이를 받아 끌어 올렸다. 선조의 손자로 제주도에 유배 왔던 이건의 눈에는 이러한 모습이 괴이하게 보였다. 남녀유별의 유교사상에 젖어있던 그는 잠녀가 반라의 상태로 어부와 함께 작업하는 모습을 상스럽게 여겼다. 잠녀의 역은 힘들어서 1년 내내 물질을 해도 관가에 낼 양을 채우기 힘들었다. 조선 정부와 관리들의 과도한 수탈을 짐작게 한다.

제주도에 기근이 들면 정부에서는 구휼곡을 보냈다. 그것은 무상지원이 아니라 유상지원이었다. 구휼곡을 먹고 살아남은 제주인들은 그 대가로 미역과 해산물을 채취하여 갚았다. 정부는 제주인들이 납부한 해산물과 특산물을 육지로 운반하여 판매한 후, 그 대금으로 구휼곡을 사들여 제주 전담 구제창에 비축해 두었다. 제주도에 기근이 다시 발생하면 저장해 두었던 곡식을 수송하여 제주인들을 구제했다《승정원일기》423권, 숙종 31년(1705) 2월 10일조).

우리나라 사람처럼 미역을 좋아하는 민족도 드물 것이다. 산후 조리에 미역국이 필히 등장했고, 미역냉국, 미역무침, 미역볶음, 미역쌈 등 그 음식이 다양하다. 채취한 미역은 상시에도 자주 먹었지만 기근 때도 구황식품으로 활용했다. 미역은 저조선 부근 조간대 하부의 바위나 여(嶼)에 잘 자라며 주로 봄에 채취했다.

제주인들은 우뭇가사리도 구황 해조류로 널리 이용했다. 정약전의《자산어보》에는 우뭇가사리를 물에 끓인 다음 식히면 얼음처럼 굳는다 하여 '해동초(海東草)'라고 기록되어 있다. 우뭇가사리는 제주도 연안 대부분 해역에서 잘 자라며 제주도 동쪽 해안에 가장 많았다. 조간대의 암초에서 자라며 조류가 잘 흐르고 해수가 맑은 곳에 많다. 우뭇가사리는 주로 봄에 채취했다. 우무는 재해로 기아에 직면한 주민들에게 훌륭한 구황식품이었다. 우뭇가사리는 끈끈한 응고 물질이 있기 때문에 끓인 후 식히면 반투명체인 우무가 만들어지며, 굳어진 우무를 적당히 잘라서 먹기도 했고 채처럼 썰어 미숫가루나 콩가루와 섞어서 먹기도 했다.

제주도 해안에서 많이 생산되는 '톳'도 구황음식으로 이용했다. 톳은 조간대의 암초나 바위에 군락을 이루며 서식하는 해조류로 주민들은 평시 톳을 채취하여 건조시킨 후 찬거리로 이용했다. 재해로 인한 기근이 장기화되면 톳을 조나 보리 등 잡곡과 섞어 밥을 지어 먹었는데 이를 '톳밥'이라 했다. 톳에 보릿가루를 버무려 '범벅'을 만들어 먹기도 했다. 잡곡이나 곡식 가루가 없을 경우는 톳을 끓는 물에 넣어 부드럽게 익힌 후 된장을 넣어 국으로 만들어 먹기도 했다.

해조류인 '너패'도 구황음식으로 활용했다. 너패를 이용하여 춘궁기나 기근 시 조와 보리 등 잡곡과 섞어 밥을 지어 먹었는데 이를 '너패밥'이라 했다. 너패는 조간대에서 잘 자라는 해조류로 주로 봄에 채취하여 말렸다가 이용했다. 곡식이 없을 경우 국으로 끓여 먹기도 했다.

제주도 연안 어디에든 몸[모자반]이 풍부하다. '몸국'은 몸과 돼지고기 육수를 이용하여 만든 음식으로 구황식품으로 널리 활용되었다. 오늘날도 관광객이 많이 찾는 향토음식으로 유명하다. 몸은 조간대 하부의 암반지대에서 잘 자란다. 쟁반처럼 생긴 뿌리로 바위에 단단하게 붙어 성장한다. 몸은 식용으로도 이용되었고, 농사지을 때 거름으로도 많이 활용되었다.

제4장 맺음말

제주도는 척박한 토양 환경으로 농업 생산력이 낮았기 때문에 이를 보완하기 위해 어로 및 해양활동을 중시했다. 일찍이 해상 천년 왕국 탐라국 때부터 제주도 사람들은 해양을 개척하여 한반도, 중국, 일본 등과 교역을 하면서 삶을 영위해왔고, 그러한 전통이 고려, 조선까지 이어져 내려왔다. 조선시대에는 중앙 정부의 통제로 해상 활동이 미약했으며 교류하는 항구도 산지포, 화북포, 조천포, 도근포, 애월포, 어등포 등으로 제한했다. 한반도의 남해안에서 제주로 출항하는 포구는 남당포, 이진포, 관두포 등이 주로 이용되었다.

제주 해민들은 항해 중 예기치 못한 역풍과 돌풍으로 선박이 표몰하는 해난사고가 비일비재하게 발생했다. 항해하다 악천후로 주변국에 표착하는 경우도 많았는데 중국, 일본은 물론이고, 유구, 베트남, 필리핀까지 표류하는 경우도 있었다.

해양 활동에 가장 큰 영향을 미친 기후요소는 바람이다. 바람은 해양 활동에 지장을 주는 요인이기도 하지만, 조장하는 요인이기도 했다. 제주도 해민들은 바람을 적절히 이용하여 어로 활동 및 해상 활동을 전개했다. 돌발적인 해난사고에 대비하여 일종의 구명대인 표주박과 혼탈피모 등을 준비하기도 했고, 장기간의 표류에 대비하여 비상식량을 마련했다.

제주도 해민들은 풍신을 맞이하고 달래기 위한 민간 신앙이 발달했는데 그 대표적인 것이 영등굿이다. 영등굿은 음력 2월 초부터 중순까지 보름 동안 행해졌는데, 이때는 겨울과 봄의 교체기인 데다 대륙 계절풍이 약화되고 남동, 남서 기류가 서서히 강해지는 바람의 교체기이기도 하다. 때문에 일기변화가 극심하고 바람의 풍향이 시시각각 변하는 돌풍이 자주 발생하는 때이다. 이때 제주 해민들은 항해를 중지하고 바람의 신인 영등신을 환영, 환송하면서 달랬다. 악천후가 자주 발생하는 시기에는 해상활동을 삼가면서 대동축제를 벌이는 지혜를 엿볼 수 있다. 기후 환경을 적절히 대응하면서 해양을 개척한 제주 해민들의 지혜를 본받아야 하겠다.

'조선시대 제주도의 이상기후와 해양 문화'
참고문헌

《國譯朝鮮王朝實錄》(한국학데이터베이스연구소 역, 2001).

《國譯增補文獻備考》(세종대왕기념사업회 역, 1980).

《南冥小乘》(林悌, 제주문화방송 역, 1994).

《南槎錄》(金尙憲, 김희동 역, 영가문화사, 1992).

《南槎錄》(金尙憲, 홍기표 역, 제주문화원, 2009).

《南遷錄》(金聲久, 제주문화방송 역, 1994).

《南宦博物》(李衡祥, 제주도교육위원회 역, 1976).

《大東地志》(金正浩, 제주도교육위원회 역, 1976).

《備邊司謄錄中濟州記錄》(제주문화, 2004).

《承政院日記 濟州記事》(제주사정립사업추진위원회 역, 2001).

《新增東國輿地勝覽》(탐라사료문헌집, 2004).

《玆山魚譜》(丁若銓, 정문기 역, 지식산업사, 1998).

《濟州風土記》(李健, 제주도교육위원회 역, 1976).

《濟州風土錄》(金淨, 제주도교육위원회 역, 1976).

《朝鮮王朝實錄中 濟州記錄》(제주문화, 2004).

《知瀛錄》(李益泰, 제주문화원 역, 1997).

《耽羅見聞錄》(鄭運經, 정민 역, 서울: 휴머니스트, 2008).

《耽羅紀年》(金錫翼, 제주도교육위원회 역, 1976).

《耽羅巡歷圖》(李衡祥, 제주시, 1994).

《耽羅志》(李元鎭, 탐라문화연구소 역, 1991).

《漂海錄》(張漢喆, 김봉옥·김지홍 역, 전국문화원연합 제주도지회, 2001).

《漂海錄》(崔溥, 전국문화원연합 제주도지회, 2001).

강문규, 2017,《일곱 개의 별과 달을 품은 탐라 왕국》, 한그루.

고광민, 2016,《제주 생활사》, 한그루.

김영원 외, 2003,《항해와 표류의 역사》, 솔출판사.

김오진, 2009, 〈조선시대 이상기후와 관련된 제주민의 해양활동〉,《기후연구소》제4권 제1호.

김오진, 2009, 〈조선시대 제주도의 기후와 그에 대한 주민의 대응에 관한 연구〉, 건국대학교 박사논문.

김오진, 2018,《조선시대 제주도의 이상기후와 문화》, 푸른길.

송성대, 1996,《제주인의 해민정신》, 제주문화.

송성대, 2001,《문화의 원류와 그 이해》, 도서출판 각.

전국문화원연합 제주도지회, 2001,《옛 제주인의 표해록》.

제주도민속자연사박물관, 1995,《제주도의 식생활》.

3부

오늘날 제주도의
자연 지리 환경

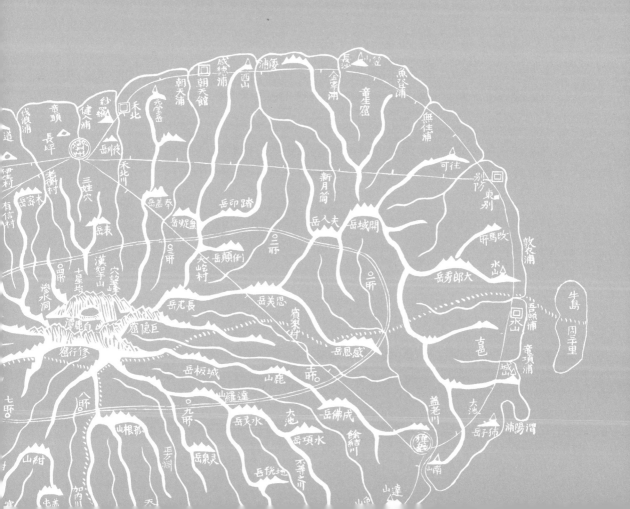

제주도의 기후 환경과
토지 피복 변화

최광용

제1장 머리말

제주도는 한반도에서 남쪽으로 약 100km 정도 떨어져 있는 아열대 기후대에 속한 화산섬이다. 제주도는 북위 33°N, 동경 126°E에 위치해 있으며, 동서 방향으로 약 70km이고, 남북 방향으로 약 34km인 타원형 형태의 섬이다. 제주도의 중심에는 해발 고도 1,950m의 한라산이 자리 잡고 있어 한라산 지형·지세의 영향을 받는다. 일반적으로 해발고도 200m 이하 해안 지역은 연중 최난월 기온도 0℃ 이상으로 온화하여 아열대 기후대에 속하지만 해발고도 200~600m의 중산간 지역과 해발고도 600m 이상의 산간지역으로 갈수록 기온이 낮아져 중위도 온화한 기후와 아고산대 기후 특징이 각각 나타난다. 해발고도 상승에 따른 기온감률을 적용하더라도 한라산 정상 지역의 기온은 해안 지역에 비해 약 12℃ 이상 낮아진다. 반면, 계절에 따라 유입되는 기류가 한라산을

---

* 이 글의 내용 중 일부는 최광용(2011, 2013, 2017, 2018a, 2019) 논문들과 제주특별자치도지(2019)〈제1권: 기후 부분〉 및 제주녹색환경지원센터(2019; 책임연구자 최광용) 연구보고서를 바탕으로 작성되었다.

타고 오르면서 한라산 정상 주변 지역의 강수량은 다우지에 속하는 남동해안 지역에 비해서도 최소 2.5배 이상 증가한다. 이와 같이 제주도는 한반도에 비하여 상대적으로 면적(약 1,848km²)이 작은 지역임에도 불구하고 한라산의 영향으로 계절에 따라 유입하는 기단, 전선, 고저기압 시스템은 해발고도와 사면 방향에 따라서 상이한 기후 특성이 나타난다.

제주도는 사면이 아열대 해양으로 둘러싸여 있어 한반도 내륙 지역보다 연중 기온의 연교차가 작지만 비가 많은 해양성 기후 특성이 탁월하게 나타난다. 특히, 북서태평양의 쿠로시오 난류의 일부가 제주도 남동 지역으로 북상하면서 영향을 미친다. 최근 5년간(2016~2020년) 서귀포 앞바다에 설치된 부이의 수온 자료를 살펴보면, 겨울철 해수 온도가 가장 낮아지는 3월의 월평균 표층 수온은 16.1~17.2℃이고, 가장 높아지는 8월 표층 수온은 27.3~30.3℃에 달한다. 이러한 해양 효과로 겨울철에 제주도 해안 지역의 경우 동일 위도상의 아시아 대륙 내부 지역에 비하여 기온이 많이 하강하지 않으나, 해상에서 불어오는 바람은 강하여 체감온도는 기온보다 낮아진다. 여름철에는 북태평양 아열대 고기압의 영향을 받아 제주도 주변 해수 온도는 더욱 상승한다. 주변 해양의 영향으로 제주도 해안 지역의 초여름 기온은 상대적으로 한반도 남부 내륙 지역에 비하여 급격하게 상승하지 않지만 대기 중 수증기 양은 많아 습한 기후 특성을 나타낸다. 반면, 늦여름에는 성하기까지 데워진 해수는 열용량이 높고, 서서히 식기 때문에 야간을 중심으로 한반도 지역보다 열대야 등 극한고온현상이 자주 발생한다.

제주지방청 산하에는 제주도의 기상 기후 특성 관측을 목적으로 2020년 말 기준 4개의 종관기상관측장비(Automated Synoptic Observing System: ASOS)와 35개의 방재기상관측망의 자동기상관측장비(Automatic Weather System: AWS)가 운영되고 있다〈그림 1〉. 제주도 동부(성산: 1973년~현재), 서부(고산: 1988년~현재), 남부(서귀포: 1961년~현재), 북부(제주: 1924년~현재)의 종관기상관측소들은 최소 30년 이상 동안 동서남북 해안 지역에서 일별로 연속 관측한 기상·기후 관측 자료를 제공하고 있다. 특히, 제주도의 인구가 밀집한 제주시 동지역에 위치한 제주(184) 관측소는 1923년 5월 이후 지금까지 100년에 가까운 장기간 기상·기후 자료를 제공해 오고 있다. 제주도의 기상청 산하 AWS는 1990년 우도에 처음

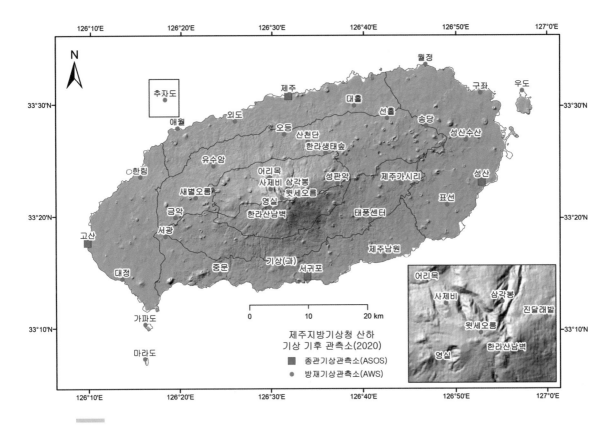

〈그림 1〉 2020년 말 제주도의 기상청 산하 기상·기후 관측망 현황

설치되었으며, 이후 확대 설치되어 2020년 말 기준 전체 35개 지점에 달한다. 해발고도 1,300m 이상 한라산에서 아고산대 기상·기후 관측은 2002년 말에 윗세오름(1,666m)과 진달래밭(1,489m)에 AWS가 설치되면서 이루어지기 시작하였다. 이후 부지 확보 및 전력, 통신 등 장비 운영의 어려움으로 추가 설치되지 못하다가 최근 2020년에 한라산 남벽(1,576m), 삼각봉(1,499m), 사제비(1,393m) 등에 AWS가 새롭게 설치되어 운영되고 있다. 이외에도 해발고도 600m 이상 저산간 지역의 성판악(760m), 어리목(968m), 영실(1,260m)에도 각각 1992년, 1998년, 2015년에 AWS가 설치되어 시간별 기상·기후 자료들을 관측해 오고 있다. 한라산 정상 부근에도 AWS가 설치되어 있으나 표준 관측 환경 확보 미

비로 수집된 자료를 일반인들에게 공개하지는 못하고 있는 실정이다.

제주도에서는 한라산 해발고도와 사면별 상이한 기후 특성 분포에 따라 식생 경관도 수직적으로 다양하게 나타난다. 해발고도 200m 이하의 해안 지역에는 곶자왈과 하천 계곡을 중심으로 구실잣밤나무, 종가시나무, 참가시나무 등 난대 상록활엽수림이 우세하게 나타나지만, 한라산 해발고도 상승에 따라 해발고도 200~600m의 중산간 지역으로 갈수록 난대 상록활엽수림 비율은 감소하고 온대 낙엽활수림의 비율이 점차 증가한다. 해발고도 600~1,300m의 저산간 지역은 주로 졸참나무, 서어나무, 신갈나무, 물참나무, 조릿대 등의 낙엽활엽수림과 소나무, 구상나무 등 상록침엽수림이 혼재하는 구간이다. 이와 대조적으로 해발고도 1,300m 이상 고산간 지역에서는 구상나무 등 아고산대 상록침염수림과 털진달래, 산철쭉, 제주조릿대 등 아고산대 관목림이 지표를 덮고있다. 이러한 한라산 식생의 수직적 분포 패턴은 최근 전 지구적으로 뚜렷하게 진행되고 있는 기후변화와 최근 중산간 지역을 중심으로 토지 개발이 심화되면서 변모해 나가고 있다. 집약적 농업화가 진행되고 관광업이 더욱 활성화되면서 그 부작용으로 한라산 주변 지역의 자연적으로 형성된 산림 파괴가 빠르게 진행되고 있다. 해발고도 600m 이상의 산간 지역을 제외하면 중산간 및 해안 지역 자연 상태의 산림 및 초지 지역이 급격한 변화를 겪고 있다. 중산간 지역에서는 산림을 제거하고 대규모 목장이나 골프장 등 초지가 넓게 조성되었고, 해안 지역에서는 개인 소유의 초지나 산림지가 부동산 가격 상승과 더불어 농업 용지로 개발되고 이들 용지 중 일부는 주택지나 상업 시설 용지로 빠르게 탈바꿈하고 있다. 토지 개발과 더불어 최근 더욱 심화되고 있는 온실기체 배출 증가에 따른 인위적 기후변화는 제주도 식생생태계에 큰 위협이 되고 있다. 기후 변화의 징후로 한라산 정상 주변에 조릿대의 침범 범위가 넓어지고 있으며, 구상나무 등 아고산대 식생은 적정 기후대가 점차 고도가 높은 지역으로 이동함에 따라 서식지가 좁아져 멸종 위기에 놓이게 되었다.

한라산 국립공원지역은 등산로를 제외하면 접근성이 매우 제한되어 있고 산세가 험하여 실제 도보로 조사한다는 것은 쉽지 않다. 한라산과 같은 접근성이 낮은 광역 지역의 환경 변화, 특히 토지 이용 변화를 살펴보기 위해서 원격탐사 기법이 널리 사용된다.

우리나라 환경부에서는 Landsat 위성영상 자료를 사용하여 토지 피복 분류도를 작성하여 제공하고 있다(https://egis.me.go.kr/). 이 데이터 베이스에서는 1980년대 후반, 1990년대 후반, 2000년대 후반, 2010년대 후반(2020년 초부터 제공)을 대상으로 대분류 토지피복도가 가용하다. 대분류 토지피복도에서는 토지 피복 범주를 크게 시가화건조지역(100), 농업지역(200), 산림지역(300), 초지(400), 습지(500), 나지(600), 수역(700) 등으로 구분하고 있다.

　　본 연구에서는 제주도 기후 특성 일반과 최근 변화 양상을 밝히고자 앞서 언급한 기상청 산하 종관기상관측소 및 자동기상관측소 자료를 분석하기로 한다. 또한, 환경부 제공 위성영상 추출 토지 피복도를 비교하여 최근 30년 동안(1980년대 후반 대비 2010년 후반) 나타난 제주도 자연 환경 변화 양상을 살펴보고자 한다. 분석 결과를 바탕으로 제2장에서는 사계절의 시작과 종료 시기 및 지속기간 분포 패턴, 제3장에서는 한라산 지역 고도별·사면별 기후 특성, 제4장에서는 현재와 미래 제주도 기후변화, 제5장에서는 토지 피복을 통하여 본 자연환경 변화 양상을 각각 기술하고자 한다.

제2장 제주도의 사계절 시종과 지속기간

　　제주도는 아열대 기후대에 속하며 사계절 중에서 여름철은 길게 지속되는 편이고, 겨울철 지속기간은 상대적으로 짧은 편이다. 제주도의 4개 ASOS 관측소 자료를 분석해 연중 기온을 바탕으로 구분한 기후학적 사계절 시종일과 지속기간을 살펴보면(최광용 등, 2000), 해발고도 200m 이하 해안 지역에서 일평균기온 20℃ 이상을 보이는 여름철 시작일은 6월 초순으로 한반도 남부 내륙 지역에 비해서 약 10일 정도 늦은 편이다. 반면, 여름철 종료일(가을철 시작일)은 10월 중순으로 한반도 남부 내륙 지역에 비하여 10일 이상 늦은 편이다. 일평균기온 5℃ 이하를 보이는 겨울철 시작일은 1월 초순으로 남부 해안 지역에 비해서도 20일 이상 늦고, 겨울철 종료일(봄철 개시일)은 남부 해안 지역에 비해서도 30일 이상 이르다. 그 결과 아열대 해상에 인접한 제주도 해안 지역은 여름철

〈그림 2〉 겨울철 윗세오름에서 본 한라산 전경

은 4개월 이상 지속되지만, 겨울철 지속기간은 2개월 이하로 짧은 편이다. 한반도 남부 지역과 비교하면 제주도 해안 지역의 여름철 지속기간은 유사하지만, 겨울철 지속기간은 50일 이상 짧은 편이다.

제주도에서도 한랭건조한 시베리아 고기압이 중국이남 방향으로 확장할 때에는 일부 기온이 영하 가까이 떨어져 쌀쌀해지기도 하지만, 일반적으로 겨울철 동안에도 대부분 일평균기온이 영상의 기온을 보이는 온화한 아열대 해양성 기후를 보인다. 이로 인해 제주도 해안 지역의 전통 취락들에도 온돌이 없었으며, 부뚜막 없이 솥을 따로 내걸어 음식을 만들었다. 또한 해발고도가 낮은 제주도 해안 지역에서는 겨울철에도 녹색을 자랑하는 난대 상록활엽수림을 흔히 볼 수 있다. 겨울철에도 집 주변 돌담 주변에서 붉은 동백이 흐드러지게 피는 모습을 흔히 볼 수 있고, 이때 주요 자동차 도로를 따라서 가로수로 식재된 먼나무 열매는 더욱 붉은색을 뽐낸다. 또한, 제주도는 바람이 강하게 부는 도서지역이어서 겨울철 체감온도는 기온보다 더 낮게 나타난다. 북부 해안 지역을 중심으로 이러한 풍부한 바람 자원을 이용한 거대한 풍력 발전 터빈 날개가 회전하는 모습을 볼 수 있다. 제주도는 겨울철뿐만 아니라 가을철과 봄철에도 바람이 많이 불어서 인체가 체감하는 온도는 실제 기온보다 낮아지게 된다. 한편, 겨울철에 북서 계절풍이 황해를 지나면서 눈구름을 형성해 한라산을 타고 오를 때에는 한라산 나무들이 두꺼운 흰색의 눈옷을 입는데, 이때 한라산 정상 주변에는 수 미터 이상의 눈이 쌓이기도 한다〈그림 2〉. 그러나 이러한 한파와 폭설 현상은 인구가 밀집한 해안 지역에는 드물게 발생하며, 대체로 제주도 해안 지역을 중심으로 겨울철에도 온화한 아열대 해양성 기후 특성이 지배적으로 나타난다.

한라산 지역을 포함한 제주도 전체 지역의 사계절 시종일과 지속기간 분포 특징을 살펴보기 위해 최근 10년(2000~2009) 제주도 지역의 고해상도(1km 격자 간격) PRIDE 재분석을 분석해 보면(최광용, 2019), 해발고도 상승에 따라 해안지역, 중산간 지역, 산간 지역에서 나타나는 기후학적 사계절 시종일 및 지속기간은 통상 3개월 단위로 구분하는 기상학적 계절(예. 겨울철: 12월 1일~2월 28일/29일)과는 매우 상이함을 알 수 있다〈그림 3, 그림 4〉. 우선, 겨울은 한라산 정상 주변 지역에서 10월 하순에 가장 먼저 시작되고, 해발고도가 낮은 지역으로 전파된다. 해발고도 600m 내외 지역에서는 11월 하순에 겨울이 시작되지만, 해발고도 200m 내외 지역에서는 12월 하순에 겨울이 시작된다〈그림 3〉. 겨울철 종료일(봄철 시작일)은 이와 정반대로 해안지역에서 2월 초중순에 나타나고 점차 산간 지역으로 전파된다. 산간 지역이 시작되는 해발고도 600m 지점에서는 3월 중순이 되어야 겨울철이 종료되고, 한라산 정상 주변 지역에서는 심지어 4월 하순이 되어야 겨울이 끝난다. 즉, 겨울철 시작일과 종료일(가을철 시작일)이 한라산 해발고도를 따라 이동하는 속도는 각각 5.8일/100m과 4.9일/100m로 차이를 보인다. 해발고도 구간별로도 계절의 이동 속도는 상이하여 겨울철 시작과 종료(봄철 시작) 현상이 상이하다. 비열이 높은 제주도 주변 해수의 영향으로 겨울철이 이동하는 속도는 해안 지역보다 중산간 또는 산간 지역에서 훨씬 더 빠르게 나타난다. 이러한 결과를 종합한 겨울철 지속기간 분포를

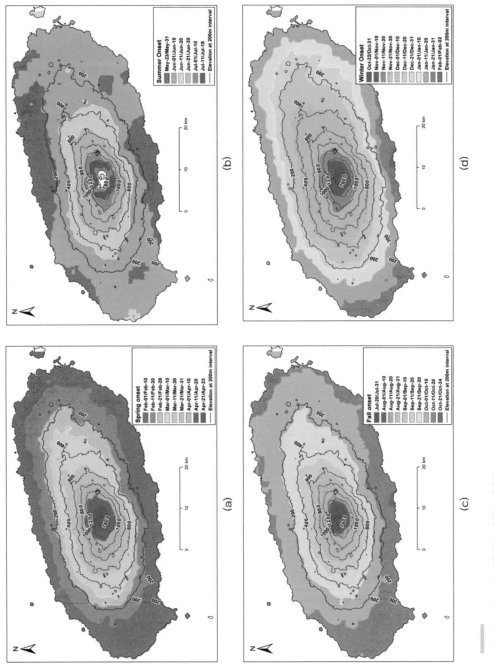

〈그림 3〉 제주도의 기후학적 사계절 시작일
출처: 최광용, 2019.

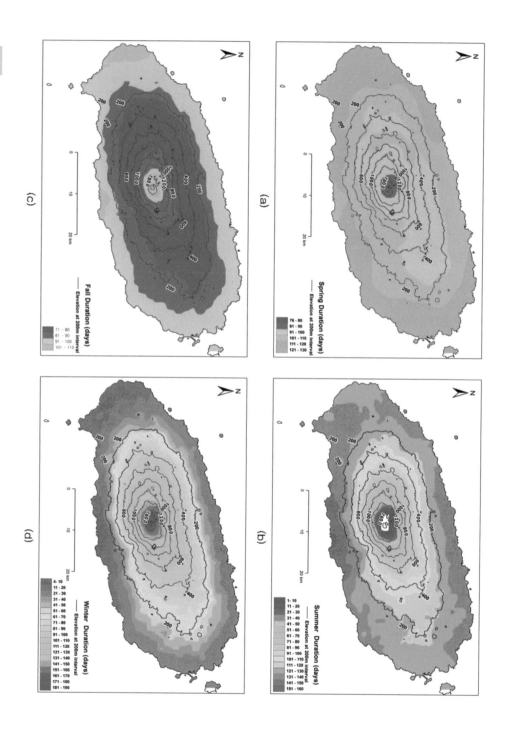

〈그림 4〉 제주도의 기후학적 사계절 지속기간

출처: 최광용, 2019.

살펴보면, 해발고도 600m 이상 산간 지역에서는 겨울철 지속기간이 120일 이상에 달하고, 심지어 한라산 정상 주변에서는 180일 정도에 달한다〈그림 4〉. 반면 해발고도 200m 이하 해안 지역의 경우에는 겨울철 지속기간이 60일 이하이며, 산남 지역 서귀포 도심 지역에서는 심지어 20일 이하로 짧은 편이다. 즉, 겨울철 지속기간은 한라산 해발고도 상승에 따른 기온감률의 영향으로 해안 지역에서 산간 지역으로 갈수록 10.7일/100m 비율로 길어진다.

제주도는 한반도보다 100km 이상 남쪽 아열대 해상에 위치하여 여름철을 중심으로 고온다습한 기후 특성이 더욱 뚜렷하게 나타난다. 특히, 여름철이 5개월 이상 지속되면서 열대야 등 극한고온현상이 한 달 이상 발생하여 지자체에서는 냉방 장치 사용 급증에 따른 전력 수급 안정에 역점을 두게 된다. 제주도를 감싸는 주변 해양이 8월 말까지 지속적으로 데워진 후 늦여름에 해당하는 10월까지 서서히 식으면서 한반도 지역에 비해서 일평균기온이 20℃ 이상인 날이 한 달 이상 더 오래 지속적으로 나타난다. 성하기 이후에도 고온현상이 오랫동안 지속되면서 제주도 해안 지역의 냉방장치 사용 기간도 한반도 지역에 비해서 한 달 이상 더 길고, 지역에 따라서는 기온뿐만 아니라 습도가 높아서 가습기 사용자 수도 많은 편이다. 또한, 한반도 지역에 비해서 여름 장마도 수일 이상 일찍 시작하고, 한여름(8월)의 제주도 주변 해양의 수온은 30℃까지 데워져 주간뿐만 아니라 야간에도 습한 상태가 오랫동안 지속된다. 제주도민들은 여름철 피서를 위해 한라산에서 차가운 지하수가 흐르는 돈네코와 같은 산간 계곡이나 차가운 용천수가 샘솟는 해수욕장(예. 삼양해수욕장 등)을 즐겨 찾는다〈그림 5〉.

고해상도 PRIDE 자료 기반 여름철 시작일 분포를 살펴보면 제주시와 서귀포 도심 지역에서는 5월 하순에 시작되고 해발고도 200m 내외 지역에서는 6월 초순에 시작됨을 알 수 있다〈그림 3〉. 여름철 시작일은 해발고도가 높아짐에 따라 늦어져 해발고도 600m로 산간 지역이 시작되는 곳에서는 6월 하순에 나타나며, 해발고도 1,200~1,300m 지역에서는 7월 중순에 시작된다. 심지어 한라산 정상 주변에는 일평균기온이 20℃ 이상을 보이는 여름철이 전혀 발생하지 않는다. 여름철 종료일(가을철 시작일)의 공간 분포를 살펴보면, 시작일 분포와 정반대로 해발고도 1,300m 지역에서는 8월 초순에 가장 먼

<그림 5> 제주도 돈네코 계곡에서 여름철 피서를 즐기는 사람들

저 여름 종료 현상이 나타난 후 해발고도가 낮은 중산간 및 해안지역으로 점차 진행된다. 해발고도 600m 내외 지역에서는 9월 초순에 종료되고, 해발고도 200m 내외 지역에서는 9월 중순에 종료된다. 해안 지역에서는 대체로 10월 초순 이후에 여름철이 종료되는데, 특히 산남 지역 서귀포 도심 지역에서는 10월 하순이 되어서야 여름철이 끝난다. 즉, 한라산 해발고도를 따라 여름철 시종일이 전파되는 속도를 정량화해 보면, 여름철 시작일과 종료일(가을철 시작일)이 각각 3.0일/100m과 4.7일/100m로 차이를 보였다. 해발고도 구간별로도 차이는 발생하는데 해안 지역에서는 비열이 높은 주변 해수의 영향으로 여름철 시작 현상은 오히려 느리게 중산간 지역으로 전파되지만, 중산간-산간 지역 구간에서는 해발고도 상승에 따라 더 빠르게 전파되는 이동속도의 차이를 보인다. 그 결과 여름철 지속기간은 해발고도 200m 이하 해안 지역에서는 120일 이상으로 긴 편인데, 특히, 서귀포 도심 지역에서는 도시화 효과가 더해져 여름철 지속기간이 150일에 달하기도 한다<그림 4>. 해발고도 200~600m의 중산간 지역에서는 여름철 지속기간

이약 70~120일로 줄어들며, 해발고도 600~1,300m 내외 지역에서는 30~60일까지 줄어든다. 즉, 한라산 산간 지역 방향으로 고도 상승에 따라 여름철 지속기간은 7.9일/100m 비율로 짧아짐을 알 수 있다. 심지어 해발고도 1,600m 이상 지역에서는 일평균기온 20℃ 이상을 나타내는 여름철이 전혀 존재하지 않는다.

제주도의 봄철은 해안 지역에서 2월 초중순에 시작하여 한라산 정상 방향으로 4.9일/100m의 속도로 이동한다〈그림 3〉. 해발고도 600m 내외 지역에서는 3월 중순에 봄철이 시작되고, 한라산 정상 주변에는 4월 하순이 되어야 봄철이 시작된다. 반대로 가을철은 한라산 정상에서 7월 하순에 시작되어 4.7일/100m의 속도로 해발고도가 낮은 해안 지역으로 전파된다. 해발고도 600m 내외 지역에서는 9월 중하순에 가을이 시작되고, 해발고도 200m 이하 해안 지역에서는 10월 초중순이 되어야 가을철이 시작된다. 봄철에는 한반도 다른 지역과 마찬가지로 겨울철에 한라산 식생들이 동면에서 깨어나 연초록의 잎을 틔우기 시작한다. 가을철에는 중산간 지역을 중심으로 초본류와 낙엽활엽수의 단풍이 들기 시작한다. 대체로 해안 지역의 봄철 지속기간은 100~120일로 가을철 지속기간 80~100일에 비해서 길다〈그림 4〉. 중산간 지역에서도 봄철 지속기간은 90~110일인 데 비해, 가을철 지속기간 70~80일보다 더 길다. 반면, 한라산 정상 주변에서는 봄철 지속기간이 80~90일로 가을철 지속기간 90~110일에 비하여 짧은 편이다.

제3장 한라산 지역 고도별·사면별 기후 특성

장기간 기후자료가 존재하는 해안 지역의 4개 종관기상관측소의 최근 30년(1991~2020년) 평균 기후값을 비교해보면, 여름철보다는 겨울철에 동서남북 지역별 기온 및 강수량 차이가 더 뚜렷함을 알 수 있다〈그림 6〉. 북부 해안 제주의 일최저기온, 일평균기온, 일최고기온의 최한월(1월) 평균 기후값은 각각 3.7℃, 6.1℃, 8.6℃이고, 최난월(8월) 평균은 24.8℃, 27.2℃, 30.1℃이다. 남부 해안 서귀포의 일최저기온, 일평균기온, 일최고기온의 최한월 장기간 평균값은 각각 4.1℃, 7.2℃, 10.8℃이고, 최난월 장기간 평

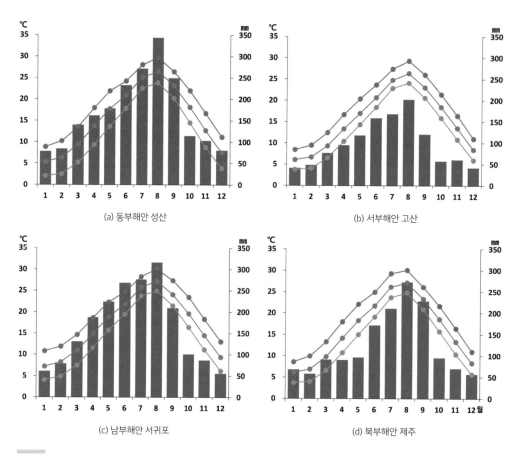

<그림 6> 제주도 동서남북 해안지역의 최근 30년(1991~2020년) 기후 그래프
2020년 12월 자료는 아직 관측 이전이어서 분석에서 제외됨.

균값은 각각 24.9℃, 27.2℃, 30.1℃이다. 즉, 남부 해안 지역 서귀포가 북부 해안 지역
제주에 비하여 최한월 평균 일최저기온, 일평균기온, 일최고기온 기후값이 각각 0.4℃,
1.1℃, 2.2℃ 더 높지만, 두 지역 최난월 평균 기온값들은 거의 유사하다. 남북 지역의 기
온 차이는 여름철보다 겨울철에 더 나타나는데, 이는 여름철에는 북서태평양 아열대 고
기압이 남북 지역에 상관없이 제주도 전체적으로 강한 에너지 유입에 유리한 상층 종관
상태를 형성하는 데 비하여, 겨울철에는 시베리아 고기압에서 북서 계절풍이 불어올 때

한라산이 이를 차단하여 남부 지역의 기온이 더 높게 나타나는 것으로 사료된다.

서부 해안 고산의 일최저기온, 일평균기온, 일최고기온의 최한월 평균은 각각 3.8℃, 6.1℃, 8.4℃이고, 최난월 평균은 24.1℃, 26.4℃, 29.3℃이다. 동부 해안 성산의 일최저기온, 일평균기온, 일최고기온의 최한월 평균은 각각 2.1℃, 5.4℃, 8.9℃이고, 최난월 평균은 23.9℃, 26.5℃, 29.7℃이다. 이들 값들을 비교하면 동서 지역 기온도 최난월보다는 최한월에 더 큰 차이를 보임을 알 수 있다.

최근 30년(1991~2020년) 평균 연강수량 기후값을 살펴보면 제주도 해안 지역의 강수량은 북서 지역보다 남동 지역에서 많다〈그림 6〉. 동부 해안 성산과 남부 해안 서귀포의 연강수량은 각각 약 2,027mm, 1,986mm이지만, 서부 해안 고산과 북부 해안 제주의 연강수량은 각각 약 1,181mm, 1,506mm로 다우지-소우지 간 최대 차이는 약 840mm가량 차이가 난다. 연중 월강수량의 변동 패턴에서도 남동 해안 지역의 강수는 여름철뿐만 아니라 봄철부터 증가하기 시작하지만, 북서 해안 지역의 강수는 여름철(6~9월)에만 증가하는 차이를 보인다. 월강수량 100mm 이상인 개월 수는 동부 해안 성산에서 3~11월로 9개월인 반면, 서부 해안 고산에서 5~9월을 포함한 5개월로 4개월 이상 차이가 난다. 유사하게 월강수량 150mm 이상인 달은 동부 해안 성산에서 4~9월로 6개월에 달하나, 서부 해안 고산에서는 6~8월로 3개월에 불과하다. 연중 강수량이 적은 소우기의 월강수량을 비교해 보면 성산에서는 12월에 50mm 이상을 보이나, 서부 해안 고산에서는 50mm 이하 값을 보인다. 이러한 연중 강수량의 차이는 남북 지역 간에도 나타난다. 월강수량 100mm 이상인 개월 수는 남부 해안 서귀포에서 3~10월로 8개월인 반면, 북부 해안 제주에서는 6~9월, 즉 4개월로 두 지역 간에 4개월 정도 차이가 난다. 유사하게 월강수량 150mm 이상인 달은 남부 해안 서귀포에서 4~9월로 6개월에 달하나, 북부 해안 제주에서는 6~9월로 4개월에 불과하다.

제주도는 북서태평양 연안 쿠로시오 난류를 따라 열대저기압(태풍)이 저위도에서 동아시아 북부 지역으로 북상할 때 통과하는 길목에 위치하여 강풍, 호우, 해일의 피해를 자주 입는다. 연중 북서태평양에서는 약 30여 개의 열대저기압(태풍)이 발생하는데 그중 제주도를 거쳐 한반도로 북상하는 영향 태풍의 수는 연평균 약 3.1개에 달한다. 한반도로 북상하는 영향 태풍은 주로 6~9월에 제주도를 거쳐 이동하는데, 그중 8월 태풍이 차지하는 비율이 약 35%로 가장 높다. 해수 온도 상승 경향은 20세기 후반에 더욱 뚜렷해짐에 따라 심지어 10월(1994년, 1998년, 2013년, 2014년)에도 제주도를 거쳐 북상하는 태풍이 기록되기도 한다. 최근 5년(2016~2020년) 서귀포 부이 관측 자료에 따르면 연중 해수면 온도는 8월에 가장 높아져 월평균 28.8℃에 달하고 특정 해에는 30℃ 이상에 달하기도 한다. 심지어 9월에도 26.4℃로 높게 나타난다. 따라서 기후학적 늦장마철과 늦여름에 북상하는 태풍이 제주도 주변의 높은 수온에서 증발하는 수증기가 포화하면서 발생하

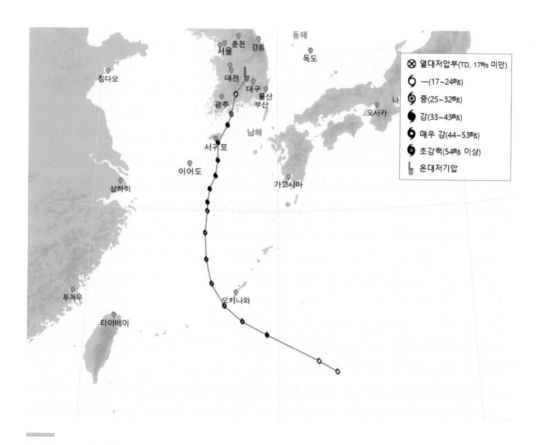

〈그림 7〉 2007년 9월 중순 태풍 나리(NARI)의 북상경로에 따른 강도 변화
출처: 국가태풍센터.

는 잠열에 의해 강한 세력을 유지하면서 제주도에 큰 피해를 가져다준다. 그 결과 제주도에 다양한 위험기상 피해 중 태풍에 의한 피해액은 전체 피해액의 약 90%를 차지한다. 태풍에 의한 피해 정도는 그 중심 기압 및 중심 주변의 최대 풍속 이외에도 상대적인 태풍의 접근 방향이나 근접 거리 등 요소의 영향을 받는다. 과거 영향 태풍 중 많은 인명(사망 13명) 및 재산 피해는 2007년 9월 중순 태풍 나리(NARI)가 제주도를 관통하였을 때 발생하였다〈그림 7〉. 태풍 나리는 제주도 남동 지역을 스쳐 지나가면서 주로 한라산 북사면에 많은 강수량을 기록했다. 제주도가 태풍 나리의 영향권에 들었던 2007년 9월 14~16일 동안에 북사면 산천단 AWS지점에는 총 720mm 이상의 강수가 기록되었고, 제주 ASOS 지점에서도 590mm 이상의 강수가 기록되었다. 특히, 9월 16일 일강수량은 한라산 북사면 산천단과 제주에서 각각 481mm와 420mm를 기록하였는데, 그 결과 제주도 동지역을 관통하는 산지천에 많은 빗물이 모이면서 이 하천 하류에 위치한 동문시장 주변이 물바다가 되어 큰 피해가 발생하였다. 이외에도 2012년 8월 하순에는 태풍 볼라벤(BOLAVEN)과 덴빈(TEMBIN), 2016년 10월 초순에는 태풍 차바(CHABA), 2018년 8월 태풍 솔릭(SOULIK), 2019년 9월 초순 태풍 링링(LINGLONG), 2020년 8월 하순 태풍 바비(BAVI) 등에 의해서도 많은 재산 피해를 입었다.

제주도는 돌과 여자 등과 함께 지표 마찰이 거의 없는 해양으로 둘러싸여 예로부터 바람 자원까지 풍부한 삼다도로 알려져 있다. 늦가을-초봄에는 시베리아 고기압에서 불어오는 북풍 계열의 계절풍 영향을 받고, 여름 장마철에는 동아시아와 북서 태평양이 만나는 북태평양 아열대 고기압의 북서 가장자리를 따라 유입되는 남풍 계열의 계절풍 영향을 받는다. 장기간(1991~2020년) 평균적인 풍향·풍속 특징을 파악하기 위해 4개 종관 기상관측소 자료를 분석해 보면, 대체로 겨울철에는 계절풍의 영향을 가장 직접적으로 받는 서부 해안에 위치한 고산 지역에서 바람이 가장 강하게 분다. 이 지역의 한겨울(1월) 평균 풍속은 9.8m/s으로 동부 해안 지역 성산의 한겨울 평균 풍속(3.4m/s)에 비하여 2.5배 이상 강하다. 북서 계절풍이 우세한 한겨울에 한라산 바람 의지 지역에 위치한 남부 해안 서귀포의 최한월 평균 풍속은 2.5m/s으로 더욱 약해진다. 예로부터 우리 조상들은 제주도 지역의 이러한 바람에 의한 농작물 피해를 줄이기 위해서 밭담을 설치해

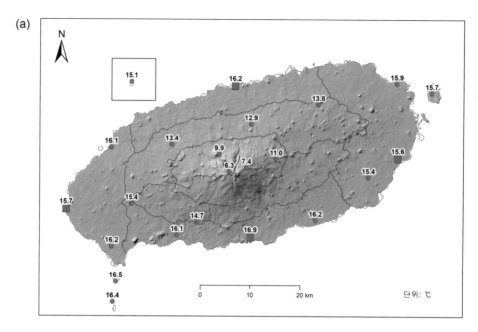

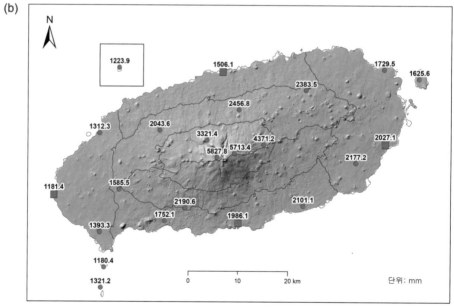

〈그림 8〉 한라산 지역 최근 20년(2001~2020년) 연평균기온(a)과 연강수량(b) 분포

왔다. 오늘날에는 이와 같이 풍부한 바람 자원을 이용하기 위해 설치된 풍력 발전기로부터 전력을 생산하여 지역 주민이 활용하기도 한다. 제주도 지역 대부분의 풍력 발전 시설들은 주로 겨울철 계절풍의 영향을 직접적으로 받는 한라산 북부 해안 지역에 설치되어 있다. 여름철에는 겨울철보다 바람이 많이 약해지는데, 태풍이 불어올 때에는 기록적인 최대순간풍속이 발생하기도 하여 강풍성 태풍이 제주도를 관통할 때에는 풍력 발전 가동을 의도적으로 중단시키기도 한다. 열대저기압(태풍)이 지나갈 때에는 농작물 재배 시설도 큰 피해를 입는 사례들이 자주 발생하고, 해운·항공 운송 운행도 멈추게 되어 인적·물적 교류에 차질을 입는다.

한라산 주변 지역에는 4개의 종관 기상관측소 이외에도 약 19개 자동기상관측소에서 제공하는 20년(2001~2020년)간의 장기간 일별 기온, 강수량, 풍향 및 풍속 자료가 가용하다. 우선, 이들 관측소들의 연평균기온의 분포를 살펴보면, 해발고도 200m 이하 해안 지역에서는 약 15~17℃ 정도의 기온 분포를 보이지만, 해발고도 200~600m 중산간 지역과 해발고도 600m 이상 산간 지역에서는 연평균기온이 각각 13~15℃, 약 12℃ 이하의 값을 나타낸다〈그림 8a〉. 계절별로는 기상학적 여름철(6~8월) 동안 평균기온이 해안 지역에서 24~25℃, 중산간 지역에서 20~24℃, 산간 지역에서 14~21℃의 범위를 보인다. 반면, 기상학적 겨울철(12~2월)의 평균기온은 해안 지역에서 6~8℃, 중산간 지역에서 1~5℃, 산간 지역에서 -6~0℃ 범위를 나타낸다.

이를 해발고도 상승에 따른 기온감률로 환산해 계절 간 비교를 해보면, 봄철(3~5월)은 -0.56℃/100m, 여름철은 -0.51℃/100m, 가을철은 -0.66℃/100m, -0.72℃/100m로 계절별 차이를 보임을 알 수 있다〈표 1〉. 해안 지역-산간 지역 간 기온감률은 한라산 정상 주변에 구름이 자주 끼는 여름철과 봄철에 비해서 상대적으로 건조한 공기가 산 정부를 감싸는 겨울철 또는 가을철에 더 크게 나타난다. 동서남북 사면별로 기온감률을 비교해 보면, 모든 계절에 걸쳐 남사면(봄철: -0.63℃/100m, 여름철: -0.55℃/100m, 가을철: -0.72℃/100m, -0.79℃/100m)지역에서 기온감률이 가장 큼을 알 수 있다. 기온감률은 해발고도 구간별로도 달라지는데, 해발고도가 높은 고산간-한라산 정상 구간보다는 저산간-중산간 구간이나 중산간-해안 지역 구간일수록 더 크게 나타난다(최광용, 2011). 이는 한라산 고도 상

<표 1> 한라산 지역 고도 상승에 따른 기온감률(℃/100m)

기상학적 계절	동사면	서사면	남사면	북사면	전체 평균
봄철(3~5월)	-0.54	-0.52	-0.63	-0.56	-0.56
여름철(6~8월)	-0.50	-0.48	-0.55	-0.52	-0.51
가을철(9~11월)	-0.64	-0.65	-0.72	-0.63	-0.66
겨울철(12~2월)	-0.66	-0.72	-0.79	-0.70	-0.72
연평균	-0.59	-0.59	-0.67	-0.60	-0.61

출처: 최광용, 2011.

승에 따라서 대기 중 포화 수증기량이 증가하면서 기온감률을 둔화시키는 것과 관련성이 있는 것으로 사료된다.

　이와 같은 해발고도 상승에 따라 기온감률의 영향으로 한라산 자연 식생대도 해발고도별로 달라진다. 해발고도 약 200m 이하 해안 지역에는 아열대 기후대에서 잘 자라는 종가시나무, 비자나무, 동백나무, 구실잣밤나무 등 연중 난대 상록활엽수림이 우세하게 나타난다(제주특별자치도, 2019). 반면, 해발고도 200~600m의 중산간 지역에서는 난대 상록활엽수림과 온대 낙엽활엽수림이 혼재되어 나타난다. 특히, 한라산 기온이 더 높고, 수분이 충분한 남사면의 돈네코 계곡 등 주요 하천을 중심으로 녹나무과 또는 참나무과의 상록활엽수림이 우세하게 나타난다. 해발고도 600~1,000m의 저산간 지역에서는 주로 개서어나무, 때죽나무, 졸참나무, 물참나무 군락 등 온대 낙엽활엽수림이 우세하게 나타난다. 그러나 해발고도 1,000m 이상의 고도에서는 일부 신갈나무 군락이 나타나기도 하지만, 소나무, 구상나무, 주목 등 한랭한 중위도 기후대에서 자생할 수 있는 상록침엽수림 군락이 혼재하여 나타나기 시작한다. 또한, 해발고도 약 1,300m 이상의 고도에서는 주로 교목림은 현저하게 감소하고 혹독한 기후 환경에서 적응하기 위해 잎이 좁고 두꺼운 형태로 된 상록활엽의 키 작은 아고산대 관목림대가 나타나기 시작한다(공우석, 2002). 일부 구상나무 군락이 해발고도 1,800m까지 나타나기도 하지만, 주로 산철쭉, 털진달래 군락 및 시로미, 들쭉나무, 돌매화나무, 눈향나무 등 아고산대 관목림이 주를 이룬다.

한편, 한라산 주변 지역 해발고도 상승에 따른 연강수량 분포를 살펴보면 해안지역의 연강수량은 약 1,180~2,300mm를 보이고, 중산간은 1,560~2,460mm, 산간 지역은 3,320~5,830mm의 범위를 보인다〈그림 8b〉. 즉, 한라산 사면을 따라 지형성 강수 현상이 자주 나타나 해발고도가 증가할수록 연강수량은 약 230mm/100m의 비율로 증가하여 해안 지역 대비 한라산 정상 주변 지역에서는 약 2.5배 이상에 달하는 것으로 나타난다. 한라산 지역의 3개월 단위 기상학적 계절별 강수량 분포를 비교해 보면, 해발고도 상승에 따라 봄철은 60mm/100m, 여름철은 95mm/100m, 가을철은 50mm/100m, 겨울철은 30mm/100m의 비율로 증가하는 추세를 보인다(최광용, 2013). 중산간 및 산간 지역의 연강수량은 사면별로 관측소의 수가 충분하지 않아 판단하기 힘들지만 서사면의 어리목-윗세오름, 동사면의 성판악-진달래밭의 연강수량을 비교해 보면 해안지역의 패턴과 유사하게 서사면보다 동사면의 강수량이 더 많음을 알 수 있다. 이는 열대저기압, 이동성 온대 저기압을 포함한 강수를 유발하는 시스템이 제주도로 접근 시 반시계 방향으로 회전하면서 해양에서 머금은 많은 수증기가 주로 한라산 남동-북동 사면을 타고 오르면서 지형성 강수 현상이 자주 발생하는 공간 패턴과 관련성이 있는 것으로 추정된다.

제주도에서는 열파(폭염), 열대야, 가뭄 등 극한기온현상뿐만 아니라 태풍, 집중호우, 폭설 등 극한강수현상이 발생하여 주민생활과 관광객에 큰 영향을 준다. 특히, 섬의 중심에 해발고도 1,950m의 한라산이 자리 잡아 해발고도 상승에 따라 한반도 남북 지역 간에 나타나는 기후 특성이 모두 나타나는 지역이기도 하다. 또한, 아열대 해양으로 둘러싸여 오랫동안 지속되는 여름철 기간에는 기온뿐만 아니라 습도가 높아지고, 북태평양 고기압의 영향권에 속하는 여름철을 제외하면 해륙풍 등의 국지풍과 다양한 기류 유입에 의한 바람의 영향이 많은 지역에 속한다. 기온과 습도, 기온과 바람 등 다양한 기후 요소들이 결합하여 사람들이 느끼는 체감온도는 기온과 달라진다. 일반적으로 제주도에서는 여름철에는 습도의 영향이 더해져 기온보다 체감온도가 더 높아지며, 겨울철

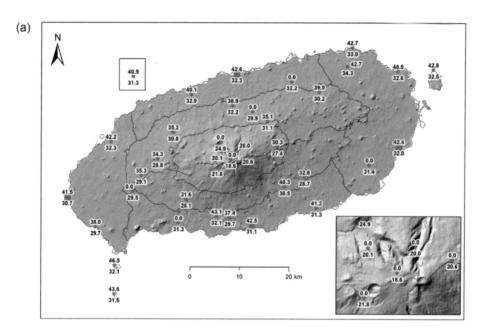

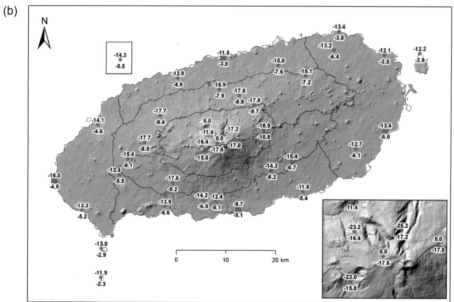

〈그림 9〉 최근 20년(1991~2020년) 기준 고온극한현상 발생일(2017년 8월 23일 오후 2시)과 저온극한
현상 발생일(2016년 1월 24일 새벽 6시)의 체감온도(℃) 분포
출처: 최광용, 2018a.

에는 바람냉각 효과가 더해져 기온보다 체감온도가 더 낮아진다. 여름철 기온보다 높은 체감온도와 겨울철 기온보다 낮은 체감온도는 관광객이나 제주도민의 여름철 피서나 겨울철 산악 레크레이션 활동에 큰 제한을 주게 된다.

이과 관련하여 우선 30년 이상 장기간 기후자료가 수집된 해안 지역 4개 종관기상관측소 자료에서 추출한 체감온도의 극값을 살펴보면, 여름철 성하기에는 체감온도는 기온보다 15℃ 정도 더 높은 40℃까지 상승하지만, 겨울철에는 반대로 기온보다 15℃ 더 낮은 -10℃까지 낮아지기도 함을 알 수 있다(최광용, 2018a). 최근 30년(1991~2020년) 중 2017년 8월 23일 한낮(오후 2시)에 해안 지역의 체감온도는 48℃까지 상승하기도 하였음을 알 수 있다〈그림 9a〉. 열파 경보 체계연구 결과(최광용, 2006)에 따르면, 이러한 고온극한 체감온도는 '극심한 열파일(extreme heatwave days)'에 해당되는 강한 열파(폭염)로 구분된다. 이때 해발고도 한라산 중산간 지역에서도 '열파일(heat wave days)'에 해당하는 높은 체감온도가 기록되었다. 이러한 강한 열파 현상은 초여름에 장마전선이 한반도 중부 지방으로 일찍 북상하고 오랫동안 고온다습한 북태평양 아열대 고기압이 제주도 상에 자리 잡을 때 발생한다(최광용, 2018a).

저온극한 체감온도 기록을 살펴보면 최근 30년 중 가장 추웠던 날은 2016년 1월 24일로 새벽(오전 6시) 기준 해발고도 600m 이상 산간 지역에서는 체감온도가 최대 -25℃까지 낮아졌다〈그림 9b〉. 이는 기상청의 체감온도 경보 체계에 따르면, '위험(danger)'한 체감온도 저온극한 현상에 해당된다. 이때 한라산 사면별 저온극한 체감온도를 비교해 보면 북서 계절풍의 직접적인 영향을 받는 한라산 북서 사면을 중심으로 더 강하게 발생함을 알 수 있다. 북반구 규모의 대기순환과의 관련성을 살펴보면 이러한 저온극한 체감온도 현상은 대류권 상층 극소용돌이(circumpolar vortex)가 남북으로 사행하면서 극지방의 찬 공기가 한반도 방향으로 내려와 있는 상태에서 발생한다. 이때 지상에는 시베리아 고기압이 중국 남부 지방까지 확장해 있고, 일본 열도에는 이동성 저기압이 발달하여 한반도를 중심으로 서고동저형의 기압배치를 이루어 극지방의 찬 공기 유입에 유리한 종관 상태가 형성되어 있다(최광용, 2018a).

한라산 지역의 극한강수현상 분포와 관련하여 최근 20년(2001~2020년) 동안 각 ASOS

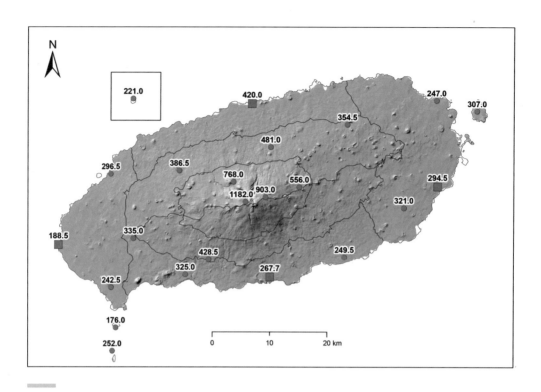

<그림 10> 최근 20년(2001~2020년) 동안 발생한 일강수량 최대 극값(mm)
출처: 최광용(2013) 업데이트 자료.

및 AWS 관측지점에서 기록된 일강수량 극값 분포를 살펴보면, 해안 지역의 경우 북부 해안 제주 ASOS 관측지점에서 2007년 태풍 나리(NARI)가 접근하였을 때 420mm로 가장 많은 강수량을 기록하였을 알 수 있다<그림 10>. 중산간 지역에서는 북사면의 산천단 관측지점에서 2007년 9월 16일 태풍 나리(NARI) 상륙에 의해 일강수량이 482.1mm를 기록하였고, 산간 지역에서는 윗세오름에서 2014년 8일 2일에 태풍 나크리(NAKRI)에 의해서 1,182mm의 극값을 기록하기도 하였다. 이와 같이 한라산 해발고도 상승에 따라서 연강수량 또는 계절 강수량 평균값뿐만 아니라 일강수량 극값도 최소 2.5배 이상으로 증가하는 패턴을 관찰할 수 있다. 또한, 극한강수현상의 기후학적 분포와 관련하여 일강수량 80mm 이상일의 장기간 연평균 발생빈도를 살펴보면 해안 지역에서는 연중 약 1~6일 정도 평균적으로 발생하는데 특히 남동 해안 지역을 중심으로 그 발생빈도가 높음을 알 수 있다. 이러한 일강수량 80mm 이상의 극한강수일 발생빈도는 한라산 고도 상승에 따라 1.0일/100m의 비율로 상승하여, 중산간 지역에서는 약 4~8일 발생하고, 해발고도 600m 이상의 산간 지역에서는 10~20일까지 그 발생빈도가 증가한다(최광용, 2013). 이러한 극한강수현상은 주로 여름철에 발생하지만, 한라산 산간 지역에서는 심지어 겨울철에도 발생한 사례들이 관찰되어 향후 여름철 이외의 극한강수현상 모니터링에도 관심을 둘 필요가 있다고 여겨진다. 태풍 나리(NARI)의 피해 사례에서도 볼 수 있었듯이, 한라산의 남북 사면은 동서 사면에 비하여 경사가 훨씬 더 급하기 때문에 호우 발생 시 하천 범람 가능성이 더 크다. 따라서 한라산 남북 사면 아래에 인구가 밀집되어 있는 제주시와 서귀포시 도심 지역에 도시 홍수 조절 시설들을 더욱 확충해 나갈 필요성이 있다고 판단된다.

제4장 현재와 미래 제주도의 기후변화

제주도는 중위도 남단의 아열대 해상으로 둘러싸여 있고, 섬의 중심에 해발고도 1,950m의 한라산이 자리 잡고 있어 다양한 기후대가 나타난다. 해발고도에 따라 크게 아열대 기후대가 탁월하게 나타나는 해발고도 200m 이하의 해안 지역, 온화한 중위도 기후 특성이 탁월하게 나타나는 해발고도 200~600m의 중산간 지역, 혹독한 중위도 기후 특성이 나타나기 시작하는 해발고도 600~1,300m의 저산간 지역, 고위도 아극 기후와 툰드라의 점이지대와 유사한 아고산대 기후 특성이 탁월하게 나타나기 시작하는 해발고도 1,300m의 고산간 지역 등으로 구분할 수 있다. 해안 지역-중산간 지역의 경계에 해당하는 해발고도 200m의 최한월(1월)과 최난월(7월)의 월평균기온 분포를 살펴보면 5℃와 25℃ 내외를 각각 나타낸다. 중산간 지역-산간 지역의 경계에 해당하는 해발고도 600m의 최한월(1월)과 최난월(7월)의 월평균기온은 각각 2℃와 23℃ 내외를 나타낸다. 한라산 저산간 지역과 고산간 지역의 경계에 해당하는 해발고도 1,300m의 최한월(1월)

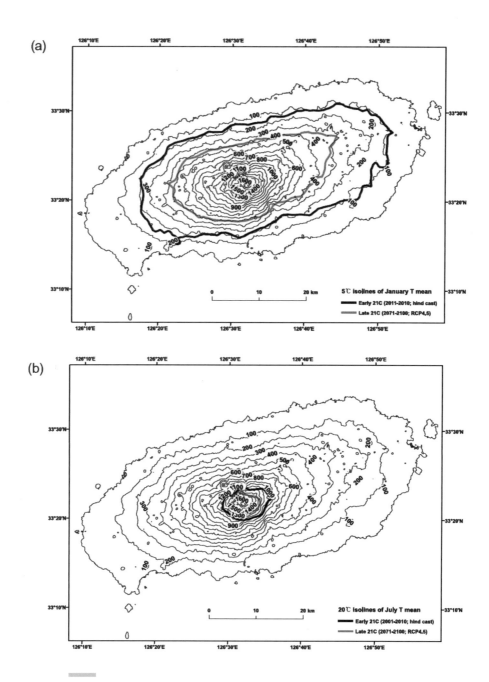

〈그림 11〉 PRIDE 자료 기반 21세기 후반(온실기체 중배출[RCP4.5] 시나리오) 한라산 지역
아열대(a)와 아고산대(b) 기후대 변화
출처: 최광용, 2017.

과 최난월(7월)의 월평균기온은 약 -3℃와 20℃ 정도를 나타낸다.

이러한 한라산 지역의 기온과 기후대 분포는 고해상도 PRIDE 기후변화 시나리오 분석(최광용, 2019)에 따르면 인위적 온난화에 의해 21세기 말에 큰 변화를 나타날 것으로 전망된다〈그림 11〉. 온실기체 중배출(RCP 4.5) 시나리오 기준 21세기 초반 현재 해발고도 200m 내외에 위치한 아열대-온대 기후대의 경계선(최한월 평균기온 5℃ 등온선)이 21세기 말에는 해발고도 400m 내외 지역으로 이동할 것으로 전망된다(최광용, 2017). 이와 함께 현재 해발고도 1,100~1,300m 지역에 위치한 온대-아고산대 기후대의 경계선(최난월 평균기온 20℃ 등온선)도 21세기 말에는 최대 1,600m 지역까지 이동할 것으로 전망된다. 온실기체 고배출 시나리오(RCP 8.5)의 경우에는 아열대-온대 기후대의 경계선이 21세기 말에 해발고도 700m 내외 지역으로 이동 재배치되고, 온대-아고산대 기후대의 경계선은 한라산 최고지점보다 더 높게 상승하여 아고산대 기후대가 사라질 것으로 전망된다.

실제 이러한 기후대 변화의 영향은 한라산 식생대 분포에도 변화가 감지되고 있다. 21세기에 접어들면서 해발고도 600~1,300m에 자생하는 한랭한 중위도 기후대 침엽수림에 해당하는 소나무 군락은 해발고도가 높은 지역으로 점차 이동하고 있으며, 해발고도 1,300~1,900m에 주로 자생하고 있는 한라산 아고산대 토종 식생인 구상나무(Abies koreana E.H. Wilson)는 넓은 면적에 걸쳐 뿌리가 뽑히고 수관은 없어지고 앙상한 하얀 가지만을 남긴 채 고사하는 면적이 더욱 빠르게 증가하고 있다〈그림 12〉. 구상나무는 주로 한라산 영실 코스와 동사면의 성판악 코스 주변을 따라 고사 면적이 넓게 나타나고 있는데(제주특별자치도 세계유산본부, 2020), 최근 10년 동안의 실제 답사에 의한 조사 결과에 따르면 전체의 구상나무 면적이 약 15% 감소하였다(김종갑 등, 2017). 이와 관련하여 일부 태풍이나 집중호우 등의 극한기후현상 증가와 더불어 장기간 봄철의 수분 부족 등 기후변화가 주요 요인으로 지목되고 있으나 아직 명확한 고사 요인에 대해서는 모두 밝혀진 것은 아니다. 반면, 제주 조릿대는 온난화와 더불어 빠른 속도로 해발고도 1,800m 이상 지역까지 확산되고 있어 향후 아고산대 관목림에도 부정적인 영향을 줄 것으로 전망되고 있다.

과거 약 100여 년(1924~2020년) 동안의 북부 해안 제주 ASOS 기후 자료에 나타난 장

〈그림 12〉 한라산 구상나무(*Abies koreana* E.H. Wilson) 군락의 멸종 위기
한라산 구상나무는 1920년에 E.H. Wilson(1876~1930)에 의해 *J. Arnold Arbor.* 1: 188에 처음으로 *Abies koreana*라고 학계에 보고된 우리나라 고유 전나무 종이다.

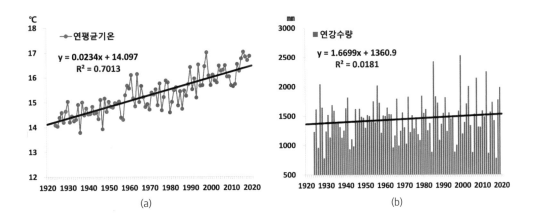

<〈그림 13〉 최근 약 100여 년(1924~2020년) 동안 북부해안 제주(184) 관측소의 연평균기온 및 연강수량 변화 추세
2020년 12월 자료는 아직 관측 이전이어서 2020년 연전체 자료는 분석에서 제외됨.

기간 제주도의 기후 변화 추세를 분석해 보면 기온은 평균적으로 모든 계절에 걸쳐 빠르게 상승하고 있음을 알 수 있다. 제주의 연평균 기온은 2.3℃/100년의 비율로 통계적으로 유의미한 증가 추세를 보이는데〈그림 13a〉, 3개월 단위 기상학적 계절별로는 증가율이 봄(3.1℃/100년), 가을(2.4℃/100년), 겨울(2.0℃/100년), 여름(1.9℃/100년) 순서로 높게 나타나고 있다. 이들 기온 상승 경향은 전 지구 온난화 영향뿐만 아니라 국지적으로 관측소 주변의 도시화 효과도 포함하고 있을 것으로 추정된다. 연평균기온의 상승 추세와 더불어 연평균기온 고온 극값은 1998년(17.0℃)과 2017년(16.8℃)에 기록되었다. 여름철 평균기온 고온 극값도 2017년(26.7℃)과 2013년(26.5℃)에 발생하였다. 이외에도 제주도의 연평균 및 계절 평균 체감온도는 모두 상승하는 추세를 보이는데, 특히 여름철 습도 효과와 더해져 체감온도가 높은 현상이 최근 더욱 자주 발생하고 있음에 주목할 필요성이 있다(최광용, 2018b). 반면, 제주의 연강수량(+167.0mm/100년)은 뚜렷한 증감 패턴을 보이지 않으며〈그림 13b〉, 계절별(봄[+51.1mm/100년], 여름[+103.0mm/100년], 가을[+22.1mm/100년], 겨울[+16.2mm/100년])도 통계적으로 유의미한 변화는 보이지 않는다. 과거 약 100여 년 동안에 기록된 제주(184) 관측소의 연강수량 최대 극값은 1999년 2526.0mm이고, 강수가

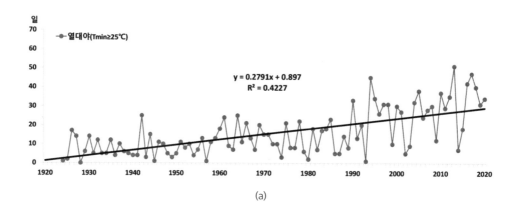

(a)

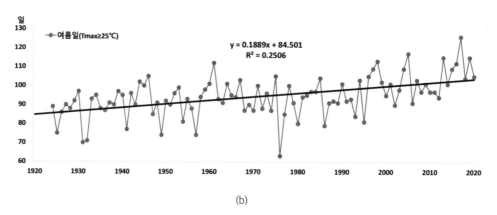

(b)

〈그림 14〉 북부 해안 제주(184) 관측소의 여름일(a)과 열대야(b) 장기간 변화 추세

집중되는 여름철 강수량의 최대 극값(1552.8mm)도 1999년 여름철에 기록되었다.

평균 기온 상승 경향에 따라 저온극한현상은 감소하고 있으며, 고온극한현상은 증가하고 있다〈그림 14〉. 제주도 해안 지역은 아열대 기후대에 속하여 원래 발생빈도가 높지는 않지만 일최고기온 0℃ 이하 결빙일(ice days)은 최근에 더 드물게 발생하는 추세를 보이며, 일최저기온 0℃ 이하 서리야(frost nights)도 20.5일/100년의 비율로 감소하고 있는데 특히, 1990년대 이후로 더욱 뚜렷한 감소 추세를 보인다. 반면, 일최고기온 20℃

이상 여름일(summer days)은 최근에 18.9일/100년의 비율로 통계적으로 유의미한 증가 추세를 보이고 있다. 또한, 일최저기온 25℃ 이상의 열대야(tropical nights)도 27.9일/100 년으로 더 뚜렷한 증가 추세를 보이고 있다. 반면, 연속 2일 동안 일최고기온이 33℃ 이상을 보이는 폭염일의 발생빈도는 장기간 뚜렷한 증감 변화 추세를 보이지는 않는다. 다만, 20세기 초반 특정 해(1942년, 1966년, 1926년)에 폭염일 연간 발생빈도가 10회 이상에 달하기도 하였으나, 발생빈도가 전혀 없는 해들도 다수였다. 반면, 21세기 초반에 접어들

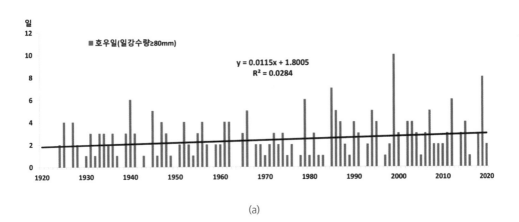

(a)

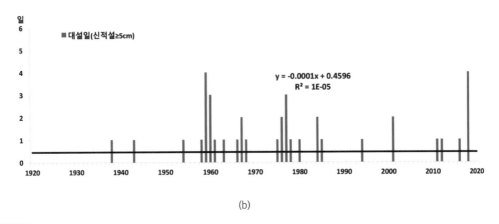

(b)

〈그림 15〉 북부 해안 제주(184) 관측소의 호우일(a)과 대설일(b) 장기간 변화 추세

면서 폭염일 연누적 발생빈도는 최소 1일 이상으로 나타나고 있고, 특정 해(2017년)에는 폭염일의 발생빈도가 10일 이상으로 높게 나타났다. 이러한 고온극한현상의 증가 추세에 1990년대 초반 이후 제주 관측소 주변의 도시화 효과도 포함되어 있기는 하지만, 비도시 지역인 동부 성산 지역에서도 폭염일과 열대야가 모두 증가 추세를 보인다. 즉, 전 지구적으로 온난화되면서 점점 수온이 상승하는 쿠로시오 난류가 북상하는 아열대 해상에 위치하여 제주도 해안 지역 전체적으로 극한고온현상도 증가 추세를 보이는 것으로 사료된다.

제주(184) 관측소 기준 과거 약 100년 동안 발생한 극한강수현상의 경우에 연강수량 또는 계절강수량의 추세와 마찬가지로 통계적으로 유의미한 증가 또는 감소 추세는 관찰되지 않는다〈그림 15〉. 다만, 20세기 후반 이후 특정 해에는 호우일이나 대설일 발생빈도가 높게 나타나는 것을 관찰할 수 있다. 가령, 전체 관측 기간 중 일강수량 80mm의 호우일 발생빈도는 1999년 10회로 가장 많았고, 2위에 해당하는 기록도 2019년(8회)에 나타났다. 일별 신적설량 5cm 이상의 대설일도 1959년과 더불어 2018년에 4회로 가장 높게 나타났다.

제5장 제주도의 토지 피복으로 본 자연환경 변화

제주도 한라산 주변의 자연환경은 지역 산업에 가장 중요한 천연자원이다. 아열대 기후 환경과 비옥한 화산회토를 이용하여 감귤 등의 과수류와 월동채소류 중심의 밭농사가 이루어지고 있고, 아름다운 한라산과 다양한 화산 지형과 해안 지형과 도서 지역 문화 경관을 바탕으로 하여 관광 산업이 발달해 있다. 20세기 후반부터 대중 매체와 인터넷의 발달에 힘입어 제주도의 아름다움이 알려지면서 제주도를 방문하는 관광객의 수가 폭발적으로 증가하고 있다(제주특별자치도, 2019). 그러나 이러한 관광업의 급속한 발달은 제주도의 자연 자원의 지속가능성에 위기 요소가 되기도 한다. 한라산 산간 지역은 국립공원으로 지정되어 보호되고 있으나, 지나친 개발에 의해 자연환경이 파괴되면

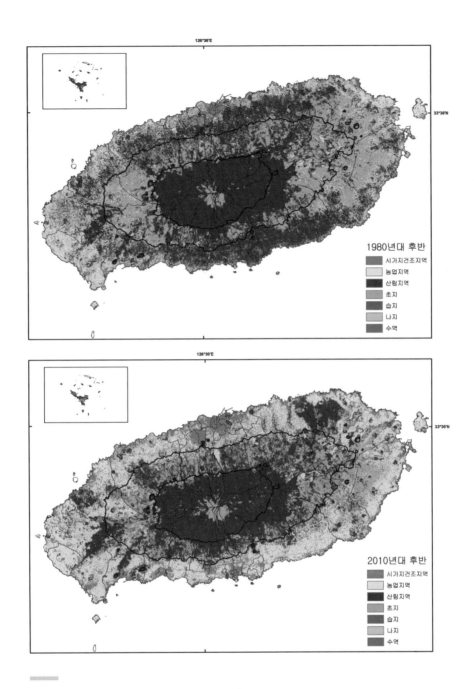

〈그림 16〉 Landsat 위성영상 제주도 토지 피복 변화 분포도
출처: 제주녹색환경지원센터, 2019.

서 해안 지역 및 중산간 지역에서는 급격한 토지 피복 변화 과정을 겪고 있다.

실제 환경부에서 Landsat 위성영상에서 추출한 1980년대 후반 대비 2010년 후반 대분류(7개: 시가지화건조지역, 산림지역, 초지, 습지, 나지, 수역) 토지 피복 분포도를 비교해 보면, 해안 지역과 중산간 지역을 중심으로 넓은 면적의 산림 면적이 급격하게 줄어들고 있음을 관찰할 수 있다〈그림 16〉. 1980년대 말에 제주도 전체 약 50%(925.5km²)를 차지하던 산림 면적은 2010년대 후반에는 35%(705.3km²)로 최근 30년 기간 동안 약 15% 정도 감소하였다. 1980년대 후반에 한라산 서부 및 동부 중산간 지역은 이미 목장 등이 개발되어 초지로 주로 이루어져 있었으나, 해발고도 200m 이하 북부와 남부 해안 지역 및 중산간 지역 일부 구간들은 산림으로 덮여 있었다. 그러나 2010년대 후반에는 서부와 동부 곶자왈 보호 지역(한경-안덕, 조천, 구좌-성산 등)을 제외하면 해안 지역 대부분의 산림 지역은 모두 사라졌다. 1980년대 후반 북부와 남부 해안 지역의 산림 지역들은 2010년대 후반에는 대부분 농업 지역으로 바뀌었다. 또한, 1980년대 후반 동부 해안 지역과 해발고도 서부 해발고도 200~600m 중산간 지역을 중심으로 넓게 펼쳐져 있던 초지들이 2010년대 후반에는 농업 지역으로 변모하였다. 제주도 전체 초지의 면적은 1980년대 후반에 제주도 전체의 약 25%(466.6km²)를 차지하였으나, 2010년대 후반에는 333.7km²로 약 8.2% 감소하였다. 이들 산림 지역 또는 초지에서 변모된 제주도 읍면 해안 지역 농경지에서는 주로 무, 당근, 양파, 마늘, 양배추 등의 다양한 월동채소류를 재배하고 있다. 또한, 20세기 초반에 일본에서 도입된 후 꾸준하게 면적이 증가한 감귤 재배지 면적도 산림 지역에서 농업 지역으로의 토지 피복 변화와 밀접한 관련성이 있다.

반면, 제주도 전체 시가지건조화 지역 면적은 2010년대 후반에는 182.2km²로 1980년대 후반과 비교하여 약 3배 정도 증가하였다. 또한, 토지 개발 열기가 뜨거워 같은 기간 동안 나지(barren)의 면적도 약 3배 정도 증가하였다. 특히, 제주도 전체 인구의 70%가 밀집해 있는 제주시와 서귀포시 동지역을 중심으로 1980년대 후반 대비 2010년대 후반의 시가지건조화 지역의 면적은 뚜렷하게 증가하였다〈그림 16〉. 도시 팽창으로 두 동지역 모두 신시가지가 확장되고, 구시가지와 도시 연담화(urban corridor)되어가는 패턴을 보이고 있다. 이에 따라 아열대 기후가 극심하게 나타나는 여름철 성하기에는 도심의 크기가 팽창하고 있는 제주시 동지역을 중심으로 냉방장치 사용량이 급증하고 있어서 향후 에너지 수급의 안정성을 확보하려는 노력이 지속적으로 필요할 것으로 예상된다. 관광업의 활성화에 의해 제주도 북부 해안가와 남부 해안가의 읍면 지역에 속한 마을의 시가지건조화 면적도 산발적이고 규모는 도심 지역보다 적지만 점차 확장되는 패턴을 보인다. 특히, 이러한 토지 개발의 영향으로 해발고도 200~600m 중산간 지역 초지 및 산림지역의 분절화(fragmentation)과정이 심화되고 있어, 천혜의 자연환경을 기반으로 한 제주도의 청정 브랜드 가치를 위한 지속가능한 개발(sustainable developement) 정책을 마련할 필요성을 재차 강조해도 지나치지 않은 시점에 이르렀다고 판단된다.

공우석, 2002, 〈한반도 고산식물의 구성과 분포〉, 《대한지리학회지》 37(4), 357-370.

김종갑·고정군·임형택·김동순, 2017, 〈최근 10년(2006~2015년) 동안 한라산 구상나무림의 공간 분포변화〉, 《한국환경생태학회지》 31(6), 549-556.

제주녹색환경지원센터, 2019, 〈제주도 아열대화 심화와 도심팽창에 따른 열환경 변화 평가〉(연구책임자: 최광용).

제주특별자치도, 2019, 《제주특별자치도지 제1권》.

제주특별자치도 세계유산본부, 2020, 《제19호 조사 연구 보고서》.

최광용, 2011, 〈한라산 사면 및 고도별 기온감률 변동성〉, 《기후연구》 6(3), 171-186.

최광용, 2013, 〈한라산의 사계절 극한강수현상 발생패턴〉, 《기후연구》 8(4), 267-280.

최광용, 2017, 〈고해상도 기후변화 시나리오 자료를 활용한 한라산 지역 기온 및 기후대 변화 전망〉, 《기후연구》 12(3), 243-257.

최광용, 2018a, 〈제주도 지역 체감온도 극한현상 발생 시 종관 기후 패턴〉, 《기후연구》 13(2), 87-104.

최광용, 2018b, 〈제주도 지역 체감온도의 시공간적 분포 특징과 장기간 변화 경향〉, 《한국지리학회지》 7(1), 29-41.

최광용, 2019, 〈한라산 지역의 기후학적 사계절 개시일과 지속기간〉, 《한국지역지리학회지》 25(1), 178-193.

최광용·David A. Robinson·권원태, 2006, 〈우리나라 사계절 개시일과 지속기간〉, 《대한지리학회지》 41(4), 435-456.

Choi, G., 2006, A definition of Korean heat waves and their spatio-temporal patterns, *Journal of the Korean Geographical Society*, 41(5), 527-544.

http://egis.me.go.kr/

한라산 아고산대의 주빙하 환경과 지형프로세스

김태호

제1장 머리말

　신생대 제4기에 일어난 분화활동으로 형성된 제주도에는 선캄브리아기의 편마암과 중생대의 화강암으로 이루어진 한반도와는 다른 지형경관이 발달한다. 복성화산답게 제주도 중앙에 고립된 봉우리로 출현하고 있는 한라산은 여러 봉우리가 이어져 백두대간을 만들고 있는 한반도의 산과는 모습이 크게 다르다. 더욱이 현무암과 조면현무암질 용암류가 쌓여 만들어진 순상화산이므로 산록에 넓게 펼쳐져 있는 평활한 완사면은 한반도의 산에서는 쉽게 경험하기 어렵다.

　또한 한라산은 우리나라의 가장 남쪽에 위치하고 있으므로 저지대에는 조엽수림도 분포하여 남국의 산이라는 인상을 주지만 해발고도 2,000m에 가까운 정상 일대는 연평균기온 5.2℃, 1월 평균기온 -7.2℃라는 한랭한 기후조건에 놓여 있다. 11월부터 3월까지 겨울철 5개월의 평균기온도 -2.8℃로 11월을 제외한 4개월은 월평균기온이 영하로

---

* 이 글은 한라산 아고산대에 관한 4편의 문헌(김태호, 2006, 2010, 2012, 2013)을 재구성하여 작성되었다.

내려간다(전승환 외, 2011).

한라산에서는 해발고도에 의해 식생대를 네 구역으로 나누는데, 1,500m 이상 구역을 아고산대와 고산대로 부르고 있다(공우식, 2007). 산정을 중심으로 아고산대와 고산대의 고지대는 한랭한 온도조건뿐 아니라 강풍과 큰 일교차 등 산정현상도 가세하여 주빙하(periglacial)라고 부르는 환경이 나타난다. 따라서 저지대와는 매우 다른 생태계와 지형경관을 만드는데, 한라산에서도 돌매화나무와 한라솜다리 등 극지고산식물과 더불어 유상구조토, 암괴원, 풍식나지 등 고산지역의 기후조건을 반영한 지형이 분포하고 있다(김도정, 1970; 공우식, 1999; Kim, 2008).

산악인들에게는 너덜겅으로 불리는 암괴원은 백록담 분화구

<그림 1> 백록담 분화구 내사면의 암괴원과 북벽에 쌓인 암설

를 비롯하여 만세동산, 선작지왓 등 한라산 아고산대 전역에 분포하고 있다<그림 1>. 암괴가 밀집되어 나타나는 암괴원의 형성과정을 폴란드의 지질학자인 로진스키(Lozinski)가 대륙빙하 주변부에서 일어난 강력한 동결파쇄작용으로 설명하기 위해 주빙하 개념을 제창한 이래, 암괴원은 영구동토지대의 구조토와 함께 대표적인 주빙하지형으로 간주되고 있다(French, 2007).

한라산 아고산대에 분포하는 암괴원은 직경 1m 내외의 거력으로 구성되어 있고, 암

〈그림 2〉 한라산 아고산대의 주요 관측 및 조사지점
백록담 서북벽 토르(좌), 백록담 분화구 바닥(중), 왕석밭 완사면 나지(우).

괴 표면은 지의류로 덮여 있거나 풍화가 많이 진행된 상태이다. 현재의 한반도 기후조건에서는 대형암괴가 생산되지 않으므로 우리나라 산지의 암괴원은 현재보다 더 한랭했던 시기의 강력한 동결파쇄작용으로 만들어진 일종의 화석지형으로 판단하고 있다(권혁재, 1999). 그러나 과거 환경에서 만들어진 이들 암괴와는 달리 조면암질 용암이 분포하는 한라산 정상의 백록담 화구륜과 암벽에서는 현재도 다량의 암설이 만들어지고 있다(제주대학교 외, 2005)〈그림 1〉.

한라산 아고산대에서는 동결파쇄에 의한 암설 생산뿐 아니라 활발한 동결작용에 기인하는 다양한 지형프로세스와 지표경관을 관찰할 수 있다. 예컨대 서릿발작용으로 인한 유상구조토의 붕괴, 초지박리, 동상포행 등 주빙하성 프로세스와 관련된 현상들이 보고되고 있어 한라산 아고산대의 주빙하 환경을 잘 나타내고 있다(김태호, 2006; Kim, 2008; 김태호, 2010).

이 글에서는 백록담 서북벽과 화구저, 왕석밭 완사면 등지에서 관측, 조사한 암벽표면과 지중의 온도특성, 유상구조토의 붕괴, 표층자갈의 이동을 중심으로 한라산 아고산대의 주빙하 환경과 지형프로세스에 대해 소개한다〈그림 2〉.

제2장 연구지역 개관

한라산 아고산대의 지형경관은 용암의 암질을 반영하고 있다. 부악(釜嶽)으로도 불리는 산정부를 제외하면 아고산대는 완만한 사면으로 이루어진 순상화산의 모습을 잘 보여준다. 특히 표고 1,600m 이상의 서쪽 산록에는 만세동산, 선작지왓, 장구목, 민대가리동산 등 완사면이 넓게 나타나며, 용암 분출지점에는 스코리아콘이 다수 분포하고 있다〈그림 3〉. 이들 완사면은 법정동조면현무암과 윗세오름조면현무암 등 주로 조면현무암으로 이루어져 있다(제주도, 2000).

반면에 산정부에는 백록담 서벽, 남벽, 북벽 등으로 불리는 급경사의 쿠레형 용암돔

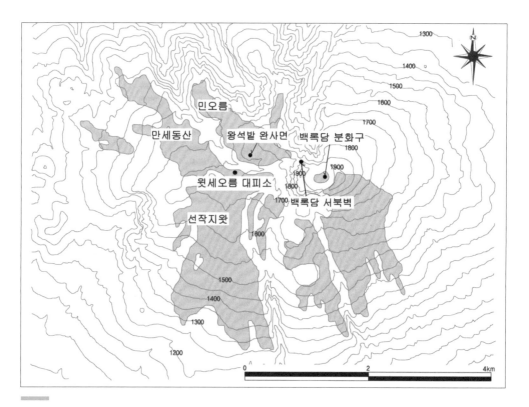

〈그림 3〉 한라산 아고산대의 지형 및 초지 분포와 주요 관측 및 조사지점

이 분포하고 있다. 백록담 분화구는 조면암질 용암돔이 형성된 후에 조면현무암질 용암이 돔 동쪽을 뚫고 분출할 때 만들어졌다. 분화구의 최대 직경과 깊이는 585m와 112m이며, 화구륜의 길이는 1,720m이다(제주대학교 외, 2005). 분화구 서쪽에 분포하는 한라산조면암은 절대연대가 7만 년이며, 동쪽의 백록담조면현무암은 3만 년이다(Tatsumi, 1990; 윤성효 외, 2002).

아고산대의 서쪽 표고 1,673m에 소재하는 윗세오름 자동기상관측소에서의 연평균기온은 6.4℃이며, 평균 최고기온과 최저기온은 각각 10.6℃와 2.9℃이다. 연강수량은 4,669㎜로 제주도내 관측지점 가운데 가장 강수량이 많다. 월별 강수량은 8월과 7월이 836㎜와 742㎜로 가장 많고 5월과 6월이 653㎜와 652㎜로 뒤를 따른다. 그러나 12월부터 2월까지 겨울철 월강수량은 100㎜를 밑돌아 계절별 차이가 크다(제주지방기상청, 2010).

한라산 아고산대에는 구상나무로 대표되는 침엽수림과 관목림, 초본군락이 넓게 분포하고 있다(임양재 외, 1991). 이 가운데 관목림과 초본군락은 완만한 서쪽과 남쪽 산록에 집중적으로 나타나 넓게 초지대를 만든다〈그림 3〉. 그러나 이곳에서도 북향사면과 하곡사면에는 구상나무의 교목림이 출현하는데, 초지의 분포는 일사로 인한 건조현상이나 바람의 영향 때문인 것으로 추정하고 있다(김문홍·김한수, 1985).

제3장 한라산 아고산대의 온도특성

제1절 백록담 서북벽에서의 암온

백록담 서북벽 표고 1,860m 지점에서 2006년 11월부터 2008년 4월까지 18개월간 관측한 암벽의 표면온도는 계절적 변화와 향별 차이를 잘 보여준다〈그림 4〉. 남서향(S40°W) 암벽에서는 2006년 11월 15일~2007년 4월 18일, 2007년 11월 11일~2008년 4월 1일 그리고 북동향(N25°E) 암벽에서는 2006년 11월 7일~2007년 4월 19일, 2007년 11월 2일~2008년 4월 26일 기간에 일평균암온은 대체로 0℃ 이하이다. 일시적으로 기온

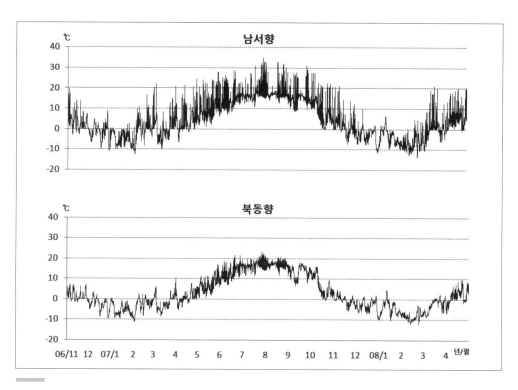

<그림 4> 백록담 서북벽에서의 향별 암온 변화(김태호, 2012)

이 회복되어 0℃를 오르내리기도 하나 이 기간이 계절적 동결기에 해당하며, 암벽 내부 깊숙이 동결이 진행된 것으로 보인다.

　남서향 암벽에서의 월평균암온은 2007년 7월의 17.7℃가 가장 높고, 2008년 2월의 -7.2℃가 가장 낮아 연교차는 24.9℃이다. 일평균암온은 2007년 7월 28일의 21.6℃가 가장 높고, 2008년 1월 1일의 -10.8℃가 가장 낮다. 북동향 암벽에서의 월평균암온은 2007년 8월의 16.9℃가 가장 높고, 2008년 2월의 -8.4℃가 가장 낮아 연교차는 25.3℃이다. 일평균암온은 2007년 7월 26일의 19.0℃가 가장 높고, 2008년 2월 13일의 -11.2℃가 가장 낮다. 암온의 최대 일교차는 남서향 암벽에서는 2007년 4월 28일의 22.5℃, 북동향 암벽에서는 2007년 6월 20일의 10.5℃로 북동향 암벽보다 남서향 암벽에서 크다.

관측일 547일을 동결일, 동결융해일, 비동결일로 구분하여 날짜별로 표시하면 〈그림 5〉와 같다. 동결일은 최고암온 0℃ 이하인 날이며, 비동결일은 최저암온 0℃ 이상인 날이다. 동결융해일은 최고암온 0℃ 이상, 최저암온 0℃ 이하인 날이다. 동결일은 남서향 암벽 117일, 북동향 암벽 213일로 북동향 암벽에서 96일 더 많고, 비동결일은 남서향 암벽 299일, 북동향 암벽 243일로 남서향 암벽에서 56일 더 많다. 동결융해일은 남서향 암벽이 131일로 91일의 북동향 암벽보다 40일 더 많이 발생했다.

대체로 비동결 상태인 5월부터 10월까지를 제외한 2006년 11월부터 2007년 4월까지 동결융해일은 남서향 암벽에서 68일, 북동향 암벽에서 50일 발생했다. 2007년 11월부터 2008년 4월까지 같은 기간에는 남서향 암벽에서 62일, 북동향 암벽에서 39일 발생하여 횟수는 연도에 따라 달라지나 북동향 암벽보다 남서향 암벽에서 더 자주 발생했다.

동결일은 2006년도 동결기에는 남서향 암벽에서 53일, 북동향 암벽에서 99일이며, 2007년도 동결기에는 남서향 암벽에서 64일, 북동향 암벽에서 114일로 북동향 암벽에서 더 많이 발생했다. 또한 최대 동결지속일은 남서향 암벽에서는 2008년 1월 14일부터 2월 18일까지 36일인 반면 북동향 암벽에서는 2008년 1월 13일부터 3월 14일까지 62일로 2개월 이상 일별 최고암온이 0℃를 넘지 않는다.

암온이 0℃를 사이에 두고 오르내리는 변화주기를 가리키는 동결융해주기는 남서향 암벽에서는 2006년 11월 7일부터 2007년 4월 19일까지 50회, 다시 2007년 10월 21일부터 2008년 4월 26일까지 46회로 전부 96회 발생했다. 북동향 암벽에서는 2006년 11월

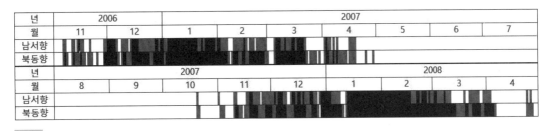

〈그림 5〉 관측일별 동결, 동결융해 및 비동결 상태(김태호, 2012) ■동결일 ■동결융해일 □비동결일

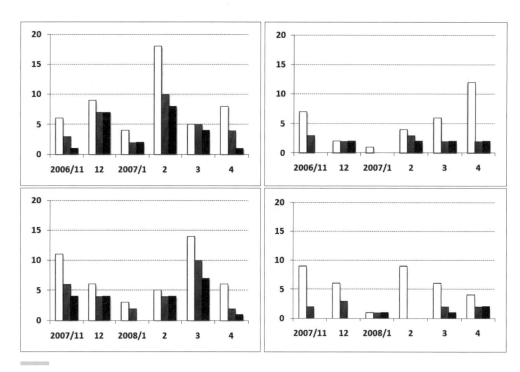

<그림 6> 월별 동결융해주기의 빈도(김태호, 2012) □ ±0℃ ■ ≥+1℃~≤-1℃ ■ ≥+2℃~≤-2℃

8일부터 2007년 4월 29일까지 32회, 다시 2007년 10월 21일부터 2008년 4월 27일까지 28회로 전부 60회 발생했다. 월별로는 남서향 암벽에서는 23회의 2월과 19회의 3월에 빈도가 높은 반면 북동향 암벽에서는 16회씩을 기록한 4월과 11월이 높다<그림 6>.

〈그림 6〉에는 암석의 동결파쇄에 더 효과적인 것으로 생각되는 유효 동결융해주기의 빈도도 함께 표시했는데, +1℃ 이상에서 -1℃ 이하로 내려갔다가 다시 +1℃ 이상으로 올라오는 경우(Lewkowicz, 2001)와 +2℃ 이상에서 -2℃ 이하로 내려갔다가 다시 +2℃ 이상으로 올라오는 경우(Matsuoka, 1990)의 두 주기가 사용되고 있다. 남서향 암벽과 북동향 암벽에서 암온변화가 ≥+1℃~≤-1℃인 유효 주기는 59회와 22회, ≥+2℃~≤-2℃인 유효 주기는 43회와 12회 발생했다.

동결융해작용은 기온의 일변화에 대응하여 출현하는 일주기성과 여름철에는 미동결 상태이나 겨울철에는 지속적으로 동결된 상태를 보이는 연주기성으로 구분한다(松岡, 1992; Matsuoka and Murton, 2008). 백록담 서북벽에서 일주기성 동결융해는 북동향 암벽보다 남서향 암벽에서 더 자주 발생하며, 이런 경향은 유효 주기에서도 나타나 ≥+1℃~≤-1℃인 경우에는 37회, ≥+2℃~≤-2℃인 경우에는 31회 더 많이 발생했다. 따라서 동결융해주기의 빈도만 놓고 보면 일주기성 동결융해에 의한 동결파쇄는 북동향 암벽보다 남서향 암벽에서 더 활발한 것으로 보인다.

일주기성 동결융해는 남서향 암벽에서는 2월과 3월에, 북동향 암벽에서는 11월과 4월에 집중적으로 발생했다. 동결강도가 큰 북동향 암벽에서는 1월과 2월에 동결일이 지속되므로 일주기성 동결융해가 거의 발생하지 않는 반면 동결융해일이 자주 출현하는 11월과 4월에는 일주기성 동결융해도 발생하기 쉽다. 또한 동결강도가 상대적으로 작은 남서향 암벽에서는 2월에도 일주기성 동결융해가 자주 발생하는 반면 11월과 4월에는 비동결일의 출현이 늘어 향별로 달라지는 암벽의 온도환경이 일주기성 동결융해의 발생시기에 반영되고 있다.

남서향 암벽에서는 11월 중순부터 4월 중순까지, 북동향 암벽에서는 11월 초순부터 4월 하순까지 0℃ 이하의 암온이 지속되는 계절적 동결기가 출현하여 연주기성 동결융해를 확인할 수 있다. 0℃ 이하 암온의 적산치로 구한 동결지수는 남서향 암벽보다 북서향 암벽에서 더 높으므로 겨울철 암온의 저하량은 북서향 암벽에서 더 크다. 따라서 남서향 암벽보다 북동향 암벽에서 내부 더 깊숙이 동결이 진행되는 것으로 보인다.

동결파쇄를 일으키는 최적의 온도범위는 -3℃~-10℃로 알려져 있다(Anderson, 1998). 백록담 서북벽에서 일주기성 동결융해는 남서향 암벽에서 더 많이 발생하지만 동결일수는 북동향 암벽이 96일 더 많고 동결 지속시간도 더 길다. 동결파쇄의 최적온도 기준점인 -3℃ 이하의 지속시간을 비교하면 남서향 암벽 2,684시간, 북동향 암벽 3,622시간으로 북동향 암벽에서 938시간 더 길다. 월별 지속시간도 항상 북동향 암벽이 더 길어 상대적으로 적은 일주기성 동결융해에도 불구하고 동결강도는 북동향 암벽에서 더 큰 것으로 보인다〈그림 7〉.

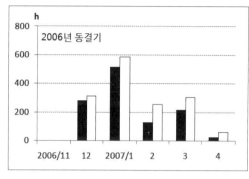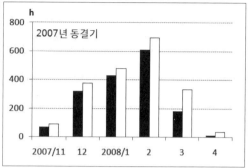

〈그림 7〉 월별 -3℃ 이하의 동결 지속시간(김태호, 2012) ■ 남서향 암벽 □ 북동향 암벽

제2절 왕석밭 완사면에서의 기온과 지온

　　왕석밭 남서쪽 완사면의 표고 1,710m에 위치하는 나지에서 2010년 10월 23일부터 2011년 5월 22일까지 7개월간 관측한 기온과 지온은 계절적 동결기를 잘 보여준다〈그림 8〉. 지상 55㎝ 높이에서의 평균기온은 -0.1℃이며, 월평균기온이 가장 낮은 달은 12월로 -4.8℃이다. 최저 일평균기온은 12월 25일 관측된 -12.6℃이며, 시간별로는 동일 오전 4시와 5시에 관측된 -14.1℃이다. 일평균기온이 영하를 기록한 첫날은 10월 28일, 마지막날은 4월 28일이다. 대체로 0℃ 이하의 일평균기온이 지속되는 이 기간이 계절적 동결기로 12월부터 3월까지 4개월간의 평균기온은 -2.5℃이다.

　　깊이별 평균지온은 2㎝ 1.8℃, 10㎝ 2.6℃, 20㎝ 3.2℃이며, 최저 월평균지온은 2㎝ 깊이에서는 1월의 -0.3℃인 반면 10㎝와 20㎝ 깊이에서는 3월로 0.1℃ 및 0.5℃이다. 2㎝ 깊이에서는 1월부터 3월까지 월평균지온이 0℃ 이하이다. 최저 일평균지온은 2㎝ 깊이에서는 12월 30일의 -1.5℃, 10㎝ 깊이에서는 4월 10일의 -0.1℃, 20㎝ 깊이에서는 4월 8일부터 13일까지 연속 관측된 -0.2℃이다. 일평균지온이 처음 영하로 내려간 날은 2㎝ 깊이에서는 11월 29일, 10㎝ 깊이에서는 2월 28일, 20㎝ 깊이에서는 4월 7일로 지중으로 내려갈수록 늦어지고 있다.

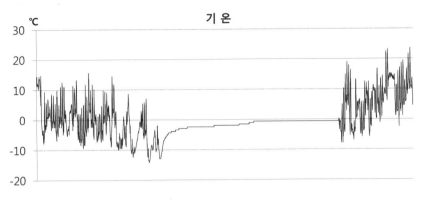

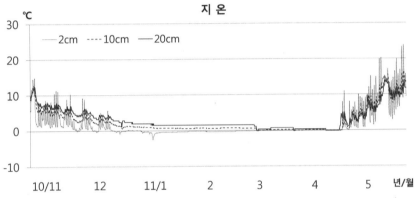

〈그림 8〉 왕석밭 완사면에서의 기온 및 지온 변화(김태호, 2013)

년	2010			2011				
월	10	11	12	1	2	3	4	5
55cm								
-2cm								
-10cm								
-20cm								

〈그림 9〉 관측일별 동결, 동결융해 및 비동결 상태(김태호, 2013)
■동결일 ■동결융해일 □비동결일

〈그림 9〉는 관측일 212일을 동결일, 동결융해일 및 비동결일로 구분하여 날짜별로 동결 상태를 나타낸 것이다. 기온의 경우에는 동결일 120일, 동결융해일 58일, 비동결일 34일이다. 동결일은 10월 26일 처음 발생한 후 10월과 11월에는 1회씩이나 12월에는 17회로 증가한다. 12월 24일부터 4월 9일까지 107일간 동결일이 지속되며, 이후 4월 19일까지 3회 더 발생했다.

동결융해일은 10월 25일 처음 발생하여 10월 4회, 11월 26회, 12월 13회로 증가한다. 이후 4월 10일 다시 발생하여 4월 13회, 5월 2회 관측되었다. 마지막 발생일은 5월 15일이다. 반면에 비동결일이 2010년도에 마지막으로 관측된 것은 12월 13일이며, 2011년도에 다시 관측된 것은 4월 15일이므로 122일간 비동결일이 나타나지 않았다.

지중 2㎝ 깊이에서는 동결일 118일, 동결융해일 17일, 비동결일 77일이다. 동결융해일이 11월 18일 처음 출현하여 11월 5회, 12월 10회로 증가한다. 12월 24일 이후 다시 발생한 것은 4월 16일이며 4월 20일이 마지막이다. 동결일은 11월 29일 처음 발생하여 12월 24일까지 3회 나타났고, 12월 25일부터 4월 15일까지 전부 112일간 지속되었다.

지중 10㎝ 깊이에서 동결융해일이 처음 관측된 것은 2월 27일이며, 이후 3월과 4월에 동결일을 전후로 각각 5회씩 발생했다. 동결일은 2월 28일 처음 발생하여 3월 3일까지 4일간 연속으로 나타났고, 이후 3월 21일부터 25일까지 그리고 4월 7일부터 14일까지 각각 5일, 8일간 연속으로 나타났다. 지중 20㎝ 깊이에서 동결융해일은 2월 27일 처음으로 그리고 4월 14일 마지막으로 관측되었다. 동결일은 4월 8일 처음 발생한 후 6일간 연속하여 동결일이 관측되었고 4월 13일을 마지막으로 더 이상 나타나지 않았다.

〈그림 10〉은 기온과 지온이 0℃를 사이에 두고 오르내리는 동결융해주기의 월별 발생횟수를 나타낸 것이다. 지상 55㎝ 높이에서는 처음 발생한 2010년 10월 27일부터 마지막 발생한 2011년 5월 15일까지 전부 72회 관측되었다. 월별로는 2010년 11월 39회, 12월 16회, 2011년 4월 12회 순이다. 기온에 의한 동결융해주기는 대부분 일일 주기로 발생하나 2010년 11월의 발생횟수에서도 확인할 수 있듯이 하루에 2~3회 발생하는 경우도 나타난다.

지중 2㎝ 깊이에서는 17회의 동결융해주기가 관측되었는데, 15회는 12월 하순 전에

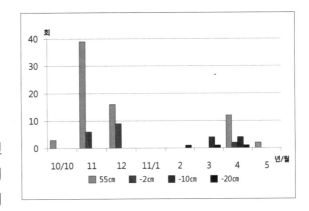

〈그림 10〉 월별 동결융해주기의 빈도
(김태호, 2013)

출현하여 융해진행기보다 동결진행기에 동결융해가 활발하게 일어나고 있다〈그림 10〉. 동결융해주기의 발생횟수는 지상과 지중 간에 차이가 크고, 지중에서도 깊이별로 크게 달라져 10㎝ 깊이에서는 8회, 20㎝ 깊이에서는 3회에 불과하다. 동일한 장소일지라도 동결융해주기의 빈도가 수직적으로 크게 달라지는 것을 고려하면 주빙하지형의 형성에 대한 논의에 기온이 절대적인 지표가 된다고 보기는 어렵다.

기온에 의한 일주기성 동결융해는 11월, 12월, 4월에 집중적으로 발생하며, 횟수는 차이가 크나 지온에 의한 일주기성 동결융해도 비슷한 시기에 발생하고 있다〈그림 10〉. 그러나 기온과 지중 2㎝ 깊이에서의 동결융해는 일일 주기의 경향을 보이는 반면 10㎝와 20㎝ 깊이에서 관측된 동결융해는 주기가 길어 4월에 발생한 주기는 각각 9일과 7일에 달한다. 지중에서 일주기성 동결융해가 발생하는 깊이는 토양의 수분조건에 따라 달라질 수 있으나 보통 5~10㎝이며, 최대 20㎝ 정도로 알려져 있다(Fahey, 1973; 松岡, 1991). 지중 2㎝ 깊이에서 관측된 일일 주기의 동결융해가 10㎝ 깊이에서는 출현하지 않는 것으로 보아 일주기성 동결융해가 발생하는 심도는 매우 얕은 것으로 보인다.

일평균기온은 10월 말부터 이듬해 4월 말까지 6개월간 대체로 0℃를 밑돈다. 지중에서도 2㎝ 깊이에서는 12월 중순부터 4월 중순, 10㎝ 깊이에서는 2월 말부터 4월 중순, 20㎝ 깊이에서는 4월 초순부터 중순까지 깊어질수록 출현시기가 늦어지고 출현기간은 짧아지고 있으나 대체로 0℃를 밑도는 계절적 동결기가 출현하여 연주기성 동결융해를 확인할 수 있다. 일평균지온이 영하로 내려간 일수는 2㎝ 깊이에서는 121일이나 10㎝ 깊이에서는 19일, 20㎝ 깊이에서는 8일로 감소한다. 연주기성 동결융해에 따른 지중의 동결심도는 표층의 열전도율을 결정하는 지표물질의 조건뿐 아니라 추위의 강도에 따라 크게 달라진다. 4월 10일을 전후로 지중 20㎝ 깊이에서도 영하의 지온이 관측되는 것으로 보아 동결심도가 20㎝는 상회하나 지표면의 적설로 인해 비슷한 기온의 다른 지역보다는 작은 편이다.

2011년 1월 초순부터 4월 초순까지 기온은 일교차가 거의 없이 0℃ 이하를 유지하며 서서히 상승하고 있다. 4월 10일부터 다시 일교차가 커지고 있는데, 1월부터 본격적으로 눈이 쌓여 4월 초순까지 55㎝ 이상의 적설심을 유지한 것으로 보인다〈그림 11〉. 12월 중순 이후 일변화를 거의 보이지 않던 지온도 4월 16일 이후에는 급격히 상승하면서 기온의 일변화에 상응하고 있다. 따라서 4월 16일을 적어도 지표면에서 눈이 전부 사라진 날로 볼 수 있다(近藤·山崎, 1987; Körner and Pausen, 2004).

눈은 높은 단열효과를 갖고 있으므로 동결기의 적설은 지표면으로부터 열손실을 막아준다. 따라서 적설량이 50㎝를 넘게 되면 지온에 미치는 기온의 영향은 크지 않다(Williams and Smith, 1989). 한라산 아고산대에서는 보통 12월 초순부터 눈이 쌓이기 시작하여 하순에는 대부분 눈으로 덮인다. 지중 2㎝ 깊이에 해를 넘기는 계절적 동토층이 형

〈그림 11〉 왕석밭 완사면 일대의 적설 분포(2010. 3. 19.)

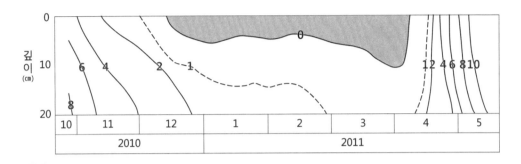

〈그림 12〉 지중 깊이별 지온 분포(김태호, 2013) 등온선은 10일 평균지온을 토대로 작성했음.

성되는 것은 12월 하순이지만, 이후 지표면이 본격적으로 눈에 덮이게 되면서 지표면으로부터 열손실이 차단되므로 동결전선의 하강도 느리게 진행되어 1월 초에도 약 5cm 깊이까지지밖에 내려가지 못한다. 더욱이 1월부터는 적설량이 많아지므로 동결전선은 더 하강하지 못하고 2월까지 5cm 전후의 깊이에 정체되어 있는 상태이다〈그림 12〉.

그러나 다설지역에서는 계절적 동결기 후반에 지중온도가 점차 낮아지는 사례가 많은데(Kariya, 1996; 小橋, 2006), 3월 초순부터 동결전선이 다시 하강하여 3월 말~4월 초에는 깊이 10cm까지 도달한다. 4월 7일부터 14일까지 20cm 깊이에서도 영하의 온도가 관측되는 것으로 보아 최대동결심은 20cm를 넘는다. 백록담 화구저에서도 4월 하순에 높이 24cm의 유상구조토 꼭대기부터 16cm 깊이까지는 융해되었으나 43cm 깊이까지는 동결된 상태였다(김태호, 2001). 따라서 동결기에 지표면이 눈으로 덮이지 않는 장소를 제외하면 한라산 아고산대에서의 최대동결심은 20cm를 약간 상회할 것으로 보인다.

4월 중순 지표면에서 눈이 완전히 사라지면 동토층도 융해되기 시작하는데, 이미 일평균기온이 높아진 상태이므로 융해전선의 하강속도도 빨라 4월 14~16일 사이에 동토층은 전부 사라졌다. 지표면의 소설과 함께 계절적 동토층이 급속하게 융해되는 현상은 적설량이 많은 바람의지 사면에서 잘 나타난다(Kariya, 1996; 澤口·小疇, 1998). 따라서 적설량이 많아 융해진행기에도 잔설로 덮여 있는 사면에서는 융해진행기보다는 동결진행기에 주빙하 프로세스가 더 탁월하게 진행된다.

제4장 한라산 아고산대의 주빙하 지형프로세스

제1절 유상구조토의 붕괴

백록담 분화구에는 유상구조토(thufur)가 분포하고 있다. 유상구조토는 미분급의 다각구조토나 환상구조토의 일종으로 반구 모양의 미지형이다. 내부는 세립질 토양으로 구성되어 있고 표면은 초본식물이나 관목 등의 식생으로 덮여 있다. 주빙하지형 가운데 형성 가능한 범위가 가장 넓은 지형으로 영구동토지역뿐 아니라 계절적 동토지역에도 광범위하게 분포하고 있으며, 분포의 기후학적 한계는 6℃의 등온선으로 추정하고 있다(小疇 외, 1974: Washburn, 1980).

백록담 분화구의 유상구조토는 0.68개/㎡로 발달하며 5m 길이의 측선을 따라 4~5개의 마운드가 20~40㎝ 간격으로 분포하고 있다. 반구 모양의 표면은 김의털, 한라부추 등의 초본식물로 덮여 있고 눈향나무, 시로미 등의 관목도 나타난다. 유상구조토의

〈그림 13〉 백록담 분화구의 유상구조토

평면형태는 타원형이 탁월하여 장경 42~200㎝, 단경 41~172㎝로 장경이 단경보다 약 1.5배 크다. 높이는 9~27㎝로 장경이 커질수록 마운드는 높아진다(김태호, 2001)〈그림 13〉.

유상구조토의 내부 단면은 두께 1~5㎝의 매트와 같은 초본식물 근계가 마운드 외곽을 차지하며, 그 아래에 토색으로 구분되는 두 토층이 나타난다. 상부는 자갈이 거의 보이지 않는 암갈색 토층인 반면 하부는 세력을 많이 포함하는 갈색 토층이다. 또한 내부 단면에는 동결교란된 것으로 보이는 불규칙한 토층구조도 나타난다.

동결진행기에 유상구조토는 마운드 정상으로부터 동결이 진행되나 향에 따라 동결 속도에 차이가 나타난다. 겨울철에 유상구조토는 콘크리트와 같이 단단히 동결되며, 마운드를 덮고 있는 근계 매트와 암갈색 토층 상부에 걸쳐 두께 6~10㎝의 동결층이 형성된다. 동결층의 위쪽은 토양입자가 전혀 포함되어 있지 않은 순수한 빙정의 결합체이나 아래쪽으로 내려갈수록 얼음의 함량은 줄어들고 토양입자가 많아지면서 동결층은 불연속적인 모습을 보인다. 동결층은 3월 중순부터 융해되기 시작한다. 4월 하순에 마운드 상부는 대부분 해빙되나 여전히 얼어 있는 하위 갈색 토층도 보인다(Kim, 2008)〈그림 14〉.

유상구조토 가운데는 마운드 정상부에 원형이나 타원형의 형태로 식생이 벗겨져 있거나 마운드의 일부 또는 전부가 파괴되어 나지의 패치를 만들기도 한다. 특히 정상부에 토층이 노출하는 마운드를 프로스트 스카(frost scar)라고 불러 유상구조토와 구분한 Billings and Mooney(1959)는 프로스트 스카를 유상구조토가 형성된 이후에 나타나는 붕괴 과정의 한 단계로 해석하고 있다.

백록담 분화구에서도 유상구조토의 붕괴단계를 보여주는 마운드들이 관찰되는데, 우선 마운드 정상에 초기의 작은 나지가 생기면 이 나지로부터 표층의 토양입자가 제거되면서 요형의 미지형으로 발달한다. 요형의 나지는 옆으로 점차 확대될 뿐 아니라 표층의 암갈색 토층이 사라지면서 아래쪽으로도 깊어져 화구와 같은 형태로 변하며 결국 마운드의 해체로 이어지게 된다. 침식속도의 차이로 일시적으로 나지 표면에 계단 모양의 미지형이 출현하기도 하며, 나지 내부에는 식생피복의 일부가 남아 있기도 한다. 그러나 토양입자의 지속적인 제거와 동결작용으로 인해 나지의 미기복과 식생은 전부 사라지게 된다. 이런 유상구조토의 붕괴과정은 비가역적으로 진행되고 있다〈그림 15〉.

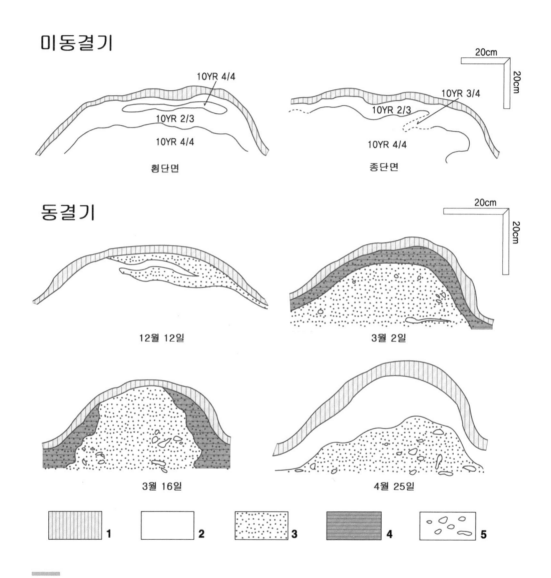

미동결기

10YR 4/4
10YR 2/3
10YR 4/4
횡단면

20cm
20cm
10YR 3/4
10YR 2/3
10YR 4/4
종단면

동결기

12월 12일

20cm
20cm

3월 2일

3월 16일

4월 25일

1   2   3   4   5

〈그림 14〉 유상구조토의 내부단면(Kim, 2008) 1. 식물 근계 2. 미동결토 3. 동결토 4. 얼음층 5. 아이스렌즈

〈그림 15〉 유상구조토의 붕괴단계

　유상구조토의 붕괴는 동결작용과 밀접한 관련을 갖고 있다. 영구동토지대에서는 동결전선의 압박으로 인해 구조토 내부의 미동결 부분에 작용하는 동결압에 의해 구조토가 파괴될 수 있다(Crampton, 1977). 반면에 계절적 동토지역에서는 동결압으로 인한 유상구조토의 파괴에 관한 사례는 없으나 서릿발과 관련된 동결작용이 마운드의 해체로 이어질 수 있다(Grab, 1994).

　유상구조토가 분포하고 있는 백록담 분화구 일대는 동결작용이 비교적 활발하게 일어나고 있는 장소로 동결이 진행되면 토양 중의 수분은 모세관현상에 의해 지표면으로 상승하게 된다. 그리고 이 과정에서 수분이 0℃ 이하의 층에 도달하면 지표면에 대해 수직방향으로 가늘고 길게 늘어선 서릿발로 변하게 된다. 지표면 부근에 발생한 서릿발은 표층을 들어올려 토층을 교란시킬 뿐 아니라 토양입자를 이완시켜 초지의 훼손을 초래한다.

　백록담 분화구에서도 유상구조토를 덮고 있는 식생피복이 제거되어 토층이 노출되면 서릿발이 쉽게 발생하여 마운드 정상부 나지의 확대를 초래한다. 특히 동결진행기와 융해진행기에는 일주기성 동결융해가 빈번하게 발생하고 있을 뿐 아니라 융해진행기에는 유상구조토의 토층이 높은 함수비를 갖게 되므로 서릿발의 출현을 조장한다.

　서릿발과 더불어 유상구조토의 붕괴에 영향을 미치는 요인으로 바람을 들 수 있다. 토양입자가 바람에 날려감으로써 진행되는 취식은 강풍 환경에 놓여 있는 고산대의 초지훼손에 매우 중요한 요인으로 간주되고 있는데, 유상구조토의 표층을 이루는 암갈색 토는 세립질 입자가 61.8%를 차지하고 있으므로 취식을 받기 쉽다. 마운드 정상에 형성된 오목한 형태로 나지 표면은 대부분 자갈로 덮여있는 것으로 보아 세립질 입자를 제거할 수 있는 바람이 부는 것으로 생각된다.

1980년대부터 시작된 보호활동으로 인해 한라산 아고산대에는 노루가 높은 밀도로 서식하고 있다. 유상구조토를 덮고 있는 식생이 노루에 밟혀 벗겨지면 마운드 정상에 작은 나지가 생길 수 있고, 이어지는 서릿발작용과 취식작용에 의해 유상구조토의 초기 붕괴단계로 발전할 수 있다. 동물의 답압에 의한 유상구조토의 붕괴는 가축의 방목이 이루어지고 있는 아이슬란드의 초지대에서도 보고되고 있다(Van Vliet-Lanoë et al., 1998).

제2절 표층자갈의 동상포행

왕석밭 남서쪽 표고 1,710m의 완사면에 출현한 나지에서 표층자갈에 페인트라인을 설치하여 2006년 11월부터 2007년 7월까지 약 9개월간 관측한 자갈의 이동량은 표층자갈이 특정시기에 집중적으로 이동하고 있음을 보여준다. 평균경사 7.6°의 남서향 사면을 따라 발달한 길이 26m, 폭 12m의 나지 표면은 대부분 각력으로 덮여 있고 직경 60㎝에 이르는 암괴도 산재한다. 제주조릿대와 경계를 이루고 있는 나지 하단에는 자갈과 암괴가 밀집하여 솔리플럭션 로브의 모습을 만들고 있다.

관측기간 자갈의 총 이동량은 나지 아래쪽에 설치한 측선 I 에서는 42.6㎝, 위쪽에 설치한 측선 II 에서는 73.7㎝이며, 일평균 이동거리는 측선 I 0.16㎝, 측선 II 0.34㎝이다. 시기별로 비교하면 동결기에 해당하는 11월 3일부터 5월 7일까지의 이동량은 측선 I 에서는 39.7㎝, 측선 II 에서는 71.7㎝이다. 동기간의 일수는 185일이므로 일평균 이동거리는 0.21㎝와 0.39㎝이다. 반면에 5월 7일부터 7월 31일까지 비동결기 85일간의 이동량은 측선 I 에서는 2.9㎝이고, 6월 11일까지만 관측한 측선 II 에서는 2.0㎝이다. 일평균 이동거리는 각각 0.03㎝와 0.06㎝에 불과하여 동결기에 비해 이동속도가 매우 느리다〈표 1〉.

<표 1> 표층자갈의 이동량(김태호, 2010)

날짜	측선 I		측선 II	
06. 12. 10.	15.9		24.6	
06. 12. 17.	-		8.1	
07. 04. 02.	14.3	39.7(0.21)	18.8	71.7(0.39)
07. 05. 07.	9.5		20.2	
07. 06. 11.	1.6		2.0	
07. 07. 31.	1.3	2.9(0.03)	-	2.0(0.06)
총 이동량	42.6(0.16)		73.7(0.34)	

※단위는 ㎝이며 괄호 안은 일평균 이동량

고산지역의 완사면에서 일어나는 조립질 암설이동에는 주빙하성과 비(非)주빙하성 프로세스가 모두 관여하는데, 비주빙하성 프로세스로는 강우 시 발생하는 지표류의 우세가 중요하다. 관측 나지에서도 지표면에 발달한 릴을 통해 자갈의 이동에 지표류가 관여하는 사실을 확인할 수 있다. 그러나 지표류가 출현하지 않은 곳에서는 자갈들이 움직이지 않아 우세로 인한 자갈의 이동은 매우 편재되어 있는데, 이는 비주빙하성 프로세스가 사면에 선적으로 작용하고 있기 때문이다.

주빙하성 프로세스가 활발해지는 계절적 동결기에는 모든 장소에서 자갈이 움직이고 있는데, 이는 주빙하성 프로세스가 면적으로 작용하고 있기 때문이다. 두 프로세스가 탁월하게 일어나는 시기별로 일평균 이동거리를 비교하면 비주빙하성 프로세스의 0.05㎝에 비해 주빙하성 프로세스는 0.3㎝에 달해 주빙하성 프로세스가 훨씬 광범위하고 효율적으로 지표면을 삭박하고 있다. 관측 나지에서는 주빙하성 프로세스가 사면발달을 주도하는 프로세스라고 할 수 있다.

동결심도가 깊지 않은 주빙하지역 사면에서 가장 광범위하게 발생하는 매스무브먼트는 동상포행이다(Washburn, 1980; 小疇, 1983). 동상포행(frost creep)은 동결되어 사면에 직각방향으로 솟아오른 표층물질이 융해되면 연직방향으로 내려앉으면서 발생하는 느린

이동양식이다. 같은 방식으로 서릿발이 주도하는 서릿발포행도 동상포행에 포함된다 (小野, 1978).

〈그림 16〉은 표층자갈들을 들어올린 서릿발의 모습과 서릿발의 한쪽이 먼저 녹으면서 자갈이 앞쪽으로 기울어진 모습이다. 사면 아래쪽을 향한 부분이 먼저 떨어지면서 뒷부분이 들려 반쯤 회전한 모습이다. 이런 프로세스는 서릿발에 들린 자갈이 단순히 연직방향으로 내려앉았을 때보다 이동거리가 더 길다(相馬 외, 1979). 관측 나지에서는 동결기에 서릿발에 들린 표층자갈이 쉽게 관찰되어 서릿발포행을 비롯한 동상포행이 표층의 물질이동을 주도하고 있는 것으로 보인다.

동결기에 발생하는 표층물질의 이동속도는 표층물질의 물성, 수분 함량, 동결 양식, 동결융해의 빈도, 동상량 등 다양한 요인의 영향을 받는다(小疇, 1983). 관측기간에 발생한 동결융해일은 75일이며, 특히 4월과 11월에는 각각 19일, 18일로 동상포행에 유리한 하루 또는 수일 주기의 동결융해가 빈번하게 발생했다. 또한 관측 나지의 토양은 실트 함량이 46.6%인데, 세립질 토양은 공극이 작아 동결이 진행될 때 높은 공극수압을 유지하므로 아이스렌즈나 서릿발의 석출에 유리하다(French, 2007). 관측된 빠른 표층자갈의 이동속도는 이런 요인들이 복합적으로 작용한 결과이다.

동결기를 동결진행기(11월 3일~12월 10일)와 융해진행기(4월 2일~5월 7일)로 구분하면 동

〈그림 16〉 서릿발에 들린 자갈들과 서릿발의 융해로 떨어지면서 회전한 자갈

결진행기에는 측선 I 15.9㎝, 측선 II 24.6㎝로 평균값은 20.3㎝이다. 반면에 융해진행기에는 측선 I 9.5㎝, 측선 II 20.2㎝로 평균값은 14.9㎝이다. 관측일수 37일과 35일을 기준으로 구한 일평균 이동거리는 0.55㎝와 0.42㎝로 동결진행기의 이동거리가 융해진행기보다 1.3배 정도 크다〈표 1〉.

계절적 동결기의 시기에 따라 자갈의 이동속도가 달라지는 것은 각 시기에 발달하기 쉬운 서릿발 유형이 다르기 때문이다. 서릿발은 지표로 석출되어 투명한 얼음으로만 만들어진 서릿발, 지중에서 석출되어 위에 토양입자가 얹혀있는 서릿발, 지표로 석출되었으나 얼음 속에 토양입자가 들어있는 서릿발로 유형화하며, 물질이동에 가장 효과적인 서릿발은 두 번째 유형이다(小野, 1983).

토양수분이 과포화 상태이거나 동결전선이 지표면 부근에서 정체할 때 세 번째 유형의 서릿발이 잘 발생하는데(東, 1981; 小野, 1983), 융해진행기에는 동토가 녹아 수분이 공급되므로 지표 부근은 과포화가 되기 쉽다. 또한 낮에 기온이 많이 상승하여 밤에 기온이 크게 떨어지기 어려워 동결전선이 지표면 부근에 정체하기 쉽다(澤口·小疇, 1998). 따라서 기온이 큰 폭으로 내려가는 데다 지표도 포화되기 어려운 동결진행기에는 주로 두 번째 유형의 서릿발이 발생하므로 융해진행기보다 표층자갈의 이동량이 큰 것으로 보인다.

한편, 小疇(1983)에 의하면 주빙하지역에서 관측된 표층자갈의 연평균 이동량은 수㎝~수십㎝이므로 한라산 아고산대에서의 이동량은 매우 큰 편인데, 이는 표층자갈의 성질이 작용한 결과이다. 관측 나지의 표면을 덮고 있는 자갈 가운데 적색 스코리아 암편이 차지하는 비율은 74%에 달한다. 다공질의 스코리아는 체적에 비해 매우 가벼워 비중이 황갈색 스코리아 1.31, 적색 스코리아 1.7, 흑색 스코리아 1.9에 불과하다. 작은 자갈과 똑같이 가벼운 자갈도 서릿발에 의해 쉽게 들리므로 서릿발포행이나 동상포행에 유리하다. 따라서 표층자갈의 가벼운 성질이 빠른 암석포행으로 이어진 것으로 보인다.

제5장 맺음말

본래 주빙하지역은 쾨펜의 기후지역과 달리 기후학적으로 엄밀하게 정의된 지역이 아니다. 그러나 French(2007)는 주빙하 환경을 동결작용이라는 단순한 정의에 근거하여 경험적인 경계조건으로 연평균기온 3℃ 이하의 모든 지역을 주빙하지역으로 제시하고 있다. 이 정의를 따르면 동결작용이 탁월한 지역뿐 아니라 주빙하적 성질로 볼 때 그 주변부에 해당하는 지역도 모두 포함하므로 주빙하지역의 최대범위를 가리키는 기준이라고 할 수 있다. 주빙하지역은 다시 동결작용이 탁월한 연평균기온 -2℃ 이하의 지역과 동결작용은 일어나지만 탁월하지 않은 연평균기온 -2℃~3℃의 지역으로 구분된다(French, 2007).

따라서 기온만 놓고 보면 한라산 아고산대는 주빙하지역의 경계조건을 만족시키지 못하는 지역이라고 할 수 있다. 그러나 Oguchi and Tanaka(1998)가 서남일본과 함께 한반도 남부지역을 역외(extrazonal) 주빙하지역으로 분류한 것에서 볼 수 있듯이 대륙의 동안지역에는 동안기후 특유의 한랭한 겨울로 인해 연평균기온만으로 판단하기 어려운 주빙하지역이 나타난다고 할 수 있다.

실제로 백록담 서북벽의 암벽면에서 관측한 암온특성과 왕석밭 완사면의 나지에서 관측한 기온과 지온특성을 통해 주빙하 지형프로세스와 밀접하게 관련된 동결융해주기의 빈도와 발생시기, 암온 저하량, 계절적 동토층의 분포와 동결심도 등을 확인할 수 있다. 또한 백록담 분화구 바닥에서 관찰한 유상구조토와 마운드의 붕괴과정 그리고 왕석밭 완사면 나지에서 관측한 표층자갈의 이동속도를 통해서도 동결교란작용, 서릿발작용, 동상포행 등 주빙하성 프로세스가 진행되고 있는 사실도 확인할 수 있다.

이와 같이 한라산 아고산대에서 관찰되는 다양한 주빙하성 현상들은 한라산이 우리나라 가장 남쪽에 위치하고 있음에도 불구하고 산정 일대의 아고산대는 활발한 동결작용을 일으키는 주빙하 환경에 놓여 있음을 잘 보여주고 있다.

공우석, 1999, 〈한라산의 수직적 기온 분포와 고산식물의 온도적 범위〉, 《대한지리학회지》 34, 385-393.

공우석, 2007, 《생물지리학으로 보는 우리 식물의 지리와 생태》, 지오북.

권혁재, 1999, 《지형학》, 법문사.

김도정, 1970, 〈한라산의 구조토 고찰〉, 《낙산지리》 1, 3-10.

김찬수·김문홍, 1885, 〈한라산 아고산대 초원 및 관목림의 식물사회학적 연구〉, 《한라산천연보호구역 학술조사보고서》, 311-330.

김태호, 2001, 〈한라산 백록담 화구저의 유상구조토〉, 《대한지리학회지》 36, 233-246.

김태호, 2006, 〈한라산 유상구조토의 붕괴 프로세스와 요인〉, 《한국지역지리학회지》 12, 437-448.

김태호, 2010, 〈한라산 아고산대에서의 사면 물질 이동〉, 《대한지리학회지》 45, 375-389.

김태호, 2012, 〈한라산 백록담 서북벽 암온의 향별 특성〉, 《한국지형학회지》 19, 109-121.

김태호, 2013, 〈한라산 아고산대의 동결기 기온 및 지온변화〉, 《한국지형학회지》 20, 95-107.

윤성효·고정선·강순석, 2002, 〈백록담 분화구 일대 화산암류의 화산지질학적 연구〉, 《한라산연구소 조사연구보고서》 1, 137-167.

임양재·백광수·이남주, 1991, 《한라산의 식생》, 중앙대학교출판부.

제주대학교·부산대학교·난대산림연구소, 2005, 《한라산 백록담 담수보전 및 암벽붕괴 방지방안》.

제주도, 2000, 《서귀포·하효리도폭 지질보고서》.

제주지방기상청, 2010, 《제주도 상세기후 특성집》.

진승환·조병창·이창흡·김철수, 2011, 〈한라산 정상의 기후변화 조사〉, 《한라산연구소 조사연구보고서》 9, 246-248.

近藤純正·山崎剛, 1987, 〈熱收支法による融雪量の豫測〉, 《雪氷》 49, 181-191.

東晃, 1981, 《寒地工學基礎論》, 古今書院, 東京.

相馬秀廣·岡澤修一·岩田修二, 1979, 〈白馬岳高山帶における砂礫の移動プロセスとそれを規定する要因〉, 《地理學評論》 52, 562-579.

小橋壽美子, 2006, 〈融雪期におけるブナ林內の氣溫と地中溫度の變化〉, 《季刊地理學》 58, 237-241.

小野有五, 1978, 〈周氷河營力としての霜柱〉, 《筑波大學水理實驗センタ-報告》 2, 47-55.

小野有五, 1983, 〈筑波台地上での霜柱による土壤侵蝕〉, 《筑波の環境研究》 7, 128-140.

小疇尙, 1983, 〈周氷河地域における物質移動〉, 《地形》 4, 189-203.

小疇尙·野上道男·岩田修二, 1974, 〈ひがし北海道の化石周氷河現象とその古氣候學的意義〉, 《第四紀研究》 12, 177-191.

松岡憲知, 1991, 〈赤石山脈の高山環境における地溫の通年觀測〉, 《地形》 12, 41-19.

松岡憲知, 1992, 〈凍結融解作用の機構からみた周氷河地形〉, 《地理學評論》 65A, 56-74.

玉生志郞, 1990, 〈韓國濟州島の火山岩のK-Ar年代とその層序的解釋〉, 《日本地質調査所月報》 41, 527-537.

澤口晉一·小疇尙, 1998, 〈北上山地山陵部における斜面物質移動と凍上に關する野外實驗〉, 《地形》 19, 221-242.

Anderson, R. S., 1998, Near-surface thermal profiles in alpine bedrock: implications for the frost weathering of rock, *Artic and Alpine Research*, 30, 362-372.

Billings, W.D. and Mooney, H.A., 1959, An apparent frost hummock-sorted polygon cycle in the alpine tundra of Wyoming, *Ecology*, 40, 16-20.

Crampton, C. B., 1977, A study of the dynamics of hummocky microrelief in the Canadian north, *Canadian Journal of Earth Science*, 14, 639-649.

Fahey, B. D., 1973, An analysis of diurnal freeze-thaw and frost heave cycles in the Indian Peaks of region of the Colorado Front Range, *Arctic and Alpine Research*, 5, 269-281.

French, H. M., 2007, *The Periglacial Environment*, John Wiley and Sons.

Grab, S. W., 1994, Thufur in the Mohlesi Valley, Lesotho, Southern Africa, *Permafrost and Periglacial Processes*, 5, 111-118.

Kariya, A., 1995, Ground temperature observations at Mt. Gassan in northern Japan: a comparison between a windswept slope and a snowpatch hollow, *Geographical Review of Japan*, 68B, 75-85.

Kim, T., 2008, Thufur and turf exfoliation in the subalpine grassland of Mt Halla in Jeju Island, Korea, *Mountain Research and Development*, 28, 272-278.

Körner, C. and Paulsen, J., 2004, A world-wide study of high altitude treeline temperatures, *Journal of Biogeography*, 31, 713-732.

Lewkowicz, A. G., 2001, Temperature regime of a small sandstone tor, latitude 80° N, Ellesmere Island, Nunavut, Canada, *Permafrost and Periglacial Processes*, 12, 351-366.

Matsuoka, N. and Murton, J., 2008, Frost weathering: recent advances and future directions, *Permafrost and Periglacial Processes*, 19, 195-210.

Matsuoka, N., 1990, The rate of bedrock weathering by frost action: Field measurement and a predictive model, *Earth Surface Processes and Landforms*, 15, 73-90.

Matsuoka, N., 2001, Microgelivation versus macrogelivation: towards bridging the gap between laboratory and field frost weathering, *Permafrost and Periglacial Processes*, 12, 299-313.

Oguchi,T. and Tanaka, Y., 1998, Occurrence of extrazonal periglacial landforms in the lowlands of western Japan and Korea, *Permafrost and Periglacial Processes*, 9, 285-294.

Van Vliet-Lanoë, B., Bourgeois, O. and Dauteuil, O., 1998, Thufur formation in northern Iceland and its relation to Holocene climate change, *Permafrost and Periglacial Processes*, 9, 347-365.

Washburn, A. L., 1980, *Geocryology: a survey of periglacial processes and environments*, John Wiley.

Williams, P. J. and Smith, M. W., 1989, *The frozen earth: fundamentals of geocryology*, Cambridge University Press.

제주도 글로벌 지오파크의
지속가능발전 진단

김범훈

제1장 머리말

2020년은 화산섬 제주도가 2010년 우리나라에서 처음으로 유네스코 글로벌 지오파크(Global Geopark, 세계지질공원)로 인증을 받은 지 햇수로 10년째이다. 그동안 제주도는 2012년 울릉도·독도와 함께 우리나라 최초로 국가지질공원으로 인증을 받았다. 또한 2014년에 이어 2018년에도 4년마다 실시되는 글로벌 지오파크 재인증을 통과하였다. 이로써 제주도는 유일하게 우리나라 최초의 글로벌 지오파크이자 국가지질공원이라는 타이틀을 보유하고 있는 것이다. 이제 제주는 유네스코 글로벌 지오파크 인증을 추진하고 있는 국내의 다른 시·도의 모델이 되고 있다.

더욱이 제주도는 2018년 이탈리아 트렌티노에서 열린 제8차 International Conference on UNESCO Global Geoparks(유네스코 세계지질공원 총회)에서 중국 단하산 글로벌 지오파크와 치열한 경쟁 끝에 제9차 총회를 유치하는 데 성공하였다. 세계총회 지역 결

* 이 글은 2019년에 발간된 저자의 연구서《제주도 세계지질공원의 지오투어리즘 현황과 지속가능발전 기반 구축 연구》(김범훈, 2019, 제주연구원)를 부분적으로 정리하여 작성되었다.

정은 이사회에서 이뤄졌는데 이사회 위원 10명 중에서 6명이 제주도를, 4명은 중국 단하산에 투표한 것으로 나타났다. 제주도는 총회 유치를 위해 제주국제컨벤션센터, 제주컨벤션뷰로와 공동으로 제주 접근의 용이성, 회의시설 인프라, 다양한 지질공원의 차별화된 프로그램 등을 담은 유치 제안서 발표와 함께 다양한 홍보활동을 통해 글로벌 지오파크 네트워크(Global Geoparks Network, GGN) 회원들의 지지를 이끌어 냈다. 이번 총회는 세계적인 GGN 회원들이 모여 지속가능한 발전 등을 모색하는 지오파크 컨퍼런스로서 다시금 제주의 세계적인 위상을 확인하는 계기가 되었다. 총회는 2년마다 개최되는

〈그림 1〉 2018년 이탈리아 트렌티노에서 열린 8th International Conference on UNESCO Global Geoparks 총회(위), 당시 9차 제주총회 유치에 나섰던 제주도 대표단(아래) 출처: 제주특별자치도 세계유산본부.

행사로 제주총회에는 GGN 회원국 70개국에서 1,200명 이상의 전문가 및 관계자들이 참석할 것으로 예상되고 있기 때문이다. 그러나 아쉽게도 제9차 International Confer ence on UNESCO Global Geoparks 제주총회는 코로나-19 팬데믹 영향으로 인하여 2021년 9월 개최로 1년 순연되었다.

이처럼 전 세계적으로 유네스코 글로벌 지오파크에 대한 관심이 높아지면서 지오파크 인증에도 경쟁적으로 뛰어들고 있다. 2020년 현재 GGN 회원은 44개 국가에 161곳에 이르고 있다.

근본적으로 볼 때, 글로벌 지오파크가 세계적인 무한 경쟁시대를 맞아 국제적인 가치를 지닌 지형 및 지질유산을 모태로 지역의 역사문화유산과 함께 보전과 교육 그리고 지속가능한 관광인 지오투어리즘을 통한 소득증대라는 지역 활성화에 견인차 역할을 하고 있음에 따라 국내외적으로 글로벌 지오파크 인증에 경쟁적으로 뛰어들고 있는 것으로 풀이된다.

앞으로 제주도는 국내 최초라는 타이틀 보유에만 머무를 수 없다는 문제의식과 함께 국내외의 선도적인 글로벌 지오파크로서 국제적인 위상 재정립이 필요한 시점을 맞고 있다 할 것이다. 물론 제주도 차원에서 4년 주기의 관리 및 운영계획을 자체적으로 마련함과 동시에 지오트레일(Geotrail)과 지오브랜드(Geobrand) 등 마을 활성화 사업을 추진하면서 지역 발전을 도모하고 있음을 긍정 평가한다. 그럼에도 불구하고 제주도 글로벌 지오파크의 지속가능한 발전 기반 구축은 세계적인 무한 경쟁시대를 이겨나가는 데 있어 아무리 강조하여도 지나침이 없다 할 것이다.

본 연구는 인증 10년을 맞는 시점에서 제주도 글로벌 지오파크의 지속가능발전 현황을 진단하고 제주형 비전을 제시하고자 한다. 특히 글로벌 지오파크 자체가 지형 및 지질유산이라는 자연적인 요소를 모태로, 역사문화 유산과 지역 공동체의 삶의 가치라는 인문적인 요소를 담아내야 한다는 점에서 이는 바로 지리학의 발전과 일맥상통하고 있다는 점을 주목하고자 한다. 이에 제주지역의 지연환경 및 인문환경에 적합하며 혜택과 책임의 공유가치를 실현하는 제주형 지오투어리즘(Geotourism)의 지속가능발전 방안을 제시하고자 한다.

덧붙여 본 연구는 지리학, 지질학, 지형학을 비롯하여 관광학, 건축학 등 여러 학계에서 '지오파크'와 '지질공원', '지오투어리즘'과 '지질관광'에 대한 용어의 개념을 다양하게 혼용하고 있기에 용어에 대한 개념 정립과 번역 통일이 필요하다는 점을 강조하고자한다. 이는 외국어를 한글로 번역하는 과정에서 개념정의에 적합하지 않다는 지적들이학계 간에 분분한 상태이기 때문이다. 따라서 본 연구는 '지질공원'이라는 제한적인 용어 대신 '지오파크'라는 영문 명칭을 그대로 사용하고, 이미 공식적인 용어로 굳어진 '세계지질공원'보다는 '글로벌 지오파크'라는 명칭을 사용하며 '지질관광'이 아닌 '지오투어리즘'으로 진행하고자 한다.

제2장 이론적 고찰

제1절 지오파크의 개념과 지리학적 의미

1. 지오파크의 개념

지오파크에 대한 정의는 유네스코에서 만든 글로벌 지오파크 운영지침에 잘 나와 있다. 이에 따르면 지오파크는 지구과학적으로 중요하고 아름다운 경관을 지닌 지질 및지형현장으로, 생태학적·고고학적·문화적 유산을 동시에 보전하면서 연구·교육·보급에활용하고 여기에 지오투어리즘을 통해 지역사회의 지속가능한 발전을 추구하는 것을목적으로 만들어진 공원제도를 일컫는다. 다시 말해 지오파크는 보전, 교육, 지오투어리즘이라는 세 가지 목적을 지닌다고 말할 수 있다.

그러나 국내 학계에서는 지오파크 명칭과 관련, 지오파크의 개념과 지질공원을 혼용하면서 이견이 해소되지 않고 있다. 지리학 및 지형학계를 비롯하여 지질공원이란 명칭을 처음으로 꺼낸 지질학계의 일부 학자들 사이에서도 지오파크를 지질공원으로 번역하여 사용하는 것은 지오파크의 개념과도 부합하지 않는다며 매우 잘못된 것이라고주장하고 있다. 지질공원이라는 명칭의 사용은 유네스코에서 지오파크 제도를 만들 당

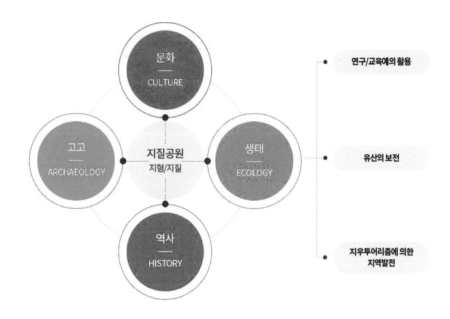

〈그림 2〉 글로벌 지오파크 개념도 출처: 제주특별자치도 세계유산본부.

시부터 활동한 중국의 지질학자 Zhao가 '국제지질공원(國際地質公園)'이란 이름으로 번역 사용하기 시작하면서부터라고 알려지고 있다. 결국 'Geo'를 '지질'로 한정시켜버린 자의 적 번역의 결과, 중국의 '국제지질공원'은 지질학 이외의 'Geoscience'를 제외시켜 버리게 되었다. 역으로 '지질공원'을 영어로 번역하면 'Geological Park'가 되는 오류를 범하고 있는 것이다(김창환, 2011). 현재 중국과 우리나라가 '지질공원'이라는 명칭을 사용하고 있다. 또한 지오파크에 대한 유네스코의 가이드라인에 따르면 지질학적 형상은 대표적인 암석과 그 자리에 노출된 노두, 광물과 광물자원, 화석, 지형과 경관을 지칭하는 것이기 때문에 오로지 지질만을 의미하는 것이 아니어서 유네스코에서 제시한 Geoscience 범위에서는 지질학은 물론 지형학, 지리학 등의 분야가 포함되어 있는 것이다(김창환, 2011).

이에 본 연구에서는 앞서 언급하였듯이 '지질공원'이라는 제한적인 용어 대신에 '지오파크'라는 명칭을 그대로 사용하고, 이미 공식화되고 일반화되어 있는 명칭인 '세계지질공원'보다는 본 연구에 부합하고자 '글로벌 지오파크'라는 원어를 그대로 사용하고자 한다.

2. 글로벌 지오파크의 등장과 국내외 인증 현황

글로벌 지오파크는 유네스코 지정 프로그램인 세계유산과 생물권보전지역의 문제를 보완하는 대안으로 태동하였다. 세계유산의 경우, 등재 기준에 '탁월한 보편적 가치'는 절대적이다. 이 기준은 세계에서 가장 높게 평가된 지역, 즉 세계 1등만이 세계유산에 선정이 될 수 있다는 의미다. 게다가 아무리 우수한 지역이라도 먼저 등재된 것이 있으면 후순위로 밀리거나 제외되는 등 등재 과정이 너무 까다롭다. 또한 세계유산 등재 이후에 어떤 지역은 해당 사이트의 보호를 위해 일반인들의 접근을 금지해야 하는 어려움도 감수해야 한다. 주민들의 사유재산권 행사에 적잖은 타격이 불가피하다. 생물권보전지역의 경우도 토지이용 관리방안으로 핵심지역-완충지역-전이지역으로 구분하여 행위제한을 두고 있기 때문에 해당 지역의 주민들은 거부감을 갖지 않을 수 없다.

이 같은 문제점들을 극복하기 위하여 2006년 9월 북아일랜드에서 벨파스트 총회 선언을 통해 자연유산과 문화유산을 포함하는 글로벌 지오파크의 지속가능한 발전을 위한 총체적 접근을 모색하였다. 2015년 11월 글로벌 지오파크는 유네스코 공식 지정 프로그램이 되었다. 이로써 글로벌 지오파크는 세계유산, 생물권보전지역과 같은 유네스코 지정지역으로 격상된 것이다. 물론 글로벌 지오파크는 세계유산 등재조건인 탁월한 보편적 가치에는 미치지 못할 수 있다. 그러나 글로벌 지오파크는 지역적으로 지질유산의 보전뿐만 아니라 매우 중요한 문화, 역사, 고고분야의 가치를 인정하는 획기적인 방법으로 평가받고 있다.

글로벌 지오파크는 처음부터 유네스코의 공식 프로그램으로 태동한 것이 아니다. 2000년 6월 유럽의 4개 지질공원(프랑스의 오뜨 프로방스, 그리스의 레스보스, 독일의 불칸아이펠, 스페인의 마에스트라스고)이 유럽 지오파크 네트워크(European Geoparks Network: EGN)를 결성하였다. 이후 2001년 4월 유네스코는 EGN과 협정을 맺고 지오파크를 유네스코 협력 프로그램으로 공식 승인하였다. 이어 2004년 2월 프랑스 파리에서 EGN의 17개 지오파크

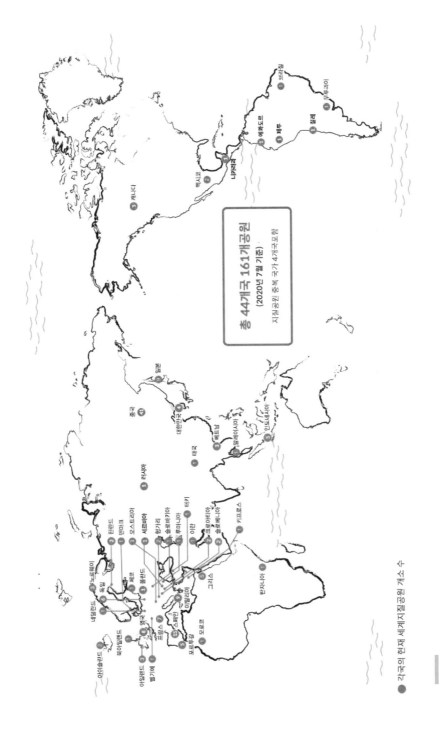

총 44개국 161개공원
(2020년 7월 기준)
지질공원은 중복 국가 4개국 포함

● 각국의 현재 세계지질공원 개소 수

〈그림 3〉 2020년 7월 기준 UNESCO 글로벌 지오파크 현황 출처: 무등산권 글로벌 지오파크.

와 중국의 8개 지오파크가 모여 글로벌 지오파크 네트워크(Global Geoparks Network: GGN)를 결성하면서 글로벌 지오파크는 세계적인 활동으로 태동하기에 이른다. 마침내 2015년 글로벌 지오파크는 유네스코 지정 프로그램으로 승인받아 유네스코 글로벌 지오파크라는 공식적인 이름을 갖고 오늘에 이르고 있다.

지오파크는 형식상 4가지로 구분할 수 있다. 국내의 경우 각 시·도가 인정하는 지역지질공원, 국가가 인정하는 국가지질공원, 대륙별 주변 국가 간에 서로 연결망을 구축한 유럽 지오파크 네트워크(EGN), 아시아·태평양 지오파크 네트워크(Asian Pacific Geoparks Network: APGN)가 있다. 궁극적으로 각국의 국가지질공원은 유네스코 인증기준을 통과하면 글로벌 지오파크 네트워크에 가입이 된다.

2020년 7월 말 기준 유네스코 글로벌 지오파크 네트워크 회원수는 보존과 지속가능한 발전을 결합하는 동시에 지역사회를 참여시키는 상향식 접근 방식이 급속하게 인기를 얻어가면서 세계적으로 44개국에 걸쳐 161곳에 이르고 있다. 2004년 GGN을 처음으로 결성할 당시 유럽과 중국 중심으로 모인 25곳에 비교하면, GGN 회원은 세계적으로 6배 이상 급증하였다. 2019년 41개 국가 147곳에 비해서도 1년 사이에 GGN 회원은 3개 국가에 14곳이나 증가하였다. 국내적으로도 2010년 제주도에 이어 2017년 경북 청송, 2018년 무등산권, 2019년 한탄강 등 4곳의 글로벌 지오파크가 탄생하였다. 앞으로도 국내 다른 지자체들의 인증 노력이 이어질 전망이다. 이들 각 사이트에 대한 자세한 정보는 유네스코 글로벌 지오파크의 웹 페이지를 통해 얻을 수 있다.

제2절 글로벌 지오파크에서 지오투어리즘의 의미와 역할

1. 지오투어리즘의 개념

관광의 패러다임은 시대에 따라 변해왔다. 이러한 추세에 맞추어 지속가능한 관광의 새로운 트렌드로 등장하면서 급속도로 부상하고 있는 것이 지오투어리즘(Geotourism)이다. 지오투어리즘은 지구란 뜻의 그리스어 'geo'와 관광을 의미하는 'tourism'이 결합된 조어이다. 지구를 연구하는 학문인 지리학(geography), 지질학(geology), 지형학

(geomorphology)은 접두어인 'geo'로 시작하여 구체적인 영역을 표시하는 접미어와 결합하여 고유한 학문적 영역을 나타낸다. 따라서 지오투어리즘의 의미를 살펴보면, '지오'라는 개념 내에는 지리·지질·지형 등 지구와 관련된 영역이 모두 포함되며 여기에다 '관광'이 의미하는 영역이 결합된 아주 폭넓은 의미를 갖고 있다고 볼 수 있다(윤경호·김남조, 2015). 따라서 지오투어리즘을 '지질관광'으로 번역해 사용하고 있는 것은 단순히 '지질'만을 관광의 주요 대상으로 삼는 것으로 매우 잘못된 것이라 할 수 있다.

지형 및 지질자원을 보호하고 보존해야 하는 유산으로 인식하기 시작하면서 등장한 지오투어리즘은 지금까지 단순한 여가적인 관광형태와는 달리 지질학과 지형학에다 지리학적 지식을 바탕으로 무한한 성장잠재력을 지닌 관광산업의 새로운 패러다임으로 발전하고 있다(박민영·박경, 2012).

초기의 지오투어리즘은 영국을 비롯한 유럽국가를 중심으로 지역의 지형 및 지질자원을 관광대상으로 하는 협의적 개념으로 논의되어 왔다. 대표적으로 Newsome과 Dowling(2010)은 "지오투어리즘은 특별히 지질과 지형경관에 초점을 맞추는 자연지역 관광의 한 형태이다. 그것은 지형 및 지질다양성의 보전, 감상과 학습을 통해 지구과학의 이해를 촉진한다. 이러한 효과는 geo-trail, view-point, guided-tour, geo-activities, geosite visitor-tour를 통해 달성할 수 있다."라고 정의하였다. 이를 반영하듯 국내 일부 학계를 중심으로 지오투어리즘이 지질관광으로 번역되었고, 이는 곧 일반 관광객들에게 널리 인식되면서 보편화되고 있는 상황이다.

반면에 이와는 다른 관점으로서 장소의 지리적 특성에 초점을 맞추는 광의적 개념이 등장하였는데 미국에서 처음으로 공식화되었다. 대표적으로 Bynum Boley et al(2009)은 "지오투어리즘은 특정 장소의 지리적 특성을 지속하거나 향상케 하는 총체적 정의와 함께, 지역주민의 생활방식 변화없이 그들의 욕구를 만족시키고, 방문객한테는 진정한 여행체험의 욕구를 만족시킴으로써 지역사회에 지속성을 부여할 수 있는 새로운 관광 트렌드다. 여기서 광의적 지오투어리즘의 대상은 축제, 쇼핑, 마을이나 지역의 카페 등 지역의 특성을 지속가능하게 성장시킬 수 있는 것은 무엇이든지(환경, 문화, 미학, 유산, 지역주민들의 복지) 포함할 수 있다."라고 강조하였다.

최근 세계적인 추세는 지오투어리즘의 확장성에 무게를 두고 협의적 개념을 모태로 광의적 개념에다 지형 및 지질자원을 포함하는 개념으로 진전되는 양상이다. 이에 따라 지오투어리즘의 대상 역시 지형 및 지질유산뿐만 아니라 지역의 고고·역사·문화와 주민들의 전통적인 삶까지를 포함하는 개념으로 확장되고 있는 것이다(김범훈, 2016).

2. 글로벌 지오파크와 지오투어리즘의 역할

글로벌 지오파크는 보전, 교육, 지오투어리즘이라는 세 가지 목적을 가진다. 지오투어리즘의 대상지는 분명히 지질학적으로 뛰어난 가치를 지닌 지역이어야 한다. 예를 들어 독도의 식물과 동물의 분포, 생태적 가치를 배우면서 관광하는 것은 생태관광이라 할 수 있다. 그러나 동해의 생성과정, 독도와 울릉도의 탄생 이유, 섬의 암석 및 토양의 종류, 지역의 문화 등을 배우고 즐기는 것은 지오투어리즘이라 할 수 있다. 즉, 지오투어리즘은 생태관광의 범위를 포함하며, 그보다 더 큰 의미의 지질자원을 활용하는 관광이라 할 수 있다(우경식, 2014). 그러나 지오투어리즘은 우리나라에서 지질관광으로 번역되어 사용되고 있지만, 단순히 지질자원뿐만 아니라 지형경관도 관광의 주요 대상이다. National Geographic에서는 지오투어리즘이란 어떤 장소의 환경, 문화, 경관, 유산, 지역주민의 삶 등과 같은 지리적인 특성을 지속하거나 향상시키는 최선의 관광이라고 정의하고 있다. 즉, 지오투어리즘의 개념은 지형 및 지질자원을 주요 대상으로 하는 협의의 자연관광 개념에서 지속가능한 관광을 아우르는 보다 포괄적인 개념으로 발전하고 있다(김종인, 2012).

지오투어리즘의 관광매력물인 글로벌 지오파크(또는 지오파크)는 지오투어리즘의 핵심 영역으로서 지오투어리즘의 주요한 관광자원이다. 지오파크는 지질유산을 주요 관광자원으로 하고 있지만, 지질만을 대상으로 하는 것이 아니라 무생물과 생물 및 인간적 요소가 복합적으로 결합된 것으로 보고 지질, 고고, 역사, 문화, 생물, 방문객, 지역주민, 관리기구 등이 모두 핵심구성 요소다(UNESCO, 2013).

제주도가 2018년 글로벌 지오파크 재인증 심사를 위해 마련한 〈제3차 제주도 지질공원 관리 및 운영계획(2018~2022년)〉에 따르면 "제주도 지질공원 운영관리의 기본원칙은 지속가능한 지오투어리즘을 통한 지역활성화에 있다."라고 명시하고 있다. 이는 곧 지오파크와 지오투어리즘이 서로 함께 동반 성장할 때, '관광목적지로서의 글로벌 지오파크'와 '지속가능한 관광으로서의 지오투어리즘'이 대표명소 지역공동체의 활성화와 맥을 같이한다는 의미다. 글로벌 지오파크에서 행해지는 관광이 바로 지오투어리즘이며, 지오투어리즘이 활성화될 때 글로벌 지오파크는 지속가능한 발전을 이루어 나갈 수 있다는 것이다.

제3절 관련 연구 동향[1]

국내의 지오투어리즘과 지질공원에 관한 연구는 2000년 처음으로 지오투어리즘의 개념이 소개된 이후, 주로 지질학회, 지형학회, 지리학회를 중심으로 일부 관광학회 및 조경학회 등을 통해 지질 및 지형자원 , 탐방로와 해설, 관리 및 제도 정책문제 등을 기반으로 한 다양한 논문·보고서·단행본들(고기원 외, 2019: 권동희, 2011: 권동희, 2012: 기진석 외, 2016: 김도미, 2001: 김범훈a, 2013, 2014, 2016: 김창환, 2009: 김창환·정해용, 2014: 류혜, 2018: 문창규 외, 2016: 박민영, 2012: 손영관 외, 2009: 유근준·이승호, 2013: 윤경호·김남조, 2014: 윤석훈 외, 2013: 이성옥·박수준, 2014: 이수재 외, 2009: 이수재, 2014, 2016: 이수진, 2012: 이광춘, 2014: 임근욱, 2014: 전용문 외, 2016: 전용문·고정군, 2017: 전용문 외, 2019: 전영권, 2010: 정강환, 2000: 정필모 외, 2010: 조경남 외, 2010: 조규성, 2013: 조신, 2018: 주성옥·우경식, 2016: 허철호·최상훈, 2007)이 발표되고 있다.

그러나 국내의 지오투어리즘 연구 동향과 관련, 연구주제가 지형 및 지질 자원개발 등 특정 분야 및 특정 지역에 국한되고 있을 뿐만 아니라 지오파크와 지질공원, 지오투어리즘과 지질관광 등 기본적인 용어 혼용 문제해결을 위한 학계의 연계 노력도 구체적으로 가시화되지 않고 있다(김범훈b, 2013). 또한 국내의 지질공원 연구 동향과 관련, 제주도가 유네스코 세계지질공원으로 인증되기 직전인 2009년부터 적극적인 연구가 시작되었으며, 국가지질공원이 법적으로 도입되면서 지질공원 제도의 의의와 가치, 운영 관

---

1) 김범훈(2019).

리방안에 대한 연구가 지속적으로 진행되고 있다(조선, 2018).

　　제주도 세계지질공원 연구 동향과 관련, 2014년부터 2016년까지 국내외 학술지와 공공기관을 통해 발표된 논문과 보고서는 22편으로 조사되었다. 이들 연구논문 및 보고서는 제주도의 지질특성을 연구하는 내용뿐만 아니라 대표명소 추가 지정을 위한 학술연구 및 제주도 지오파크 트레일 활성화 사례에 관한 내용으로 주목을 받았다(제주도, 2016). 최근에는 제주도 지오파크가 지질교육의 장으로 기능하기 위한 발전방안으로 탐방공간의 지질개선, 안내매체와 시설과 정보의 보완, 운영 및 관리차원의 개선이 필요하다고 제언하였다(조선·정욱주, 2018).

제3장 지속가능발전 진단과 지오투어리즘

제1절 일반 현황

　　화산섬 제주는 2010년 10월 섬 전체가 우리나라 최초로 글로벌 지오파크로 인증을 받았다. 당시 대표명소로 9곳이 지정되었다. 간략히 소개하면 △화산섬 중앙에 위치한 제주의 상징 한라산 △응회구의 대표적인 지형으로 수성화산체의 화산분출 당시의 다양한 화산재 지층들을 보여주고 있는 해가 뜨는 오름인 성산일출봉 △세계자연유산 거문오름 용암동굴계 가운데 유일하게 개방되고 있는 세계적 규모의 용암동굴인 만장굴 △화산섬 제주도의 형성과정에서 가장 먼저 만들어진 지층으로서 100만 년 전 해양환경을 알려주고 있는 서귀포 패류화석층 △퇴적층의 침식과 계곡·폭포의 형성과정을 보여주는 천지연폭포 △주상절리의 형태적 학습장인 중문대포해안 주상절리대 △80만 년 전에 형성된 용암돔으로 인근에 형성된 용머리 응회환과 함께 제주도에서 가장 오래된 지표 노출 화산지형인 산방산 △제주도 형성 초기 수성화산활동의 역사를 간직하고 있는 용머리 해안 △수성화산체의 세계적인 연구 사이트로서 화산학 연구의 교과서로 평가를 받고 있는 수월봉이다.

글로벌 지오파크 대표명소	세계 자연 유산	생물권 보전 지역	천연기념물	기타 보호 체계	완충 구역	해설사 활동
한라산	●	●	182호	국립공원, 명승(사라오름 83호, 영실 기암과 오백나한 84호, 백록담 90호, 선작지왓 91호)	●	자연환경 해설사
성산일출봉	●	●	420호			자연유산 해설사
만장굴	●	●	98호		●	자연유산 해설사
서귀포 패류화석층	×	●	195호	공유수면	●	지질공원 해설사
천지연폭포	×	●	제주도 무태장어 서식지(27호), 담팔수(163호), 계곡 전체(379호)		●	문화관광 해설사
중문대포해안 주상절리대	×	●	433호	공유수면	●	지질공원 해설사
산방산	×	●	암벽식물지대 (376호)	명승 77호	●	지질공원 해설사
용머리해안	×	●	526호	공유수면	●	지질공원 해설사
수월봉	×	●	513호	공유수면	●	지질공원 해설사
우도	×	●	홍조단괴 (438호)		●	문화관광 해설사
비양도	×	●	호니토(439호)	비양나무 (제주도기념물)	●	지질공원 해설사
선흘곶자왈	×	●		람사르습지 자연보호구역	●	지질공원 해설사
교래 삼다수마을	×	●	산굼부리 (263호)			지질공원 해설사

출처: 제주특별자치도 세계유산본부(2017).

〈표 2〉 제주도 글로벌 지오파크 대표명소의 탐방시설과 운영 현황

글로벌 지오파크 대표명소	탐방로 /경관조망대	탐방안내소 /설명표지판	가이드 동행 가능	단체학생용 특별프로그램	주차장 /화장실 /음식점
한라산	5개로 / ●	● / 10	×	●	●/●/●
만장굴	1개로 / ●	● / 15	●	●	●/●/●
성산일출봉	2개로 / ●	● / 8	●	●	●/●/●
중문대포해안 주상절리대	1개로 / ●	● / 3	●	●	●/●/●
서귀포 패류화석층	1개로 / ×	● / 5	사전예약 가능	사전예약 가능	●/●/●
천지연폭포	1개로 / ●	● / 2	●	●	●/●/●
산방산	1개로 / ●	● / 5	×	●	●/●/●
용머리해안	1개로 / ×	● / 3	×	×	●/●/●
수월봉	1개로 / ●	● / 26	●	●	●/●/●
우도	1개로 / ●	× / 10	●	●	●/●/●
비양도	1개로 / ●	● / 15	●	●	●/●/●
선흘곶자왈	1개로 / ×	● / 6	●	사전예약 가능	●/●/×
교래 삼다수마을	1개로 / ×	● / 5	●	사전예약 가능	●/●/×

출처: 제주특별자치도 세계유산본부(2017).

이어 2014년과 2018년에는 4년마다 실시되는 재인증 평가를 통과하면서 현재 제주도 글로벌 지오파크의 대표명소는 섬 속의 섬인 우도와 비양도, 독특한 화산지형이자 생태계의 보고인 선흘곶자왈, 공기업과 마을 간의 협력에 의한 최초의 사례로 선정된 교래 삼다수마을 등 모두 13곳으로 확대되었다.

이와 함께 차귀도, 거문오름, 효돈천 하류, 하논, 당산봉, 산굼부리, 한림공원, 송악산, 물영아리, 섭지코지, 가파도, 단산 등 12곳을 글로벌 지오파크의 대표명소로 지정할 수 있는 일반명소로 제시하였다.

글로벌 지오파크는 첫 인증에 이어 4년 단위로 엄격한 재인증 심사를 거쳐 유네스코 브랜드 지위를 인정받게 된다. 유네스코는 글로벌 지오파크 인증과 재인증에 있어 지속가능한 발전을 위한 이행 권고 사항을 제시하고 있다. 이에 따라 권고 사항의 이행 여부는 재인증 심사에 있어 유네스코의 현장 실사 및 GGN 운영위원회의 중요한 판단자료로서 작용하게 된다.

제주도는 2010년 글로벌 지오파크로 인증을 받을 당시 8가지, 2014년 재인증 심사 때는 10가지, 2018년 재인증 통과에서는 4가지 사항의 이행 권고를 받았다. 이에 제주도는 권고사항을 체계적으로 이행하고 있음을 통보하였고, 유네스코는 이를 인정함에 따라 2022년까지 글로벌 지오파크로서 자격을 유지하고 있다.

앞으로 제주도는 2022년 세 번째 재인증을 위해 두 번째 재인증 때 제시된 4가지 권고 사항인 글로벌 지오파크와 지오브랜딩 사업 웹사이트와 통합, 글로벌 지오파크의 관광 활성화 영향에 대한 연구, 유네스코 3관왕 브랜드와 연계한 시너지 관리방안 구축, 국제교류 활성화에 대한 이행 결과를 제시해야 한다.

제3절 SWOT 분석

2020년 제주도 유네스코 글로벌 지오파크 인증 10년을 맞는 시점에서 이의 실상 파악과 지속가능한 미래 전략을 수립하는 데 있어 SWOT 분석은 의미를 갖는다. SWOT 분석은 내부 환경적으로 볼 때 현재의 강점(Strength)과 약점(Weakness), 외부 환경적으로 볼 때 미래의 기회(Opportunity)와 위기(Threat)를 분석함으로써 추진사업의 발전 방향을 바로잡는 데 쓰이는 방법이다. SWOT 분석은 지속가능한 발전기반을 구축하는 기본적인 과정인 셈이다.

Schutte(2009)는 SWOT 분석에서 예상되는 질문들을 정리하였다. 이에 따르면 강점인 경우, △경쟁우위는 국제적인가 △지오파크 추진 지방행정의 미래혁신 능력 △운영

<표 3> 제주도 글로벌 지오파크 인증 시 권고 사항과 2014년 재인증 당시 조치 결과(요약)

2010년 인증 당시 권고 사항	2014년 재인증 신청 시 조치 결과
1. 제주도 문화정책과 지질공원 TF팀을 확대. 세계자연유산관리 본부와 협력 통해 장기발전계획 수립	2011년 지질공원 추진부서가 세계유산본부에 소속되어 세계자연유산, 생물권보전지역, 세계지질공원과 함께 협력적 업무 수행. 장기 보호관리계획을 수립하여 추진해 나가고 있음 → 완료
2. 지오파크 내 지역주민단체 참여 중요. 앞으로 주민단체 참여 권장	대표명소를 중심으로 지역협의체 구성. 다양한 분야 주민참여 확대. 주민 중심의 해설사 활동 증가 → 계속 추진 중
3. 지오파크는 지질학적인 내용에 국한되지 않음. 주민과 관광지 연계시 지질학적 이상 논의 설명 필요	대표명소 지오트레일 개발과 지오파크 안내판, 안내 책자 제작 시 지질자원뿐만 아니라 역사와 문화 및 생태자원 등에 대한 내용도 포함하여 제작하고 있음 → 계속 추진 중
4. 지오파크가 중심이 되는 지오파크센터 필요. 제주시와 서귀포시에 지역정보센터 필요. 대표명소에 방문객센터 및 방문객 안내소 필요	2012년 완공된 제주도 세계자연유산센터가 지오파크센터 역할을 하고 있음. 한라산 성판악, 만장굴, 수월봉, 중문대포해안 주상절리대, 용머리해안 등에 방문객센터 마련. 점차적으로 대표명소별 탐방안내소 구축 노력 → 대표명소 안내소 지속 확대
5. 리플릿이나 안내판 등을 이용한 홍보는 이뤄지고 있으나 앞으로 다방면의 홍보 필요	리플릿과 안내판 지속 정비. 기존 텍스트형과 IT 기술활용 홍보 진행 중 → 국가지질공원 사무국 지원 스마트폰 안내기술 추가. 애니메이션 제작
6. 제주도 글로벌 지오파크는 개별 지오사이트를 넘어 제주도 전체의 개념에서 통일성 있게 홍보에 집중	안내자료에 글로벌 지오파크와 국가지질공원의 디자인과 내용에 통일성을 기하고 있음. 제주도 지오파크 전체에 대한 설명을 중심으로 홍보자료 제작 → 통일성 있게 홍보 활동 진행 중
7. 대표명소 방문객들에게 교육 프로그램 활동을 통해 지질유산의 교육적 가치 홍보	주민, 학생, 해설사 등 교육을 강화하여 방문객들에게 지오파크 정보를 전달하고 있음. 학교 대상 교육을 보다 확대해 나갈 것임 → 계속 추진 중
8. 향후 6개월 이내에 지오파크의 종합적인 관리와 발전계획 마련	2011년, 2013년 보전 및 관리계획 마련. 4~5년 주기로 종합적인 관리계획 마련 예정 → 2017년 관리계획 수립

※출처: 제주특별자치도 세계유산본부(2017).

2014년 재인증 당시 권고 사항	2018년 재인증 신청 당시 조치
1. 관리구조 협력: 박물관, 문화 관련 기관 등과 파트너십 적용. 각 기관 간 조정위원회 구성	제주도 유네스코 등록유산 관리위원회 지질공원분과위원회와 박물관 등이 포함된 유관기관 협의체를 구성하여 운영 중 → 유관기관 협의체 회의 개최
2. 지오파크팀 확충: 지오파크팀은 교육, 트레이닝, 지속가능발전, 관광업무 수행 위해 구성원 확충 필요(현재 지질전문가 1명, 행정 2명으로 구성)	생물권보전지역과 연계하여 생물권지질공원과를 운영 중이며 현재 9명이 근무 중 → 담당 부서의 전체 인원은 증가하였으나 지질전문가 1명, 홍보 및 생태전문가 1명 등 전문가 충원이 필요한 상황임
3. 지오파크 가시성: 지오파크의 뚜렷한 가시성을 위해 대표명소 입구, 파트너 기관에 지오파크를 상징하는 시각적 요소 비치되어야 함	가시성 향상 위해 지속적으로 노력. 지오브랜딩 사업 캐릭터 개발. 지오파크 로고도 변경하여 홍보 활용 → 공항 및 주요 명소 일대에 인프라 정비 중
4. 지오파크센터 건립: 세계유산센터 이외에 지오파크센터 설립 필요. 센터는 지오파크 관련 기관이면서 돌문화공원과 같이 기존시설에 설치 추천	돌문화공원은 협력기관으로 추가 → 대규모보다는 소규모 안내소 같은 개념으로 한라수목원 전시관에 지오파크 홍보센터. 비양도, 교래 삼다수마을에 신규 탐방안내소 추가 설치
5. 국제보호지역 간 구별 및 협력: 유네스코 국제보호지역의 브랜드 희석과 혼동을 방지하고 각 브랜드의 정체성 인식을 강화해야 함. 제주도 글로벌 지오파크는 세계유산, 생물권보전지역 간의 협력과 활동 개발 및 발전에 힘써야 하며, 각 보호지역의 소관 임무를 분명하게 구분하여야 함	각각의 유네스코 브랜드를 활용한 사업들이 진행 중 → 각각의 정체성을 유지하며 협력관계가 이루어지고 있음을 어떻게 보여줄 것인지를 고민. 생물권보전지역의 범위가 화산섬 제주 전역으로 확대됨에 따라 공동 홍보를 진행. 선흘곶자왈의 동백동산을 대표적인 모델로 소개
6. 지오파크의 개념과 정보: 탐방객과 주민들에게 지오파크의 개념과 목표 등을 정확하게 알려야 함. 자연, 문화, 박물관 등 관련 단체와의 협업 모색. 수월봉은 지오파크의 가장 모범적인 사례로서 이를 적극 확대할 필요가 있음	대표명소를 중심으로 한 지오트레일을 통해 다양한 가치를 발굴하고 있음. 산방산과 용머리해안 지오트레일, 성산·오조 지오트레일, 김녕·월정 지오트레일, 삼다수숲길 트레일 실시. 이를 대표명소 전반으로 확대 추진 → 유관기관 협력체 체결
7. 주민참여: 지난 4년간 제주도 글로벌 지오파크는 주민참여를 성공적으로 보여주고 있음. 향후에도 이를 지속적으로 발전시켜 나가야 함	지역주민 참여가 확대되고 있으며 지역주민들을 해설사로 활용하기 위한 교육과 함께 주민해설사 활동도 증가하고 있음. 주민들 자발적 노력도 증가
8. 교육: 지오파크 교육은 지질학적 해석에 집중되어 왔음. 향후 4년 동안 지질유산뿐만 아니라 지오파크의 개념과 영역을 총체적 개념으로 교육 필요	분야별 교육 자료 발굴. 지오파크 자원으로 활용하여 교육과 홍보에 이용 → 지오스쿨, 도민교육, 애니메이션 영상 등. 지오트레일 코스에 포함
9. 파트너십: 파트너십은 지오파크 가시성 증진에 도움. 지오샵, 지오푸드 등의 파트너십을 확충	지오파크 브랜드와 사업 등을 추진하고 있음
10. 글로벌 지오파크 네트워크: GGN 일원으로 국제적인 교류 및 연구 활동 강화해야 함	국제 네트워크 일원으로 정기 활동 지속 → 국제자매결연 등을 통한 교육과 관리방안 교류 등 추진

출처: 제주특별자치도 세계유산본부(2017).

<표 5> 제주도 유네스코 글로벌 지오파크의 SWOT 분석

강점(Strength)	약점(Weakness)
-(경쟁우위는 국제적인가?) 제주도 전역으로 확대된 생물권보전지역 지정, 세계자연유산 등재, 세계지질공원 인증 등 유네스코 자연과학분야 3관왕과 람사르습지 지정 등 유네스코의 4대 국제보호지역 타이틀 보유로 국제적 위상 제고 -(지방행정의 미래혁신 능력은?) 청정과 공존이라는 제주도정 방침에 힘을 입어 지속가능한 공유가치 창출 능력을 높이고 있음 -(접근성은?) 화산섬 제주는 한라산을 중심으로 중산간과 해안 그리고 4면의 바다의 경관을 어느 곳에서도 체감할 수 있으며,13개 대표명소의 접근성은 대부분 1시간 이내로 높은 편임 -(방문객들과 지역주민의 참여는?) 수월봉 지오트레일의 경우만 하더라도 지역주민의 적극적인 참여로 언론과 방문객들로부터 모범사례로 평판 높음	-(관리능력은 현실 안주형인가?) 갈수록 급증하고 있는 지오파크의 운영과 관리업무에 능동적으로 대처하기 위한 전문인력 증원문제, 담당 부서로서 (가칭) 지질공원과의 신설 문제 등 핵심적인 현안들이 해결되지 않고 있음 -(브랜드의 질 저하가 제기되고 있는가?) 제주도 글로벌 지오파크는 이미 조성된 관광지를 대상으로 대표명소로 선정하는 관계로 인해 도내 관광지에서 방문객의 욕구나 행태 연구 등 사회과학적인 연구가 이뤄지지 않는 등 수요자보다 공급자 위주여서 제주도 글로벌 지오파크로서의 차별적인 브랜드 개발이 요구되는 실정임 -(지오투어리즘은 활성화되고 있는가?) 제주도는 글로벌 지오파크의 운영과 관리의 기본원칙으로 지속가능한 지오투어리즘을 통한 지역활성화를 표방하고 있지만 실제 현장의 인식과 실천은 미흡
기회(Opportunity)	위기(Threat)
-(국제적인 인지도 향상 가능성은?) 2013년 아시아·태평양 지오파크 네트워크 제주총회를 성공적으로 개최한 데 이어, 제9차 글로벌 지오파크 총회(코로나 영향으로 2020년 개최에서 2021년으로 연기) 유치에 성공하는가 하면, 해외 지오파크로부터 자매결연 제의가 잇따르고 있음 -(지오사이트 추가 개발 가능성은?) 이미 글로벌 지오파크 인증 추진 단계에서부터 일반명소들을 추가 대표명소로 지정을 예고하고 있음 -(지역 공동체 및 지역주민과의 관계개선은?) 지오트레일의 성공적인 추진과 함께 마을 활성화 사업으로 지오브랜드 개발에도 역점을 두고 있음	-(주변의 개발압력은 가중될 것인가?) 최근 대표명소 주변의 사유지 개발 압력이 가중되고 있음. 특히 선흘 곶자왈을 낀 지역에 대규모 관광개발 움직임으로 인해 지역공동체 분열 위기가 우려됨 -(새로운 경쟁자는?) 국내의 경우 2017년 경북 청송, 2018년 무등산권, 2019년 한탄강 등 4곳이 글로벌 지오파크로 인증받은 데 이어 다른 시·도에서도 이에 경쟁적으로 뛰어들고 있음 -(고객의 변화 욕구에 대비하는가?) 홍보, 교육, 안내시스템 등의 체계가 기존의 관광지 활용방식에서 획기적으로 탈피하지 못하는 현실적인 한계로 인해 고객의 변화 욕구에 능동적으로 대처하기에는 역부족임

출처: 김범훈(2019).

조직의 시스템 분배는 체계적인가 △마케팅 향상 능력 △브랜드 인지도는 향상되고 있는가? △투자 대비 수익 △접근성 △지오사이트의 강점 △방문객들의 평판이나 이미지 등을 제시하였다. 약점의 경우, △노후 및 오염시설 여부 △관리능력은 현실 안주형인가 △브랜드 질의 저하 여부 △마케팅 이미지의 취약성 △연구와 개발역량 △자금력 △방문객들의 환경인식 등을 제시하였다. 기회의 경우, △지오사이트의 추가 개발 가능성 여부 △미래 위험 대처 능력 △여행업자와의 개선 능력 △지역 공동체 및 지역주민과의 협업 △마케팅 능력 개선 △규제 개선 △국제적 인지도 향상 등을 제시하였다. 위기의 경우, △자원의 파괴 및 훼손 △주변의 개발 압력 △새로운 경쟁자 △마케팅 성장 속도 △고객의 변화 욕구 대응력 △경기 둔화 대비 △규제 환경 △인구 및 기후변화 대비 등의 요인을 제시하였다.

제4절 지오투어리즘으로 본 지속가능발전 진단

김범훈(2019)은 제주도 글로벌 지오파크 대표명소 13곳에 대한 지오투어리즘 현황조사를 통해 지속가능발전 여부를 진단하였다. 현황조사는 GGN과 국가지질공원의 자체 평가표에서 규정하고 있는 지오투어리즘 평가분야 14개 항목(홍보물의 종류, 마케팅 언어 자료, 지오파크센터 현황, 정보와 해설의 제공방식, 탐방객의 접근성 및 시설, 대중교통 정보 사진 제공방식, 협력업체를 포함한 운영주체가 개발한 가이드 관광종류, 인터넷 활용과 제공되는 정보내용, 자전거 래프팅과 승마 등 야외활동용 기반시설, 지오파크 운영주체와 협력업체 간의 연계성, 지속가능한 탐방로 현황, 탐방객 평가)을 기준으로 구성하였다. 이에 따라 대표명소 13곳에 대한 지오투어리즘 지속가능성은 지형·지질유산과 경관자원의 보전성, 탐방로의 주제별 적합성, 탐방로 운영에 따른 지오투어리즘의 대중성 기여, 해설과 환경교육, 지형·지질유산과 역사문화유산과의 연계성, 홍보물과 정보제공의 다양성, 설명 표지판과 디자인의 대표성과 통일성, 기반시설 이용 편의성, 대중교통 이용 접근성, 주민소득 촉진효과의 경제성, 관리 및 운영의 체계성, 주민참여 및 지역업체와의 파트너십·네트워킹 등 12개 항목별로 진단하였다. 다음은 이를 인용, 요약한 것이다.

1. 지형·지질유산과 경관자원의 보전성 대표명소 가운데 절반 이상이 지형 및 지질유산의 훼손, 멸실, 변형 등의 위험에 노출되고 있다. 그러나 이들의 위험은 인위적인 요인보다 자연적인 요인들에서 비롯되고 있다. 대부분 천연기념물로 보호되고 있으나 예기치 못하는 안전사고에 대한 구체적인 방재 매뉴얼 마련이 필요하다. 특히 선흘곶자왈 대표명소의 경우 인근에 대규모 관광사업 개발 압력이 가중되고 있다. 자연유산 환경보존에 적색등이 켜지고 있는 실정이다.

2. 탐방로의 주제별 적합성 대부분의 경우 지형·지질자원을 비롯하여 역사문화자원 등을 주제로 탐방로가 운영되고 있다. 그러나 일부의 경우 기존의 경관자원 감상 위주의 관광지 관람패턴을 인용하고 있다. 글로벌 지오파크로서의 위상에 걸맞은 가치인식과 환경보전 이식을 키우는 계기도출이 미흡하다.

3. 탐방로 운영에 따른 지오투어리즘의 대중성 기여 수월봉 지오트레일의 성공적인 평가에 힘입어 산방산·용머리해안 지오트레일, 성산·오조 지오트레일, 김녕·월정 지오트레일이 잇따라 개설되었다. 다른 대표명소들로 확산이 필요하다. 지오트레일은 지오파크 마을주민들의 직접적인 참여로 운영되고 있기 때문에 주민들의 경제적인 소득창출에 긍정적인 효과도 기대된다.

4. 해설과 환경교육 글로벌 지오파크 해설사가 상주하는 대표명소의 경우 지형 및 지질자원의 가치인식과 환경보전 의식을 강조하고 있다. 그럼에도 우려되는 바는 기존의 관광지에서 글로벌 지오파크의 대표명소라는 옷을 입게 되면서 일부는 기존의 관광해설 위주의 패턴을 벗어나지 못하고 있기 때문이다. 이렇게 되면 해설과정에 환경교육은 담아낼 수 없다.

5. 지형·지질유산과 역사문화유산과의 연계성 이 항목은 지역 자원의 효율성을 높이기 위한 것이다. 지오트레일처럼 다른 대표명소에서도 마을과 마을, 또는 마을과 관련

기관·단체 간의 네트워킹화할 수 있는 기획력이 요구된다.

6.홍보물과 정보제공의 다양성 홍보물과 정보들이 4개 국어(한국어, 영어, 중국어, 일본어)로 된 안내판이나 책자 등의 서비스를 제공한다는 점은 글로벌 시대에 부합된다. 하지만 일부의 경우 홍보물 자체가 아예 비치되고 있지 않다. 아직도 일반 관광지 패턴에서 벗어나지 못하고 있는 것이다.

7.설명 표지판과 디자인의 대표성과 통일성 우선적으로 글로벌 지오파크 대표명소 13곳을 한눈에 들여다볼 수 있는 대형안내판이 없는 경우가 대부분이다. 게다가 대표명소별로 형성시기를 비교할 수 있는 안내판은 아예 없다. 물론 각각의 대표명소별 설명안내판은 갖추어져 있다.

8.기반시설 이용 편의성 전반적으로 보통 이하의 수준이다. 대부분 탐방객들이 몰릴 경우 주차장 이용에 불편을 겪고 있다. 탐방객의 혼잡도에 비해 화장실 역시 부족하다. 편의시설은 탐방객들의 만족도와 직결된다는 점에서 단기적이 아닌 장기적인 편의시설 확충이 필요하다.

9.대중교통 이용 접근성 제주도 전 지역이 1시간 생활권이라는 점에서 대표명소 입구가 일주도로와 인접할수록 대중교통 접근성이 높다. 반면에 대표명소가 산록도로변일 경우 접근성이 낮은 실정이다. 제주도 글로벌 지오파크의 대중교통 접근성은 전반적으로 높은 편이다.

10.주민소득 촉진효과의 경제성 이 항목은 전반적으로 탐방로의 활용을 통해 발생하는 경제적인 효과를 통해 지역경제가 활성화되는 수준을 파악하기 위함이다. 일부를 제외하고는 소득 촉진을 위한 주민들의 참여도가 미흡하다.

11. 관리 및 운영의 체계성 각각의 대표명소별로 탐방객 안내센터가 운영되면서 글로벌 지오파크 해설사가 상주하게 되고 이에 따라 대표명소별 관리 및 운영체계가 개선되고 있음을 체감할 수 있다.

12. 주민참여 및 지역업체와의 파트너십·네트워킹 현재 제주도 글로벌 지오파크 핵심마을 활성화 사업에 참여하는 거점마을과 참여마을은 제주시 한경면 고산1리·용수리(수월봉), 제주시 구좌읍 김녕리·월정리(만장굴), 서귀포시 안덕면 사계리·화순리·덕수리(산방산·용머리해안), 서귀포시 천지동·서홍동·송산동(서귀포 패류화석층/천지연폭포)의 경우 지오브랜드 개발이 이뤄지고 있다. 다른 대표명소 마을에도 이를 확대 추진하는 것이 바람직하다.

제5절 해외 우수사례의 시사점

유네스코는 2016년부터 2년마다 열리는 지오파크 총회에서 'Best Practices Award'라는 명칭으로 최우수 글로벌 지오파크를 선정하고 있다. 이 상은 세계의 글로벌 지오파크 가운데 혁신적인 정책을 갖고 지역의 지속가능한 발전을 촉진하고 강화하는 지오파크에게 주어진다. 특히 이 상은 다른 글로벌 지오파크들로 하여금 수상 사례를 벤치마킹하여 모범사례를 공유토록 권장한다.

이 상이 처음으로 실시된 2016년에는 스페인령 카나리아제도의 란사로테 유네스코 글로벌 지오파크(Lanzarote UNESCO Global Geopark)가 영예를 안았다. 2018년에는 이탈리아의 아다멜로 브렌타 유네스코 글로벌 지오파크(Adamello Brenta UNESCO Global Geopark)가 최우수로 선정되었다.

김범훈(2019)은 'Best Practices Award'를 수상한 글로벌 지오파크 2곳, 일본의 이즈반도 글로벌 지오파크(Izu Penninsula UNESCO Global Geopark)와 일본 지질 100선에 선정된 이즈-오시마섬(Izu-Osima Island) 내셔널 지오파크를 조사한 결과, 다음과 같이 시사점을 도출하였다.

1. 지오투어리즘을 통한 지속가능발전 노력 지역의 지오투어리즘을 활성화하기 위해서는 기본적으로 지역주민들이 공감하는 공동의 정체성을 확실히 하고자 한다. 스페인의 란사로테 글로벌 지오파크의 경우, 화산섬으로서 지역의 정체성을 확고히 하고자 지형 및 지질자원 보존을 최우선으로 하면서 지역의 척박한 자연환경을 주민들의 공동 지혜로 이겨내는 농법을 개발하고 이를 관광자원으로 적극 활용하고 있다. 또한 화산섬으로서의 검정색 일색인 거대한 용암지반과 온통 흰색으로 건축물의 색깔을 통일함으로써 푸른색 바다와 하얀색 집과 검정색 용암밭이 어우러지는 독특하며 고유한 경관을 자랑하고 있다. 자연자원과 인문자원 그리고 주민들의 삶을 공유함으로써 글로벌 지오파크가 걸어가야 하는 방향을 새롭게 설정하고 있는 것이다.

2. 지역학교와 협업으로 환경교육 활성화 이탈리아의 아다멜로 브렌타 글로벌 지오파크의 경우, 초·중·고와 대학 등 지역의 모든 학생들을 대상으로 정기적인 환경교육을 실시하고 있다. 환경교육은 야외의 지오사이트를 방문하여 지역을 형성하게 된 지질 및 지형학적인 요인들을 가르치는 것부터 시작한다. 나아가 야생동식물의 생태계를 탐방하면서 이 같은 자원들의 지속가능성을 위한 원칙과 실천요령 등을 터득하게 한다. 초등학생의 경우 이 같은 수업은 6년 내내 실시된다. 이러한 과정은 다시 중학생과 고등학생 그리고 대학생 등으로 이어지고 있다. 환경교육이 몸에 밸 수밖에 없다.

3. 대중성과 전문성을 접목한 해설과 정보 제공 기본적으로 대중성의 판단 여부는 공원 입구에서 마주치는 해설안내 체계에서 비롯된다. 이런 의미에서 일본의 이즈반도 글로벌 지오파크는 각 지오사이트마다 해설 안내판이 대중성과 함께 전문성까지 겸비하고 있다. 일단 각각의 지오사이트 입구에 설치된 대형 안내판마다 이즈반도의 전체적인 형성사가 누구라도 쉽게 알아볼 수 있도록 체계적으로 그려져 있다. 그리고 각각의 지오사이트가 어떠한 위치에서 형성된 것인지도 그림과 지도로 알려준다. 탐방객들에게 다른 지역의 지오사이트마저 안내하고 있는 것이다. 다른 지역을 방문하게 되는 잠재적인 탐방객으로서 유인 전략인 셈이다. 그리고 이보다 작은 안내판마다 해당 지역의 형

성과정을 그림으로 알아보기 쉽게 도면화하였다. 대중성을 근간으로 일부 전문성까지 제공하고 있는 것이다.

4.자연재해에 대한 인식의 적극성 일본의 지질 100선으로 선정된 이즈 오시마섬 내셔널 지오파크는 화산섬으로서의 자연경관과 생태계가 자연공원법 등 체계적으로 잘 보존되고 있다. 하지만 지금도 활화산으로서 연기를 내뿜고 있어서 예기치 않은 화산분출은 지역주민과 탐방객들에게 매우 위협적이다. 그러나 주민들은 이 같은 자연재해 등 열악한 환경이 무서워 섬을 버리고 떠나기보다는 적극적으로 이런 숙명을 받아들인다. 이곳에 사는 생명체들은 화산섬에 적응하기 위해 체형이나 삶의 방식을 바꾸면서 어려운 환경을 이겨내왔다. 이들은 "자연재해를 어떻게 인식하며 마주 보고 있는가?"라는 물음을 던지고 있다.

제4장 제주형 지오투어리즘을 통한 지속가능발전 방안

제1절 제주형 지오투어리즘의 필요성

앞서 제주도 글로벌 지오파크 인증 10년 진단을 통해 지속발전 가능성을 들여다 보았다. 한마디로 그 기반이 되는 지오투어리즘이 활성화되지 않고 있다. 일부 대표명소의 경우만 하더라도 지형 및 지질자원은 기존 관광지에서 보아왔던 인물사진의 배경으로만 전락하는 패턴에서 벗어나지 못하고 있다. 180만 년 전 형성사를 간직한 절해의 고도 화산섬으로서 고고, 역사, 문화, 주민들의 전통적인 삶을 글로벌 지오파크와 지오투어리즘은 담아내지 못하고 있다. 그럴수록 지역주민들의 참여도 역시 낮아질 수밖에 없다.

그러나 글로벌 지오파크에서의 지오투어리즘은 맞춤형 해설의 경우만 하더라도 탐방객들에게 지역의 지형 및 지질유산과 역사문화자원 등의 가치인식 제고는 물론이고 환경문제까지 교육하며 공감대를 형성할 수 있으며, 이를 통해 지속가능한 발전을 유도할 수 있음을 간과해서는 안 될 것이다.

바로 여기서 제주형 지오투어리즘 도입의 필요성이 제기된다 하겠다. 제주도 세계지질공원의 운영 관리의 기본원칙은 지속가능한 지오투어리즘을 통한 지역 활성화에 있다. 이를 위해 기존의 경관 위주의 관광패턴에서, 지오투어리즘을 통해 탐방객들이 보고, 듣고, 배우는 관광패턴으로 지역의 활성화를 추진해오고 있다. 이 과정에서 세계지질공원은 제주관광 활성화에 중요한 견인차 역할을 맡고 있다.

지오투어리즘은 지구의 자연유산을 경험하고 학습하고 즐길 수 있는 지속가능한 관광산업의 영역이다(Farsani, Cohelho & Carlos Costs, 2012). 관광산업과 목적지를 총체적으로 관리하고, 관광객과 지역주민을 동시에 지원할 수 있는 관리 도구인 것이다(김창환, 2009). 따라서 지오투어리즘은 관광의 모든 측면을 다루고 있는 셈이다. 세계지질공원은 지오투어리즘의 활성화를 통해 제주관광의 글로벌화를 선도할 수 있다는 얘기다. 바로 이러한 점에서 제주형 지오투어리즘이 등장한다.

제주형 지오투어리즘은 단순히 그 대상 지역이 제주도여서 나타난 개념이 아니다. 이 개념은 화산섬 제주의 지형 및 지질유산들이 역사시대 절해고도라는 척박한 유배지에서 오늘날 국내 최고의 관광목적지라는 평판을 받기에 이르기까지 주민들의 삶과 같이 해온 인문화된 자원들이라는 점을 주목한다. 인문화된 자원들은 고고 및 다양한 역사문화유산들까지 함께하는 고유성과 정체성을 내포하고 있다는 점에서 국내외 여타 지역의 지오투어리즘과 차별성을 가질 수 있다.

김범훈(2016)은 제주도 세계지질공원의 지속가능성을 위한 방안으로 제주형 지오투어리즘은 다음과 같이 세 가지 의미를 갖는다 하였다. 첫째, 화산섬 제주의 지질 및 지형경관 자원의 유산적 가치를 전문적인 해설과 체험 교육프로그램을 통해 감상·이해하며 환경 보존 마인드를 길러준다. 둘째, 화산섬 제주의 탄생설화부터 탐라국 시대 등 역사시대, 일제 강점기, 제주4·3사건 등 근현대사에 이르는 지역의 역사문화유산과 주민들의 전통적인 삶 등 지리적 특성을 지속하고 강화한다. 셋째, 이로써 방문객들에게 양질의 관광경험을 제공하고 주민들의 삶의 질 향상과 지역공동체의 발전을 이끄는 지속가능한 관광이다.

가장 제주적인 것이 가장 세계적이라고 한다. 유네스코에서는 세계지질공원이 보전, 교육, 지오투어리즘이라는 세 가지 목적을 지닌다고 강조한다. 세계지질공원의 지속가능발전은 곧 지오투어리즘의 지속가능발전을 의미한다. 제주도 세계지질공원이 지속가능발전 기반구축을 위해 제주형 지오투어리즘을 도입해야 하는 이유가 여기에 있다. 제주형 지오투어리즘에 대한 이해와 관심을 높여나가야 한다. 또한 제주형 지오투어리즘의 중요성을 인식시켜 나가야 할 시점이다.

제2절 지속가능발전 방안

1. 안내 매체의 대표성과 통일성

대표명소 안내판 대부분은 단편적 정보전달에 그치고 있다. 이로 인해 탐방객들은 13개 대표명소를 각각의 명소로서 이해할 수밖에 없다. 안내판의 설명 방식이나 디자인은 통일성을 기하지 못하고 있다. 이는 곧 제주도 전역이 세계지질공원으로서 대표명소 전체가 하나의 총체적인 구조라는 인식을 가질 수 없음을 내포한다. 그럴수록 탐방객들은 자신들이 방문하는 대표명소가 제주도 세계지질공원 전체의 일부라는 체계적인 인식을 가질 수 없다.

각각의 대표명소에 13개 대표명소의 위치를 대표적인 사진 및 형성 시기를 함께 담은 대형 안내판을 갖추는 작업이 필요하다. 이 안내판에는 해당 대표명소의 지질형성과정에 대한 내용도 담아내야 한다. 그럼으로써 탐방객은 자신이 방문한 대표명소가 제주도 전체적으로 갖는 위치를 인식하며 다른 대표명소의 방문에 관심을 가질 수 있을 것이다. 이른바 다른 대표명소의 잠재적인 탐방객이 될 수 있다는 의미다.

2. 주제가 있는 탐방로로서 지오트레일 확대 운영

지오트레일은 지질 및 지형유산과 다른 관광자원을 연계함으로써 탐방객들이나 일반인들이 함께 이용할 수 있는 탐방로를 말한다. 도내 대표명소들은 지질 및 지형자원을 주요 구성요소로 하는 지질탐방로 성격이 대부분이다. 이들 지질탐방로들은 인근 지역의 역사문화유산 등과 연계하여 지오트레일로 진화가 가능하다.

　제주도는 대표명소의 가치를 배우고 배울 수 있도록 주제가 있는 탐방로와 탐방 프로그램을 복합적으로 개발하고 있다. 여기서 특히 강조하고자 하는 바는 지오트레일 개발의 기획단계에서 실행에 이르기까지 지역주민들이 직접 참여하여 운영함으로써 공유가치를 창출할 수 있다는 점을 잊지 말아야 한다는 것이다. 지오트레일 개발 운영을 통해 지역의 지형 및 지질자원 등에 숨겨진 가치 발굴은 물론 그와 관련된 다양한 활동의 참여를 통해 지역에 대한 정체성과 가치를 깨닫고 애정을 공유할 수 있을 것으로 기대되기 때문이다.

3. 지역의 역사문화유산과 주민들의 삶을 연계한 마을 이벤트 육성

　지오파크는 주민들의 적극적인 참여를 기본으로 한다. 또한 지역의 역사와 문화를 담아낼 수 있어야 한다는 점을 강조한다. 따라서 지역의 역사문화유산과 주민들의 삶을 연계한 마을 이벤트 방안은 지역의 제주형 지오투어리즘을 통한 지역 활성화에 가시성을 높일 수 있는 콘텐츠이다.

　제주형 지오투어리즘은 지속가능성과 가시성을 높이기 위한 담보로서 트레일 코스의 마을 시내 경유를 강조하고 있다. 탐방객들이 걷는 코스가 자연풍광을 감상하는 데 목적을 둔 것이 아니라면 마을 시내를 두고 외곽지만을 돌아본다는 것은 지속가능발전으로 이어질 수 없다. 한국 슬로우 시티의 지역이벤트로 주목을 받고 있는 마을 장터만 하더라도 소비자의 입장에서는 공정한 거래 등과 맞물려 윤리적 소비를 이끌어낼 수 있으며, 주민의 입장에서는 지역 특산물을 판매하는 농부의 역할과 함께 탐방객을 맞이하는 호스트 역할을 동시에 할 수 있을 것이다.

4. 지역의 지오브랜드 특성화 및 파트너십 확대

　제주도 글로벌 지오파크는 2012년부터 핵심마을 활성화 사업을 통해 다양한 지오브랜드가 개발되었다. 이와 함께 지오브랜드 유관기관 협의체 구성과 정기적인 점검 등을 통해 이 사업이 지속적으로 특성화하며 진행될 수 있도록 지원체계를 새롭게 구축해야 한다는 데 공감하고 있어 기대가 된다. 또한 지오투어리즘을 통한 지역경제 활성화를 위해 지역 업체 등 이해관계자들과 파트너십을 확대 추진하고 있다.

현재 제주도 글로벌 지오파크를 홍보하며 관련 행사 등에 참여하고 있는 국내의 파트너십 기관 및 업체들은 16개다. 그러나 일부를 제외하고는 특정 대표명소와 연계되는 한계를 지니고 있다. 제주도 전역의 대표명소로 파트너십을 확대 강화할 필요가 있다. 파트너십은 상호 이익 증대를 목적으로 협력하기로 한 합의로서 동반자 관계라고 말할 수 있다. 따라서 파트너십을 확대하는 것은 제주도 글로벌 지오파크의 동반자 관계를 넓히는 것으로 지질공원의 홍보에 유형·무형의 기여도가 클 것으로 예상된다.

5. 전문가 동반 초·중·고 등 청소년 대상 체험형 환경교육 프로그램 확대

지오파크는 현장에서 지질을 경험하고, 관찰하며, 체험하는 환경을 제공하여 지질교육의 효과를 높이고, 지질과 환경에 흥미와 관심을 불러일으킬 수 있어야 한다. 또한 지질을 보존하고 보호해야 하는 필요성을 알리는 체험교육 공간으로서의 역할을 수행해야 한다(조선·정욱주, 2018).

여기서 유념해야 할 점은 제주도 글로벌 지오파크의 대표명소와 일반명소 대부분은 이미 관광지로 개발되어 있었다는 것이다. 기존의 관광지로 개발되었던 사이트들을 유네스코 기준에 부합할 수 있도록 일부 인프라를 개선하거나 재활용하는 방식으로 세계 지질공원 인증을 추진했다는 것이다.

또한 새롭게 선정된 대표명소는 탐방 안내 및 편의시설이 제대로 완비되지 않은 상태다. 이에 세계적인 가치를 인정받고 있는 대표명소들의 지형 및 지질자원과 경관은 기념사진 찍기의 배경으로 소비되고 있다. 결국 제주도 글로벌 지오파크가 지질공원 교육의 현장으로서 충분한 잠재력을 갖고 있는 것에 비해 탐방객들이 느끼는 지질교육의 효과는 미미한 수준이라는 지적을 깊이 유념해야 할 것이다.

그런 의미에서 GGN이 선정한 해외의 유네스코 글로벌 지오파크 우수사례를 살펴보고자 한다. 주목할 점 가운데 하나는 공통적으로 초등학교, 중학교, 고등학교 학생 그리고 대학생 등 청소년들을 대상으로 지형 및 지질현장을 대상으로 전문가 동반 체험형 환경교육을 정례적으로 확대 실시하고 있다는 사실이다.

6. 탐방객과 소통하는 해설 시스템 체계화

탐방객들의 다양한 연령대를 고려한 맞춤형 해설, 교육자 또는 지질학적 관심이 높은 탐방객을 위한 해설, 환경교육을 가미한 해설 등의 측면에서 볼 때 미흡하다는 지적들이 적지 않다. 제주관광이 기존의 경관 감상 위주의 패턴을 여전히 답습하고 있다는 지적의 이면을 들여다보면 타성에 젖은 해설이 지속된다고 보인다.

해설은 설명 안내 매체를 통한 사실적인 정보전달 수준을 넘어서는 교육의 특별한 형태이다(Weaver, 2006). 해설의 3가지 문제점은 세세함의 정도가 부족하고, 해설을 듣고 이해하는 탐방객의 눈높이에 맞은 않을뿐더러, 탐방객과 소통하기 위한 해설의 규칙이나 원칙이 구비되지 않고 있다는 점이다(Hose, 2006). 한마디로 탐방객과 소통하는 해설이 아니라는 얘기다.

일본 글로벌 지오파크 무로토시의 경우 탐방객들과 소통하려는 노력이 돋보인다. 해설사가 본래 예정했던 각본대로 지질자원 등을 설명하기보다는 탐방객들이 원하는 방향으로, 탐방객들이 무엇을 알고 싶어하는지를 현장에서 파악하고는 바로 해설의 방향을 탐방객과 소통하는 방식으로 이어가고 있기 때문이다.

7. 기후변화와 자연재해 연구 및 대응체계 구축

기후변화와 함께 전 지구적인 중요 현상을 꼽는다면, 자연재해의 발생 빈도가 높아지면서 인명과 재산피해 또한 막대해지고 있다는 점이다. 최근 자연재해의 양상이 예상치 못한 규모와 세기 그리고 그에 따른 원자력 폭발과 같은 2차 재해가 겹치면서 보다 광범위하고 복합적인 형태로 나타나고 있다. 일본은 지진과 쓰나미, 화산분출, 홍수와 토사유출 등에 의한 자연재해가 빈발한 나라이다. 우리나라 역시 자연재해의 피해가 커지고 있다. 이처럼 인간의 삶을 영위하는 과정에서 알게 모르게 닥치는 자연재해에 대비하고 이를 최소화하려는 인간의 노력은 그 자체로 방재역사가 되고 방재문화가 된다.

따라서 그 역사와 문화를 잇는 방재교육은 사회의 유지에 필수적인 기능을 갖게 된다(마 춘웅, 2019).

8.관리와 운영의 체계화 및 전문성 대폭 보강

글로벌 지오파크에 대한 인지도가 높아지고 탐방객이 증가함에 따라 지오파크 관련 업무도 급격히 증가하고 있는 실정이다. 앞으로 조직의 확대와 기구개편이 절실한 상황 이다. 유네스코에서도 2014년 재인증 심사 당시 지질 전문가 충원 및 홍보분야 전문가 충원을 권고한 바 있고, 유네스코 세계유산과 생물권보전지역과의 차별화된 브랜드 정 체성을 강화해 나갈 것을 주문한 바 있다.

제주도는 단기계획(1~3년)으로서 가장 시급히 해결해야 될 사안이 전문가 충원이라 는 데 방점을 찍고 지질전문가 1명, 홍보 및 생태전문가 1명을 충원한다는 계획을 제시 하고 있다. 또한 중기계획(3~5년)으로서 세계유산, 생물권보전지역,글로벌 지오파크를 각각의 전담부서로 확대개편한다는 계획을 제시하고 있어 향후 추이가 주목된다.

제5장 맺음말

1. 제주도 유네스코 글로벌 지오파크의 지오투어리즘 현황과 지속가능발전을 진단 한 결과, 발전 잠재력과 여건은 충분하다. 그러나 현재의 지오투어리즘 실상은 지속가 능한 관광으로 평가하기에는 아직 보완과 개선해야 할 점이 적지 않다.

2. 유네스코 글로벌 지오파크는 보존, 교육, 지오투어리즘이라는 세 가지 목적을 가 진다. 따라서 글로벌 지오파크와 지오투어리즘은 떼려야 뗄 수 없는 동반자 관계다. 제 주도 글로벌 지오파크와 지오투어리즘의 지속가능한 발전 기반을 구축하기 위하여 제 주지역 실정에 부합하는 관광방식을 제시하였다. 이를 위해 제주도의 자연유산이 탁월 한 보편적 가치를 지니면서 오랜 기간 주민들의 삶 속에 역사문화유산을 함께해 온 인

문화된 자연이라는 점에서 제주형 지오투어리즘을 제시하였다.

3. 제주도 유네스코 글로벌 지오파크의 지속가능한 기반구축을 위해 제주형 지어투어리즘을 통한 8가지 방안(지역의 역사문화유산과 주민들의 삶을 연계한 마을 이벤트 상설, 주제가 있는 탐방로로서 지오트레일 확대 운영, 지역의 브랜드 특성화 및 파크너십 확대, 초·중·고 지역학교와 환경교육 정례화, 안내매체의 대표성과 동일성 구축, 탐방객과 소통하는 해설 시스템 구축, 기후변화와 자연재해 대응체계 가시화, 관리 및 운영의 체계화 및 전문인력 대폭 충원)을 제시하였다.

4. 제주도 유네스코 글로벌 지오파크의 지속가능발전 기반구축을 위한 8가지 방안의 실현을 위해 두 가지를 제언하고자 한다. 첫째, 지역주민, 전문가, 교육과 행정당국, 관광업계 등이 망라한 협의 네트워크 구조를 마련할 필요가 있다. 둘째, 외부 전문가와 주민들이 함께하는 정기적인 평가와 모니터링 시스템을 갖출 필요가 있다. 그 과정과 결과가 보다 객관성을 갖기 위해서다.

김범훈, 2016, 《제주형 지오투어리즘》, 도서출판 신우.

김범훈, 2019, 《제주도 세계지질공원의 지오투어리즘 현황과 지속가능발전 기반구축 연구》, 제주연구원.

김범훈a, 2013, 〈제주관광의 지속가능성과 대안적 모델로서의 지오투어리즘〉, 《탐라문화》 44, 83-120.

김범훈b, 2013, 〈한국에서의 지오투어리즘(Geotourism) 연구동향과 과제〉, 《한국지역지리학회지》 19(3), 476-493.

김창환, 2009, 〈한국에서의 지오파크 활동과 지리학적 의미〉, 《한국지형학회지》 16(1), 57-66.

김창환, 2011, 〈지오파크(Geopark) 명칭에 대한 논의〉, 《한국지형학회지》 18(1), 73-83.

박면영·박 경, 2011, 〈지오투어리즘과 지리학의 역할〉, 《대한지리학회 학술대회발표집》, 24-28.

윤경호·김남조, 2015, 〈국가지질공원으로 본 지오투어리즘(Geotourism)의 의미와 역할〉, 《관광연구논총》 27(2), 53-82.

조 선, 2018, 〈제주 지질공원의 계획원칙과 개선방안 연구〉, 서울대학교 대학원 석사학위논문.

조 선·정욱주, 2018, 〈제주 국가지질공원 교육·안내체계 개선방안 연구〉, 《한국조경학회지》 46(5), 93-107.

Boley, B.B, Geotourism in the Crown of the Continent: Development and Testing the Geotourism Survey Instrument(GSI), *Thesis presented in partial fulfillment of the requirement for the degree of master of science in Recreation Management*, The University, of Montana, USA, 2009.

Farsani, N. M., Coelho, C., & Carvalho, C. N., *Geoparks and Geotourism: New Approaches to Sustainability for the 21st Century*, Brown Walker Press, Florida, USA, 2018.

Newsome, D. and Dowling, R.K., Setting an agenda for geotourism, in Newsome, D. and Dowling, R.K.(ed.), *Geotourism: The Tourism of Geology and Landscape*, Goodfellow Publishers Ltd, Oxford, UK, 2010, 1-10.

Schutte, I. C., A *Strategic Management Plan for the Sustainable Developmemt of Geotourism in South Africa*, Dessertation submitted in fulfillment of the requirements for the degree of Doctor of Philosophy at the Potchefstroom campus of the North-West University, 2009.

Weaver, D., *Sustainable tourism: Theory and practice*, Amsterdam, Elsevier Butterworth-Heinemann.

제주특별자치도 세계유산본부, 2017, 《3차 제주도 지질공원 관리 및 운영계획》(2018-2022).

UNESCO 홈페이지(www.unesco.org/geoparks).

4부

오늘날 제주도의
인문 지리 환경

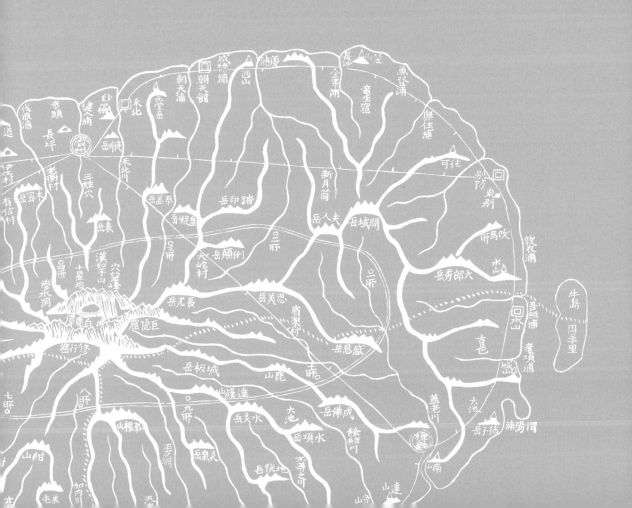

제주의 마을 어장과
이시돌 목장

로컬에서 찾는 지속가능한 미래

권상철

제1장 머리말

세계화와 더불어 글로벌에 밀려 점차 잊혀져 가던 로컬이 다양한 측면에서 관심을 받고, 지속가능한 미래의 희망으로도 언급된다(류석진 외, 2020; 박경환, 2011). 글로벌과 로컬은 이원적 구도로 오랫동안 글로벌한 것은 새로운, 자본주의적인, 공식적인 등으로, 로컬은 전통적인, 비자본주의적인, 비공식적인 등으로 재현되며 글로벌이 비중이 높게 인식되어 왔다. 그러나 글로벌 자본주의가 불평등, 빈곤, 소외의 결과를 만들어내며 대안적 그리고 다양성의 안목으로 로컬에 대한 관심이 높아지고 있다(Cloke et al., 2014; Roelvink et al. eds., 2015).

로컬에서 지속가능한 미래의 희망을 찾아보는 노력은 두 가지 연구에서 나타나는데, 하나는 자본중심적 관점을 넘어 다양한 형태의 경제활동에 관심을 기울이며 자본주의적 시장경제의 대안으로 공동체 경제(community economy)를 부각시킨다(Gibson-Graham,

---

* 이 글은 필자의 논문인 〈대안 공동체 경제 논의와 제주지역 사례: 마을 공동어장과 이시돌 목장〉(《한국경제지리학회지》 18(4), 2015)을 바탕으로 작성되었다.

2006; Fickey, 2011; 굽지모 역, 2013). 다른 하나는 인간이 자연을 이용해 생존을 유지하는 것에서 더 나아가 공유재를 무료재로 간주해 비극으로 치닫기에, 공공재의 사유화로 부를 축적하는 약탈적 방식에서 벗어나 지역 단위에서 성공적으로 자원의 이용과 관리가 이루어지는 공공재론을 들 수 있다(Peuter and Dyer-Witherford, 2010; 윤홍근 역, 2010).

공동체 경제와 공유재 회복은 자본주의의 글로벌화와 신자유주의적 경제의 확대로 심화된 불평등과 경쟁적인 개인주의의 대안이다. 협력적이며 공정한 발전을 로컬 단위에서 추구하는 대안적 형태의 발전에 관심과 노력을 기울이는 것은 사실 새로운 것은 아니다. 로컬 공동체는 지역 단위에서 사회적으로 공유재를 만들고, 공유재는 공동체의 경제 기반으로 작동하며 양자는 오랫동안 서로 지속가능하게 유지되어 왔다. 그러나 글로벌화는 자유 시장과 무역의 촉진을 통해 자원을 보다 효율적으로 배분하여 빈곤을 퇴치하고 경제적 풍요로 이어질 것이라는 주장을 대중화시켰다. 유사하게 신자유주의는 세계적이지만 공유재는 지역적이고 퇴화하는 것으로 간주되었다. 소지역 단위에서 운영되는 공동체와 공유재에 기반한 경제는 오랜 기간에 걸친 참여 관찰의 실증 연구를 통해야만 구체적이고 복잡한 실체를 드러낼 수 있어 대중적으로 인식하기에는 어려움이 있다. 그러나 효율성보다 지속가능성이 중요해지는 최근 들어 공동체 경제는 현실에서 실제 작동하고 있는 제도로 재평가를 받고 있다.

현실 경제에 존재하는 다양한 방식을 인식하면 개인주의보다 공정한 결과를 가져올 수 있는 집단주의를, 경쟁보다 협력을 우선시하는 대안적 형태의 사회적 관계를 선택할 수 있는 반자본중심적 안목이 열린다. 자본주의적 발전이 사람과 공동체를 파괴시켰기 때문에 공동체와 공유재를 지역 경제의 토대로 고려하면 대안 사회를 열어줄 가능성의 지리가 드러난다. 지역에 초점을 맞추어 공동체와 공공재의 가치를 발견하는 노력은 광범위한 경제와 정치 구조와 달리 주민들이 장소와 발전을 만들어 가는 과정에 관심을 기울이며 대안 사회를 확대시키는 중요한 출발점이 된다.

지역을 지리적으로 구분하는 여러 방식 중 중심과 주변 지역은 보편적이며, 주변 지역은 중심으로부터의 파급효과를 기대하거나 중심에 종속된 지역으로 자생적 발전을 기대하기는 어려운 지역으로 인식된다. 주변 지역들, 제주를 위시한 특징적인 지방은 글로벌과 로컬의 구분 틀에서 낙후되고 부족한 지역으로 특징지워지며 중심 지역과는 다른 삶을 영위해야 했다. 글로벌이나 국가 스케일에서 주변 지역, 그중에서도 섬 지역들은 변방으로 중심의 시각에서는 발전의 한계를 가지고 면면이 생계를 유지해오던 지역으로 특징지워진다(Baldacchino ed., 2018; 신혜란·권민지, 2020; Kwon, 2008).

최근 희망적 기대인지 다수의 관련 글과 책자에서 공동체 경제를 대안 경제와 사회로, 특히 마을 단위에서의 가능성을 강조한다(김기흥, 2014; 이종수, 2015; 이대동 외, 2017). 지방, 로컬은 새로운 가능성을 열어줄 희망의 공간으로 진화하고 있다. 국지화된 장소를 보다 광범위하게 인식하고 장소를 세계와의 연계 속에서 이해하는 노력은 로컬한 것을 글로벌한 것으로 확대시켜나가는 새로운 희망 공간으로 나아가는 시작이 될 것이다.

이 글은 대안 경제의 구체적인 사례로 제주 지역의 공동체 경제인 마을 공동어장과 이시돌 목장을 소개해 보고자 한다. 이들은 현재에도 건실하게 운영되는 지역 공동체 기반의 경제·사회 체계로 마을 공동어장은 공유재에 기반한 지속가능한 자원의 이용과 관리, 이시돌 목장은 협동조합형 지역 발전 사례이다. 공동체 경제는 전통 사회에 대한 관심 부족으로 중요하게 다루어지지 않았으며, 한국에서의 관심도 서구의 제도와 방식을 적용하는 데 치중하는 모습으로 한국의 전통적 공유 경제와 협동조합형 지역 발전 경험을 검토하는 작업은 시의적절하다. 제주 지역 경험은 다양한 대안 경제 논의를 실제 지역 경험에 기초하여 구체적으로 이해하고, 현실에서 실현되고 있는 사례이기에 실천적 측면에서 대안 경제·사회의 확대 가능성을 높이는 데 도움을 줄 것이다.

제2장 다양한 경제 대안: 공동체 경제, 공공재, 협동조합

경제 영역은 일반적으로 시장 경제와 개발도상국에서 아직 존재하는 전자본주의적 농업 공동체의 호혜 경제로 구분되는데, 신자유주의가 확대되며 호혜 경제는 점차 자본주의 시장 경제의 주도권 아래로 포섭되고 있다. 따라서 점차 시장 경제 논리가 전체 경제를 포괄해 가고 있다. 그러나 이러한 변화에서 새로운 유형의 경제가 성장하고 있어

주목을 받는데, 이들은 사회적 경제, 연대 경제, 협동 경제, 제3섹터 경제 등 다양한 이름으로 불리며 점차 그 규모가 늘어나는 추세이다(김상준, 2008).

자본주의의 신자유주의적 확대에 따른 폐해 극복을 위한 대안 경제를 모색하는 노력은 사회적 경제, 공동체 기업, 협동조합 등으로 국외와 국내에서 다양하게 논의되고 있다(Peredo and Chrisman, 2006; 김성오 외, 2013; 신명호, 2009). 대안 경제 논의는 오랜 발전지향적 개발과 이에 따른 불평등의 심화와 환경 파괴 등의 문제, 특히 최근 확산 일로에 있는 빈곤과 실업 문제를 지역 공동체를 통해 완화시켜 보려는 배경에서 시작되었다(Fickey, 2011; 꿈지모 역, 2013; 채종헌, 2013). 넓게 후기발전주의로 포괄할 수 있는 이들 논의들은 성장 지향의 경쟁보다 활기 지향의 협동, 전문화보다 다각화, 환경적 지속불가능보다 환경적 지속가능, 민간-비지역 소유보다 공동체-지역 소유 등의 주류 자본주의 시장 경제와는 대비되는 특성을 강조하며 대안 경제를 모색하고 있다(조효제 역, 2014; Escobar, 2012; Gibson-Graham, 2006).

대안 경제는 집합적으로 구성원들의 이익을 추구하는 사회적 경제, 민주적 참여와 자조에 기초한 협동조합 등을 구체적인 형태로 언급한다. 이들 다양한 공동체 경제는 현실적으로 상당수 공유재에 기반하고 공유재의 이용과 관리는 공동체에 의해 이루어지며, 지역 공동체 단위로 상황에 따른 규범으로 제도화되며 다양하게 나타난다(꿈지모 역, 2013; MacAulay, 2001). 공동체 경제는 자율과 참여라는 기본 원칙 아래 시장과 국가 주도를 넘어 생활 터전에서 자율적인 경제 공동체적 존재를 정립할 수 있는 방안으로 고려될 필요가 있다. 이러한 측면에서 대다수의 나라에 전통적인 경제·사회 형태로 마을 단위 공동체 경제가 있어 왔기에, 현실에서 실제 운영되고 있는 다양한 구체적 사례를 통해 지속가능한 제도적 측면을 발굴하는 데 많은 관심이 기울여져 왔다(윤홍근 역, 2010; Gibson-Graham, 2006).

대안 경제를 모색하는 다양한 경제들은 각각의 특징을 가지지만 시장 자본주의의 폐해와 모순을 극복하기 위한 방안으로 공통점을 보인다. 전 세계적으로 자본주의를 시장 경제로 고려한다면 경제 활동의 50퍼센트가 넘는 다양한 경제가 존재하고 있어 자본주의만이 지구상의 유일한 경제 방식이 아니라 비자본주의적 다양한 경제 또한 존재한다는 것을 인식할 필요를 제기한다(황진태, 2012; 최영진, 2010). 이는 또한 산업화된 사회에서는 사라진 것으로 간주되던 공동체적 호혜 경제의 가치를 인정하고 이들을 재발견해 환경 악화와 빈부 격차 문제의 극복 방안을 찾아보는 관심과 노력을 제안한다(윤홍근 역, 2010; Gibson-Graham, 2006).

　대안 경제 논의는 경제 위기가 심화되며 그 대안을 모색하는 과정에서 시작되었지만, 실제 다양한 형태의 경제활동이 현실에서 운영되고 있음에도 자본주의의 헤게모니로 인해 가려져 있다는 것을 인식하자는 노력이기도 하다. 대다수의 국가, 지역에는 전통적인 공존의 경제 방식이 있었기에 이를 찾아 의미를 부여하고 확대하는 것이 새로이 시작하는 것보다 더 현실적인 접근이 될 수 있을 것이다. 대안 경제는 주류 자본주의 경제와 시장 자본주의에 편입되지 않은 가정 경제 내 업무, 토착민의 물물교환 등의 거래, 미지불 노동으로 가사 노동, 동네의 일, 자원 봉사, 비자본 주도의 공동체 기업 등을 포함하는 비시장경제의 사이에 있는 활동으로, 여기에는 정부 영역을 제외하면 관습적 토지 소유, 공동체 토지 신탁, 호혜적 노동, 비영리 사회·환경 책임 기업, 공정무역, 공동체 협동, 신용조합 등이 포함된다.

〈표 1〉 주류 경제와 공동체 경제의 특성 비교

주류 경제: 시장 경제	대안 경제: 공동체 경제
성장 지향, 경쟁	활기 지향, 협동
민간, 수출 지향, 단기적 반환 가치	공동체, 지역시장 지향, 장기적 투자 가치
잉여의 사적 전유와 배분, 비윤리적	잉여의 공동 전유와 배분, 윤리적
전문화된, 관리되는	다각화된, 공동체 주도
대규모	소규모
노동의 공간분화 참여	지역 자립적인
비문화적, 사회적으로 배태되지 않은	문화적으로 독특, 사회적으로 배태된
비지역 소유, 비공간/세계	지역 소유, 장소 귀속적
환경적으로 지속가능하지 않은	환경적으로 지속가능한

자료: Gibson-Graham(2006)의 내용을 수정

대안 경제의 구체적인 형태는 공동체 경제의 모습을 보이는데, 이들은 주류 경제와 대비적인 특성을 경제, 사회, 환경, 지역 등의 측면에서 드러낸다.

예를 들어 시장 경제는 성장을 지향하는 경쟁, 잉여의 사적 전유와 배분에 치중하는 반면 공동체 경제는 활기를 지향하는 협동, 잉여의 공동 전유와 배분을 지향하는 모습이다. 또한 시장 경제는 지역 문화와 사회와 연계되지 않은 반면 공동체 경제는 지역 문화와 사회의 독특성에 기초하여 장소 귀속적인 지역 소유의 경제로 협동에 기반한 공동체 지향의 특성을 보여, 지속가능한 경제·사회의 목표를 지향점으로 한다.

공동체 경제는 현실적으로 지역 주민의 생계와 생활을 유지시켜 주는 공유재를 매우 중요한 경제 기반으로 포함한다. 공유재는 공동체에 속한 모든 구성원이 관습적인 권리를 가지며 자신들의 생계 수단을 구할 수 있는 윤리 경제의 한 부분을 이룬다(꿈지모 역, 2013). 그러나 시장 경제는 인간과 자연을 분리하는 근대적 세계관으로, 자연을 단순히 자원으로 환원시켜 그 물질적 기반인 공유재와 공동체를 파괴하는 과정을 통해 현재의 시장 경제를 발전시켰다(하승우, 2009). 따라서 공동체 경제는 근대화 과정에서 오랫동안 자원 관리의 원칙으로 강조되었던 공유지의 비극론에 대한 대안으로도 옹호되고 있다. 공유지 비극론은 산업화 시절의 환경과 발전에 대한 대중적 사고로 주민들이 공유지에 이기적으로 무임승차하는 문제를 줄이기 위해 재산권 부여가 필요하다는 주장이다. 그러나 역사적으로 보면 공유지는 시장 원리에 의해 사적 소유나 상품으로 바뀌고 국가는 이런 사유화된 질서를 보장해 왔다. 대다수 공유지는 시장과 국가 권력이 약탈했고, 공유지에 기초한 공동체의 전통과 결속은 파괴되었다(하승우, 2009; Heynen et al., 2007).

공동체는 상호부조에 기반하고 공유재의 공동 이용을 통해 공동체의 결속을 다진다. 즉 공동체는 경제 기반 없이 존립할 수 없기에 공유지를 유지하고 확대하는 노력이 공동체 경제 모색에 중요하다(김기홍, 2014; 김준, 2004). 개발도상국은 완전히 파괴되거나 전유되지 않은 공유재를 보호하려 삼림을 위한 인도의 칩코 운동, 코차밤바의 물 민영화 반대 운동 등을 전개하고, 탄소거래제는 신식민주의로 비판받는 등 공유재의 사유화, 자연의 상품화에 대한 저항이 표출되고 있다(Thoms, 2008; St. Martin, 2009). 한동안 공동체 경제는 전통 사회, 제3세계의 비효율적이고 낙후된 전통으로 인식되었으나, 근래 공

1. 명확하게 정의된 경계 - 공유 자원 인출 가능자의 구체적 정의, 공유 자원의 경계
2. 현지 조건과 부합하는 사용 규칙 - 자원 사용 시간, 공간, 기술, 수량 등의 규칙, 현지 조건과 연계-일치
3. 집합적 선택 장치 - 대부분의 사람들은 실행 규칙을 수정하는 과정에 참여 허용
4. 감시 활동 - 공유 자원의 현황 및 사용을 적극적으로 감시, 요원은 사용자 중에서 선발
5. 점증적 제재 조치 - 규칙 위반자는 위반 행위의 경중과 맥락에 따른 점증적 제재 조치
6. 갈등 해결 장치 - 사용자들 간 분쟁을 해결하기 위해 지방 수준의 갈등 해결 방안
7. 최소한의 자치 조직권 보장 - 스스로 제도를 디자인할 수 있는 사용자들의 권리
8. 중층의 정합적 사업 단위 - 사용, 감시 활동, 분쟁 해결 등은 중층의 정합 단위로 조직화

자료: 윤홍근 역(2010)의 내용 재구성

유재 관리의 살아 있는 전통적인 규범과 제도, 그리고 관련한 상호부조 문화의 가치는 선진국에서도 재인식되며 공유재 회복과 창조적 공유 경제의 확대로[1] 이어지고 있다 (Gibson-Graham, 2006; 최현 외 역, 2014).

세계 여러 지역에서 오랫동안 지속적으로 관리되어 온 공유재의 수많은 사례들은 이용과 관리의 전통 규범과 제도에서 공통점을 보이는데, 오스트롬(Ostrom)은 이들을 디자인 원리(design principles)로 정리해 이해와 실천을 돕고 있다〈표 2〉.

예를 들어 공유 자원은 그 이용자의 범위가 명확하고, 자치적으로 감시 활동을 하며, 집합적인 의사 결정을 한다는 등의 측면들은 신뢰를 형성하는 토대로 역할하고 있음을 포착하였다. 이 외 경제적 합리성, 민주적 참여, 적절한 처벌 방식, 자율성 등의 특징을 공통적으로 포함하고 있다. 명확한 경계가 없다면 비용을 내지 않고 가져가려는 무임승차를 막을 수 없어 부정적 외부효과가 발생하고 결국 공동체 경제도 지속할 수 없게 될 것이다.

이러한 공동체 경제의 상호부조와 관리 규범들은 근대적으로 구체화되고 제도화된

---

1) 공유경제(sharing economy)는 정보기술을 활용해 비용 절감, 효율성을 높이는 새로운 경제 형태로 확대되고 있는데, 에어비앤비, 우버택시를 대표적으로 들 수 있다.

형태인 협동조합에서 특히 지역사회 발전을 목표로 하는 경우에서 유사점을 찾을 수 있다. 협동조합은 개인, 특히 서민들이 특정의 문제를 힘을 합쳐 자율적으로 해결하는 방식으로 어떤 문제가 어느 곳이든 있을 때 생겨난다. 최초의 협동조합은 영국에서 산업혁명이 진행되는 과정에서 공급과 가격이 불안정한 생필품 조달을 위해 노동자와 가족들이 자발적으로 가게를 운영하며 시작되었다. 이러한 협동조합은 생계에 도움을 주려는 목적의 소비협동조합에서 시작하여, 고리대금업으로부터 벗어나기 위한 신용협동조합, 점차 농축산업, 노동자협동조합 그리고 사회적 협동조합 등으로 확대되고 있다(김성오 외, 2013). 협동조합은 기본적 원칙으로 자발적이고 개방적인 조직, 민주적 관리, 조합원의 경제 참여, 자율과 독립 그리고 시대적 변화를 수용한 원칙으로 교육, 훈련 및 홍보 활동, 협동조합 간의 협동, 그리고 지역사회에 대한 기여를 포함한다. 이들은 자본주의 기업의 이윤 극대화와는 대조를 보여, 조합원의 복지 증진과 상호부조를 목적으로 하고, 의결권은 주식회사의 투자금 비례 1주 1표와 달리 출자액과 관계없이 1인 1표를 가진다는 것을 가장 핵심 내용으로 한다(김성오 외, 2013).

협동조합의 지역사회에 대한 기여 원칙은 국제협동조합연맹 설립 100주년을 기념하는 1995년 총회에서 새로 추가되었다. 이 원칙은 다국적 기업에 의한 지역 경제의 쇠락에 대처하고 지역의 내발적 발전을 형성하여 협동조합이 조합원들만의 이익을 추구하는 폐쇄적인 조직이라는 부정적 시각에서 벗어나 지역사회에 기여하고 사회적 경제의 발전을 견인하는 역할을 도모하겠다는 의지를 보여준다. 중앙집권화된 국가에서 협동조합은 조합원이 주로 속한 지역의 지속가능한 내발적 발전을 통해 지역의 힘을 강화시키며 사회적 기여를 해야 할 필요가 있다고 본 것이다(김성오 외, 2013; 채종헌, 2013).

협동조합의 성공적 사례는 유럽의 경험을 중심으로 스페인의 몬드라곤 협동조합이 가장 대규모의 성공적 모델로 소개되고 협동조합이 활성화된 이탈리아, 캐나다 등지의 경험 또한 빈번히 다루어진다(김성오 외, 2013; 이종헌, 2014; 이인우 역, 2012). 이들 성공적 협동조합의 경험은 자본가적 기업체, 정부 또는 자선 기관보다 지역에 사는 사람들이 스스로 조합을 결성하며 일자리를 만들어 가는 지역 공동체 기업의 중요성을 부각시킨다. 그러나 협동조합은 성장과 더불어 규모가 커지면 민간 기업과의 경쟁이 불가피하게 되며 점차 본연의 민주적, 형평성의 강점을 지닌 기업이자 결사체의 성격은 약화되는 경우가 발생한다. 또한 협동조합이 기업의 성공과 조합원의 복지를 동시에 고려해야 하는 상황은 종종 파산으로 이어지기도 한다.

협동조합은 공동체 경제의 한 부류로 상호부조의 속성을 가지고 있어 지역사회를 뛰어넘는 사업의 성장은 그 자체로 결속의 약화를 가져올 수 있어 지역에 대한 고려가 매우 중요하다. 지역 공동체가 약화되는 상황에서 협동조합의 지역사회와의 관계는 선택이 아니라 협동조합과 지역사회를 나누는 경계가 사라질수록 협동조합의 힘은 커지고 더불어 지역 공동체도 부활시키는 결과로 이어진다(하승우, 2013). 여기에 협동조합을 대안 공동체 경제로 고려하는 경우 이윤을 내는 것은 중요하며 그 이윤으로 무엇을 할 것인가는 더욱 중요하다(MacAualy, 2001; 이인우 역, 2012). 이윤을 일자리 창출 목적을 위해 재투자한다면 지역 발전으로 이어질 것이기에 지역사회 공동체 발전을 위한 지역 상황에 적합한 다양한 협동조합의 운영 방식을 고려해 볼 필요가 있다. 실제 성공적으로 운영되는 협동조합의 사례들은 지역 공동체와 긴밀히 연계되어 있는 모습으로 대안 경제의 여러 행태 중 공동체 경제와 협동조합 두 형태는 모두 공동체를 강화시키고 지역성을 부활시키는 것을 중요한 목표로 한다는 점을 찾을 수 있다(하승우, 2013; 이소영, 2012).

제3장 제주지역 공동체 경제 두 사례: 마을 공동어장, 이시돌 목장

대안 경제는 세계 여러 지역에서 다양한 형태로 모색되는데, 선진국의 경우 소비, 노동자, 복지 분야, 개발도상국의 경우 생산과 지역 발전 분야가 주로 언급되는 차이를 보인다(Peuter and Dyerwitheford, 2010; 이종현, 2014; 이인우 역, 2012). 개발도상국에서는 공동체 경제가 상당수 공유재에 기반하고 있으나, 이들 공유재는 자본주의 이윤 추구의 원시적 축적 대상으로 지속적인 감소를 경험한다. 오랫동안 공유지 비극론은 환경 악화의 문제를 사유화 방식으로 해결하는 정책의 기저에 있었으나, 최근 들어 부의 축적을 위한 논리로 비판을 받고 있다(하승우, 2009).

공유재는 세계 많은 지역에서 지속가능한 경제·사회 공동체의 기초로 현재 이용 가능한 공유재와 더불어 새로이 공유재를 만들어가는 노력은 생산 분야에서의 협동조합으로 모습을 드러낸다. 따라서 지역 또는 마을 단위의 공유재 이용과 관리 그리고 보다 조직화된 협동조합은 경제와 더불어 사회의 지속가능성에도 중요하게 역할할 수 있음을 강조할 필요가 있다(나종석, 2013; Agrawal, 2001). 공유재 관리의 제도적 측면은 세계 여러 지역의 전통적인 생활방식에서 찾을 수 있으며, 협동조합의 경우 소비 분야에 집중하고 있지만 생산 활동 특히 농촌 지역의 발전에서 농축산 분야는 빈곤 탈피에 중요한 역할을 한다.

제주는 기존 이용 가능한 공유재를 마을 단위에서 이용·관리하며 현재에도 지속되고 있는 마을 공동어장 그리고 새로운 공익 기업 활동을 통해 협동조합형 공동체 경제를 유지, 운영하고 있는 지역이다. 제주는 섬 지역이라는 예외적인 상황일 수 있으나 공동체 경제 사례는 지역 상황에 적합한 공동의 협력적 삶을 영위하는 보편적 경우로 대안 경제 그리고 지속가능한 공유재 관리의 연구에 더할 수 있는 사례로 검토할 수 있다.

제1절 공유재 이용과 관리: 마을 공동어장

선사시대부터 어업은 생존을 위해 이루어졌으나 19세기 말 상업적 어업으로 바뀌며 집약적이 되고, 20세기 말부터는 산업적 어획으로 발전하며 어류와 어획량 감소의 남획 위기를 맞는다. 남획은 공유재 비극론에 따르면 어부들이 무임승차의 이익을 추구한 결과로 자원에 대한 규제와 소유권 부재의 문제로 접근한다. 규제는 자원과 어획 능력 사이의 적절한 관계를 위한 어선 감척 정책으로 소유권 부재는 어업에 재산권, 즉 어부에게 특정의 할당량에 대한 접근권을 부여하는 총허용어획량(Total Allowable Catch) 제도로 나타나는데, 이들은 공유재에 대해 단순한 개방 또는 폐쇄의 접근이라는 한계를 보인다(Mansfield, 2004; 김준, 2004).

어업 규제는 어업 활동을 통해 공동체를 적절하게 유지하는 어촌의 역동성에 악영향을 미친다. 서로 경쟁자이면서 동시에 상호의존자인 어부들에게 어선 감척은 어획 능력 감소로 이어져 어업 공동체의 기반을 허물어뜨리는 경우가 많다. 특히 개발도상국의 경우 근대화와 경제 발전을 추구하면서 감척은 소규모 어선을 대상으로 이루어지며 점차 어획량은 이전 가능한 재산권 형태로 큰 선박과 대기업으로 집중된다. 따라서 사유화된 할당은 남획을 줄이기보다 부유한 사람에게 어획량을 몰아주는 결과로 이어졌다. 어류 남획의 방지를 목표로 한 규제와 총허용어획량 제도는 어업 공동체에 또 다른 비극을 유발하게 되었다(Mansfield, 2004).

정부 주도의 하향식 어업 관리는 근래 들어 이용자의 참여를 확대하는 자율관리 어업으로 변화를 시도하고 있다. 자율관리 어업은 어획 관리에 어업인과 정부 그리고 이해관계자들이 참여하는 방식으로, 특히 어업인들의 적극적인 참여를 유도한다. 자율관리 또는 협동관리(co-management)로 일컬어지는 주민의 참여를 강조하는 이 방식은 공식적으로 주목을 받은 지 오래되지 않았지만 실제로는 다양한 형태로 오랫동안 어업 현장에서 이루어져 왔던 관행이었다(Ovando et al, 2013; Bssurto, et al., 2012). 어부들은 공유재 비극론과는 달리 오랫동안 세계 대다수의 지역에서 어획 활동은 누가 언제, 어떤 방식으로 작업을 하는지를 제한하는 분명한 그리고 암묵적 규칙을 서로 소통, 협력하며 시행해 왔다(St. Martin, 2009; 윤홍근 역, 2010).

한국의 자율관리 어업은 2001년부터 추진하여 시범실시에 이어 2007년에는 전국으로 확대되었다. 자율관리 어업은 마을 공동어업에서 특히 보편적으로 이루어지는데, 이는 어촌 마을에 대한 생존권 배려와 어촌 활성화를 위해 어촌 공동체에 자율적인 어장과 어획 관리를 위임한 결과이다. 어촌계는 일제 강점기 만들어진 어업조합이 1962년 수산업협동조합으로 전환되며 생긴 지구별 수협의 자연 마을별 하위 조직으로 공동어장 관리를 맡게 된다. 그러나 어촌계는 오래전부터 오랜 협업 방식으로 마을 공유 자산을 관리하며 등장한 자연 발생적인 조직의 현대적 형태이기에 어촌계의 조직 운영 원리는 대부분 전통적 방식을 따르고 있다. 대부분의 어촌계는 어촌의 공동어장을 경계구역으로 삼거나 자연촌 또는 어촌 행정 촌락 1개 또는 그 이상을 구성단위로 한다. 어촌계는 지역 주민의 공동 이익을 위해 공동 경영 방식을 취해 공동어장은 평등 노동, 평등 출자, 그리고 평등 분배를 지키고 있다(김준, 2004).

제주는 지리적 특성으로 항구 발달이 미비하고 다른 지역에 비해 어선 어업이 산업화되지 못해, 어업은 평균 수심 15미터 이내의 제1종 공동어장을 중심으로 이루어졌다.[2] 연안의 공동어장은 마을어장으로 불리며 어촌계의 규범을 통해 지속가능한 이용을 도모하는데, 세계 여러 지역의 공유재 관리에서 나타나는 규칙과 유사한, 예를 들어 외부인들의 접근과 이용을 제한하여 마을 주민의 배타적인 권리를 보장하면서 마을 주민 내부의 갈등과 마찰을 줄이기 위해 공유재의 이용에 동등한 권리를 갖도록 하고 공유지 남용을 규제하는 등 마을 공유 자원을 지속가능하고 형평성 있게 이용하는 방식과 규범을 가지고 있다. 제주도의 주요 어업 활동은 채집으로 어촌계의 산하 단체로 마을마다 해녀들로 조직된 자생 단체인 잠수회가 있다. 잠수회는 어장의 관리나 질서의 유지를 맡으며 어촌계의 공동어장 운영에 실질적으로 영향력을 행사한다. 제주의 마을 공동어장 이용과 관리는 전통적 방식과 규범이 현재까지도 잘 유지되어 자원의 지속가능한 관리와 더불어 사회적 형평성도 고려한 제도로 평가받는다(김경동, 2011; 안미정, 2008).

제주 마을 공동어장은 어장 관리를 위한 공동 작업에의 의무적 참여, 공동 비용 지출과 공동 감시 역할 담당, 권리권 양도 제한, 신입 회원의 자격 부여, 그리고 모든 일은 회의에서 결정한다는 등의 구체적으로 명시된 규정을 따라 이용, 관리된다.[3] 마을 공동어장의 어로 형태는 공유 자원에 대한 주민들의 공동 권리가 어떻게 실현되는지 그리고 다양한 이해관계는 어떻게 조정되는가를 보여주는데, 어촌계와 잠수회의 중첩적인 조직은 협력적 관계로 잠수를 통해 획득되는 해초류와 패류 중, 톳과 우뭇가사리 등의 해

2) 공동어장은 일정한 지역 내 거주하는 어민의 공동이익 증진을 위한 면허받은 공동어업이 행해지는 어장으로 구획되어, 지역 어촌계 단위로 제1종 공동어업의 어장은 평균 수심 10미터(강원, 경북 및 제주는 15미터) 이내, 제2종 공동어업의 어장은 해안선의 수면이 가장 높을 때 육지와 해면의 경계선으로부터 500미터 이내, 제3종 공동어업은 1,000미터 이내의 수면으로 제한한다(권상철, 2018).

3) 제주도 공유재인 마을어장의 이용과 관리에 대한 규범은 마을어장마다 어촌계 규약, 마을 어장 행사 계약서, 향약 등 다양한 이름으로 유지되고 있는데, 세부 내용은 제주도 해녀박물관에서 제주도내 모든 마을어장을 조사하여 정리한 자료집에서 볼 수 있다(제주특별자치도 해녀박물관, 2009).

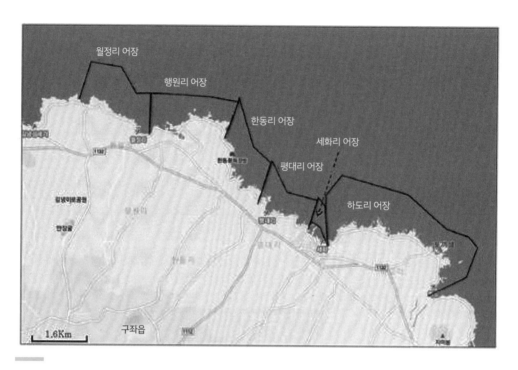

<그림 1> 제주 북동부 해안의 마을 공동어장 자료: 권상철, 2018.

초는 어촌계에 소속된 해녀를 포함한 모든 계원들이 공동으로, 패류는 잠수들만이 채취한다. 또한 채취물의 종류와 함께 작업을 개별과 공동으로 구분하여 수행함으로써 어장의 질서와 사회경제 체계를 유지하고 있다.

어로 형태 중 개별은 잠수들의 물질이 대표적으로 마을어장에서 가장 길게 이어지는 작업 형태이며 판매에서 비계통 출하가 없다. 공동팀은 몇몇 개인이 모여 팀을 구성하여 함께 일하는 협력 작업으로 우뭇가사리 채취에서 볼 수 있다. 조합 공동은 해초 채취에서 볼 수 있는 어로 형태로 동네별 조합들이 작업과 출하에 이르는 모든 과정을 자율적으로 운영한다. 출하는 모두 지구별로 조직된 수협을 거치지만, 해초는 시장 가격을 고려하여 다른 방식으로 이루어지기도 한다. 이들 어로 형태는 작업 시기가 정해져 있으며, 수확물인 해초는 가구별로 공동 분배되고 패류와 그 외의 것은 개인별로 정산

구분	개별	공동팀	조합공동
채취자	잠수	동네 잠수들	동네 어촌계원
분배	개별분배	참여자 공동분배	가구별 분배
종류	패류와 그 외	우뭇가사리(감태, 풍초)	해초
방식	연중 8개월간	한시적, 팀의 자율	한시적, 각 동별 자율
시기	여름 외 연중	늦봄과 여름	봄, 늦봄 2기
판매	계통출하	비계통·계통출하	비계통·계통출하

자료: 안미정, 2008.

된다. 이와 같이 어촌계원의 어로 작업은 해양 자원의 생태적 서식 특성을 반영하고 있으며 어로 형태에 따라 개별과 공동의 분배를 달리하고 있다(안미정, 2008).

잠수회는 또한 마을어장 내의 일정 구역을 설정하여 전복의 작은 종패를 뿌리는 등 자원 재생을 목적으로 하는 자연 양식장을 운영하고 있다. 잠수회에서는 누구나 보이는 곳에 양식장을 설치하여 항상 감시원을 두어 지키고 있으며, 양식장에 몰래 입어하는 것을 엄하게 금지하고, 잡은 것에 대해서는 벌금을 물린다. 잠수회의 어장 관리는 패류를 지키기 위한 감시 활동과 더불어 이들을 깊은 바다로 옮겨 산란을 도와주는 조직적 공동 작업도 포함한다(안미정, 2008). 마을어장은 잠수들에게 공동 재산으로 신입 잠수 회원에게는 가입비를 징수하고, 불법 행위에는 벌과금을 부과하는 내부 규칙을 엄하게 적용하고 있다. 중요한 수확물인 소라의 경우 고갈에 대비하여 산란 시기는 금채기로 정하고 1991년부터 시행된 전국적인 총 허용어획 규제의 첫 해산물로 지정하였다. 잠수회는 지역별로 자신들이 바쁜 시기를 자체적인 금채기로 정하여 공동의 자율적 관리를 시행하며 자원을 지속가능하게 이용하고 관리하는 관행과 규범을 따르고 있다.

마을 공동어장의 공동체 규율은 잠수들이 개별적으로는 경쟁적 소라 채취를 하면서도 어장 황폐화의 비극적 상황을 맞지 않도록 배타적인 자원에 대한 권리를 행사하고 무제한적인 자원에 대한 접근을 차단하는 독점과 공생을 동시에 유지시키는 역할을 한

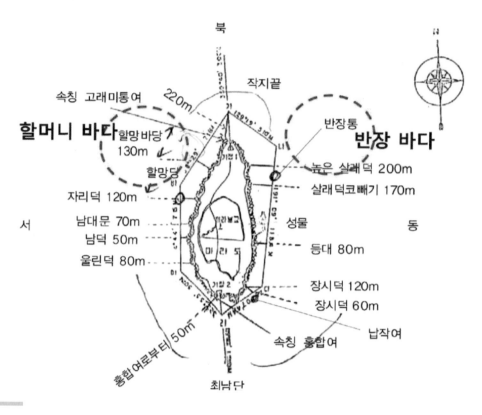

〈그림 2〉 제주 마라도 어장의 구획도와 할머니, 반장 구역 자료: 김권호·권상철, 2016.

다. 어장 규율은 잠수 사회의 자율적 질서이며 어장을 가꾸어 나가는 불문율로, 마을의 상황에 따라 나름의 합리적 방안을 찾아 지속하고 있다는 사실은 지역 지식에 기초한 지속가능한 자원의 이용과 관리의 대표적 사례라 하겠다. 제주 마을 공동어장 유지의 핵심은 총유(總有) 또는 준사유화, 즉 재산의 관리와 처분 권리는 공동체에 속하지만 그 재산의 사용과 수익의 권리는 공동체의 각 구성원에 속하는 개인주의적 공동의 소유 형태에서 찾을 수 있다. 정부에서 어촌계·잠수회에 부여한 마을 공동어장의 관리 권한은 회원들이 자원과 환경 관리를 공동으로 수행하고 수입 중 일부를 공동 수익으로 지역사회에 공헌하는 규범으로 나타나 공유재 비극론에서 제시하는 사유화보다 바람직한 지

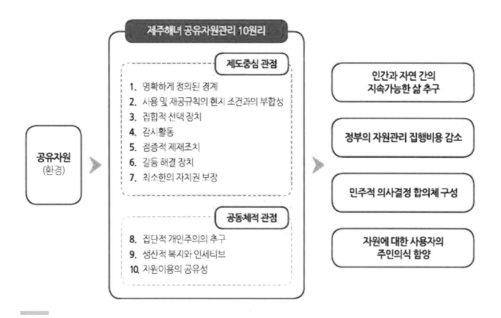

〈그림 3〉 공유재 디자인원리에 공동체적 원리가 더해진 제주 해녀의 공유자원 관리 자료: 김권호·권상철, 2016.

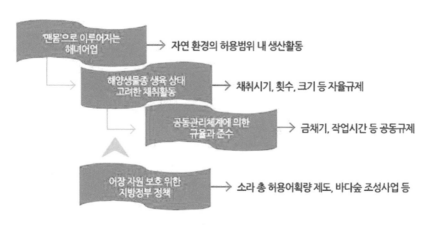

해녀 어업의 생산방식과 지속가능성 개요

〈그림 4〉 제주 해녀 어업의 생산방식과 지속가능성 개요 자료: 유네스코아시아태평양 국제이해교육원, 2018.

속가능한 경제·사회 제도라 하겠다.

제주 마을 공동어장은 전통사회에서 현재까지 이어져 내려오고 있는 공동체 경제의 한 모습으로 공동체적 유산이면서 동시에 오늘날 개별 어가 및 어촌 마을의 생존과 번영에 매우 중대한 영향을 미치는 협력과 합리성의 이중적 성격을 가진 경제 형태이다(김권호·권상철, 2016). 이러한 모습은 세계 여러 곳의 성공적 공유재 관리의 연구에서 드러난 명확한 경계, 현지 조건에 부합하는 이용 규칙, 집합적 의사결정, 감시, 자치권 등 성공적 공유재 관리의 규칙(김자경, 2019; 윤홍근 역, 2010)과 일치하기에 성공 사례로 추가할 수 있다. 그러나 제주 마을 공동어장의 이용과 관리 제도가 대안 경제의 한 방안으로 인정받기 위해서는 우선 정부의 제도적, 재정적 지원이 없이도 자족적으로 지속할 수 있을지에 대한 보다 엄정한 검토가 필요하다. 또한 제주의 사례를 특정 지역의 민속, 문화적 독특성을 넘어 보편적 공동체 경제 형태로 다른 지역으로도 확대할 수 있는 모델로 발전시키는 보다 지속적인 관심과 노력이 필요하다.

제2절 지역 공동체 회사: 이시돌 목장

협동조합은 자본주의의 확대에서 드러나는 빈부격차 등의 문제를 해결하기 위해 협력과 자치에 기반한 경제 조직의 형태로 조합원의 복리를 기본으로 한다. 협동조합은 보다 넓게는 운영을 통해 이윤을 내고 이윤을 목표가 아닌 수단으로 생각하고 일자리를 창출하는 재투자로 사용한다면 지역 발전으로 이어질 수 있다. 이러한 지역 공동체의 발전과 복지로 목표 가치를 확대한다면 협동조합은 대안 경제로서의 가능성을 높일 수 있을 것이다.

최근 국내의 협동조합은 급격히 수적으로 증가하고 있는데, 설립 원칙과 형식은 갖추고 있지만 정부의 요구에 부응하는 형태로 진행되는 경우가 많고 사업의 이윤보다 결속에 치중하는 경우가 많다고 지적받는다(이인우 역, 2012; 김성오 외, 2013). 이러한 상황에서 제주 이시돌 목장의 경험은 협동조합이라는 용어를 사용하지 않지만 비영리 재단법인 이시돌농촌산업개발협회를 설립해 낙후된 농촌 지역의 발전을 주도한 협동조합형

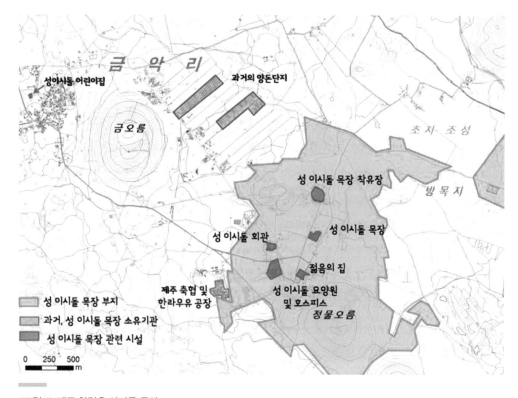

〈그림 5〉 제주 한림읍 이시돌 목장

지역 개발, 협동조합의 변형인 실천적 혁신 또는 사회적 행동 모델로 고려해 볼 수 있다 (MacAulay, 2001; 정규호, 2008).

　제주 이시돌 목장은 1954년 맥그린치 신부가 한림성당에 초대 주임신부로 부임하며 시작되었다. 그는 당시 가난에서 벗어나지 못하고 있는 한림 지역의 주민들이 삶의 고난에 찌들어 있고, 스스로 나서기보다 저승의 조상에게만 기댄 상황에 놀라워했다. "조상의 묏자리가 좋지 않다."라고 하면 빚을 내서라도 옮기고 4~5일 굿판을 벌이는 것도 빈번해 이 지역의 빈곤을 타파하기 위해 사업을 시작했다(양영철, 2016). 지역 빈곤 극복을 위해 가장 먼저 시작한 작업은 1955년 전후 제주 토종 돼지를 개량종으로 바꾸기 위해 요크서 품종 두 마리를 미군 사령관으로부터 얻어 기른 일이었다. 사료로는 생선 내장과 클로버를 섞어서 먹였다. 1957년 맥그린치 신부는 청소년 25명으로 4H 클럽을 만들고, 회원들에게 돼지를 나눠주고 새끼를 낳으면 암컷 2마리를 가져오게 해 다른 회원에게 분양하는 식의 가축은행을 시작했다.

점차 돼지 수가 늘며 성당 마당이 부족해지고 냄새도 심해 새로운 장소를 물색하였다. 현재의 이시돌 목장은 1961년 시작되었는데 금악리 일대의 땅 3천 평을 매입해 4H 청년회원 20여 명과 더불어 개간을 하며 초지를 조성하고 일본군이 썼던 군인 막사를 우리로 만들어, 돼지, 면양, 소를 키우며 축산 규모를 현재의 약 300만 평 면적으로 확대시킨 것이다.

1959년경에는 일출봉 인근에서 기르는 양을 보고 성장기 아일랜드에서 양털로 옷을 만들어 판매하는 것을 본 경험을 되살려 지역에 일자리가 없어 고향을 떠나려거나 놀고 있는 젊은이들에게 양을 길러 양털에서 실을 뽑아 옷, 양말과 담요를 만드는 교육을 시키는 직조강습소를 설립하였다. 이는 이후 한림수직사가 되어 성수기 때는 물레로 제품을 만드는 여성은 40명, 집에서 짜오는 재택근무자는 1,300명에 이를 정도였다(박재형, 2004).

이시돌 목장이 규모를 갖추고 실습 목장의 역할을 수행할 수 있게 되자, 1962년 축산과 목초지 개량, 생산물 가공 등의 생산 활동과 더불어 교육과 사회사업을 목적으로 하는 비영리 재단법인 이시돌농촌산업개발협회를 설립하였다. 개발도상국 낙후지역에는 대부업이나 한국의 경우 계가 은행을 대신하고 있어 높은 이자를 물어야 하고 계주가 망하면 돈을 떼이는 경우가 많아 신용협동조합은 초기 지역 발전에 필수적이다. 제주의 경우 부산에서 구호활동을 하면서 1960년 5월 한국 최초의 신용협동조합인 성가신용조합을 설립한 메리가별 수녀가 전국 신협 설립을 지원해 주고 있어 이곳에서 교육을 받고 1962년 한림신용협동조합을 창립하였다.[4] 그러나 회원 수도 적고 빈곤한 살림

---

4) 한국의 신용협동조합은 1959년 메리놀회 소속인 가브리엘 수녀님에 의해 부산에서 처음 개설되었다. 당시 한국전쟁 피난민들이 모여 살던 부산은 은행 문턱이 높아 높은 이자로 고생하는 서민들을 위해 성가 신용협동조합을 시작했다. 이후 부산에 두 곳, 서울 등지에 개설된 후 제주 한림에 7번째로 생겼는데, 농촌지역으로는 전국 최초이다(박재형, 2005).

으로 운영에 한계가 있어, 천주교 신자뿐 아니라 지역 주민까지 조합원을 확대하여 6년이 지나 자리를 잡았다.

이시돌 목장은 1963년 미국이 잉여 농산물 옥수수 원조를 정부만이 아니라 민간단체도 받을 수 있게 바꾸자 한국에서 처음으로 일 년에 수만 톤씩 1967년까지 무상 옥수수 원조를 받았다.[5] 무상으로 받은 옥수수는 개척농가 사업과 배합사료공장 건립을 동시에 착수하는 기반이 되었다. 옥수수는 개척농가 사업을 위해 아주 저렴하게 시장에 팔아 그 수입으로 이시돌 목장 주변의 토지를 구입하고 이들을 30년 상환의 조건으로 주민들에게 분양하였다. 1976년까지 지속된 토지 개간과 축산농가 정착 사업은 가구당 약 3만 평의 98세대가 입주하였다. 배합사료공장은 양돈 농가에 시중의 1/3 가격으로 판매를 해 양돈업을 번성시키게 된다. 그러나 1980년대 초 전국적인 돼지 과잉 생산으로 정부는 삼양, 삼성과 이시돌 목장 등 기업형 양돈 목장을 정리하도록 강제했다. 이시돌 목장의 경우 돼지를 직원들에게 분양했는데, 이 과정에서 돼지는 한림지역의 최고 소득원으로 자리 잡고 제주는 전국적인 양돈 산업의 중심지로 발전하게 된다(양영철, 2016).

1970년대에 들어 이시돌 목장은 넓게 조성된 초지에 소를 길러 부가가치를 높이는 계획을 세우고, 독일의 원조단체로부터 소 500마리의 지원에 추가로 150마리를 더해 호주와 뉴질랜드에서 운송해 온다. 이때 한진그룹이 제주에 제동목장 부지를 구입하여 조성하는 중이어서 같이 350마리를 구입하여 운송한다. 이시돌 목장은 이후 지속적으로 소를 들여와 가장 많을 때는 2,500마리가 되었는데, 이러한 소 목축 확장은 양돈 사업에 대한 정부의 구조조정과 시기적으로 비슷해 충격을 덜 수 있었다(양영철, 2016).

1970년 이시돌 목장은 2년의 준비를 거쳐 비영리 병원인 이시돌 의원을 개원하며 복지 사업을 시작한다. 의사와 간호사는 목포의 성골롬반 병원에서 파견을 받고 나머지

---

5) 미국이 잉여 농산물 원조를 정치·종교적으로는 활용할 수 없다는 원칙 아래 민간단체도 받을 수 있게 하자 맥그린치 신부는 한림성당 주임신부직을 사직하고, 이시돌농촌산업개발협회 전무로 전직한 후 본격적으로 제주 농촌개발사업을 시작한다(양영철, 2016).

<표 4> 이시돌 목장의 사업과 지역 서비스 활동

시기	활동명	세부 활동내용	비고
1957년	4H 클럽 조직, 돼지 가축은행 운영	농촌 청소년의 자립을 돕는 4H 단체를 조직, 돼지를 4H 회원에게 무상으로 빌려주고, 새끼를 낳으면 2마리 갚는 계약	초등~고등학생 25명으로 시작
1959년	직조강습소	여성들에게 수직물 교육 후 각 가정에서 양모사로 장갑, 양말 등 제작	1990년 한림수직사로 발전, 2005년까지 운영
1961년	이시돌 중앙실습목장 개설	현재의 이시돌 목장 부지를 매입, 목야지 조성 개간 작업, 목장 내에서 가축관리, 농기구 사용 등 농업기술교육 실시	약 300만 평, 직원 180명으로 당시 제주도청보다 많은 수
1962년	이시돌농촌산업개발협회 설립	축산과 목야 개량, 생산물 가공 및 교육, 사회 사업 목적	비영리 재단법인
1962년	한림신용협동조합 창립	제주에서 첫 번째, 전국에서 7번째 신용협동조합 설립, 성당 신자회원에서 한림지역 주민으로 확대	신용조합이 제주도에 자리 잡자 일반인에게 이관
1963년	개척농가 조성사업 착수	미국 옥수수 무상원조를 받아 판매한 수익금으로 축산 토지 약 1천 헥타르 구입, 개간하여 30년 상환 조건으로 분양	가구당 약 3만 평 약 98세대 입주, 1976년 완료
1964년	이시돌 배합사료 공장 가동	미국 정부로부터 지원받은 잉여 옥수수를 이용해 사료 생산 시작, 대규모 양돈업 발달	현재의 이시돌 사료공장
1970년	이시돌의원 개원	한림에 의원을 개원, 극빈자에게 무료진료 (당시 무료 60%), 2001년 무료 호스피스 병동 추가하며 이시돌복지의원으로 변경	2007년 이시돌목장으로 이전, 호스피스 전문병원 운영
1972년	농가 종축개량용 소 도입	독일로부터의 원조로, 호주와 뉴질랜드에서 650마리 수입	
1973년	양돈 협업농가 조성	양돈사업 참여자를 모집, 기술, 시설, 사료 지원과 종돈 분양으로 자립 터전 제공	약 200세대
1981년	비육우와 젖소 도입	캐나다에서 600마리 수입, 다음 해 호주에서 비육우 870마리, 젖소 156마리, 양 70마리 수입	일부 일반농가에 분양
1981년	이시돌 양로원 개원	농촌 노인복지사업으로 개설하여 무의탁자 무료 수용	요양원으로 변경
1982년	노인학교 개교	경로당과 노인대학을 개설	
1983년	농가 가축 입식	제주도에서 추천한 무축농가에게 시세의 반 가격으로 송아지 분양	200세대에 350마리 분양
1984년	어린이집, 유치원 개원	농촌 3개 마을에 어린이집과 유치원을 개설	
1985년	치즈가공, 우유가공 공장 운영	이시돌목장에서 생산한 우유 가공, 치즈 생산하여 판매	1991년 제주낙농협회에 이관
2003년	말 사업 추진	경주마를 도입, 마필 육성과 종자마 사업	
2007년	유기 농·축산물 인증	초지 유기 농산물, 젖소 유기 축산물 국제, 국내 인증, 비육우 무 항생제 축산물 인증	

※자료: 이시돌목장 홈페이지, 양영철(2016), 박재형(2004)을 수합하여 정리.

인력은 제주에서 선발해 배치했다. 당시 제주도에는 병원이 드물어 저렴한 진료와 빈번한 무료 진료가 이루어졌다. 이로 인한 적자는 이시돌협회에서 충당했다. 이후 호스피스 병동을 국내 최초로 갖추며 이시돌복지의원으로 확장한다. 2007년 이시돌복지의원은 현재의 이시돌 목장 안으로 병원을 이전하여 건립한 후 무료 호스피스 전문병원으로 개원하고, 운영은 이시돌협회의 지원과 후원금으로 유지하고 있다(양영철, 2016).

이시돌 목장은 한림과 주변 지역을 빈곤으로부터 벗어나게 하기 위해 다양한 사업을 펼쳤는데 초기부터 이시돌농촌산업개발협회라는 비영리 기관으로 활동을 전개하며 성장과 분배를 모두 이룩한 혁신적 협동조합형 지역 발전으로 평가할 수 있다(MacAulay, 2001; 이인우 역, 2012). 보리와 조 등 밭농사 위주의 농업이 대부분이던 현실에서 이시돌 목

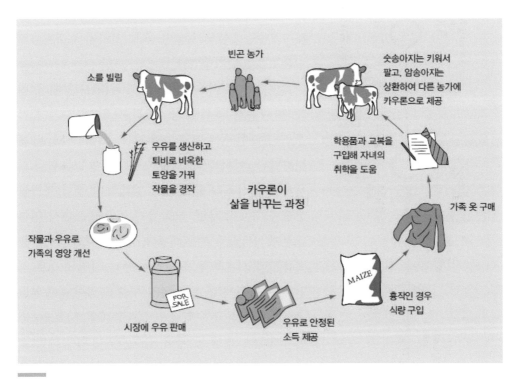

<그림 6> 개발도상국 농가를 위한 옥스팜(Oxfam)의 소대출 프로그램 자료: 박경환 외 역, 2020.

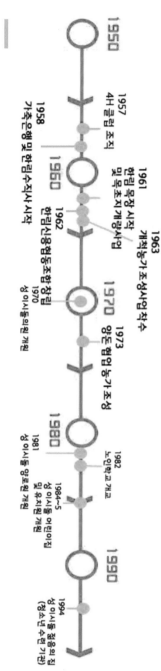

1950

1957
4H 클럽 조직

1958
가축은행 및 한림수직사 시작

1960

1961
한림목장 시작
밭목 초지 개량사업

1962
한림신용협동조합 창립

1963
개척농가조성사업 착수

1970

1973
양돈협업농가 조성

1970
성 이시돌의원 개원

1980

1981
성 이시돌 양로원 개원

1982
노인학교 개교

1984~5
성 이시돌 어린이집
및 유치원 개원

1990

1994
성 이시돌 젊음의 집
(청소년 수련 기관)

장은 축산업과 낙농업 등의 새로운 산업을 도입하고, 토지와 가축, 사료 등의 지원과 다양한 기술교육을 실시하여 농가 스스로 자립할 수 있는 기반을 마련했다. 지역의 다양한 수익 사업을 통해 생겨난 일자리는 지역 사람들에게 직접적인 경제적 혜택을 주었고, 서민층 개인들을 협동조합으로 조직하여 상부상조할 수 있도록 후원하였다. 초기에는 직접적으로 가축은행에서 시작하였는데 이는 현재도 개발도상국의 빈곤 문제 해결을 위한 프로그램으로 적용하고 있는 방식이다〈그림 6 참고〉. 이후 신용협동조합, 양돈협업농가를 조직하여 운영하였고, 설립 후 운영을 하다 양돈, 축산, 낙농업을 제주 지역에서 생겨나는 협동조합에 넘겨주었다.

이시돌농촌산업개발협회는 1962년부터 돼지, 면양, 한림수직, 사료 공장, 소·말 사육, 우유·치즈 가공, 신용조합 등 1~3차 산업 모든 분야의 사업을 개척하였다. 이시돌 목장은 지역 자원과 노동력을 이용하여 혁신적 기업 활동을 전개하며 한림 지역의 성장과 경제적 자립, 사회복지 등에 힘쓰면서 지역 발전에 상당한 공헌을 해왔다. 주민들에게는 기술을 교육시키고 개척 농가 사업을 통해 지역 스스로 자립할 수 있도록 했으며, 일정 수준 사업이 정착되면 지역에 환원하고 수익금으로는 유치원, 양로원, 노인복지회관, 병원 등 지역 복지 사업에 투입하였다. 이러한 이시돌 목장의 활동은 외국의 혁신적 협동조합 경험과 유사하고, 지역 발전과 복지까지 고려하는 성장과 분배를 동시에 달성한 협동조합의 혁신적 실천 또는 사회적 행동 모델로 평가할 수 있다(이인우 역, 2012; 정규호, 2008).[6]

제4장 지역에서 찾은 공동체 경제의 다양성과 지속가능성

제주의 마을 공동어장과 이시돌 목장은 공유재에 기반한 공동체 경제 그리고 지역 주민의 협동에 기초한 지역 발전 경험으로 국내에서 찾을 수 있는 지역 공동체 경제의 대표적 사례이다. 제주는 마을 공동어장의 이용과 관리를 세계 다른 지역의 공유재 관리 규범인 집합적 참여, 갈등 해결 장치 등과 같은 규칙과 관행에 기초해 운영하고 있으며, 여기에 사회경제적 약자나 공익적 분배까지도 추가하고 있다. 이시돌 목장은 낙후된 농촌 환경에서 혁신적 기업가가 비영리기업 형태로 마을 주민들과 사업을 진행하며 일자리와 부가가치를 창출한 협동조합형 지역 발전을 주도하였다. 이시돌 목장은 초기 가축은행, 신용조합 활동에서 시작하여 점차 제조, 유가공, 사료 등 제조업 분야까지 사업을 확대하며 지역 주민의 일자리와 소득 창출에 기여함은 물론 여기서 얻어진 수익은 의료, 아동, 노인 복지를 위해 사용하며 성장과 분배를 모두 실천한 혁신적 사례이다.

제주 마을 공동어장은 현재에도 지역 단위의 공유재에 기초한 경제 활동이 이루어지고 있는 곳이다. 마을어장은 공유재인 해양 자원의 관리 그리고 저소득 어민을 위한 소득 기회를 제공하기 위해 해양 공유지를 마을 단위로 배분한 것으로, 사유화를 통한

---

6) 세계적으로 대다수의 협동조합은 천주교 신부들에 의해 시작되었다는 공통점이 있는데, 몬드라곤 협동조합은 호세 마리아 신부, 캐나다 안티고니쉬 협동조합은 톰킨과 코디 신부, 한국의 원주협동조합은 지학순 주교가 초기 설립에 중요한 역할을 했다. 국내 협동조합의 메카로 불리는 곳은 원주인데, 원주의 경험 또한 서구형 협동조합이라기보다 지학순 주교와 사회운동가인 장일순의 주도로 협동조합이자 지역사회 결사체 운동을 겸하며 보편화될 수 있었으며, 지역의 사회적 기업을 양성하여 지역 경제의 자급을 추구해 왔다(김소남, 2014).

관리에 비해 지속가능한 형태로 이용과 관리가 되고 있다는 평가를 받는다. 제주의 마을 공동어장은 세계 다른 여러 지역에서 발견되는 제도화된 규범, 예를 들어 명확하게 정의된 구획과 회원, 현지 조건과 부합하는 규칙, 집합적 선택 장치 또는 민주적 의사결정과정으로 불턱 회의 등을 작동시키고 있다. 여기에 개인별 그리고 마을 공용으로 수확을 배분하는 규범과 더불어 할망바당, 학교바당 등을 지정해 공유재의 일부를 사회경제적 약자와 공익적 목적을 위해 배정하는 관행은 제주 지역이 더하는 윤리적 면모이다.

이시돌 목장은 이익을 추구하는 사업체로 지역 공동체를 위한 비영리기업의 운영 형태를 따랐다. 협동조합은 조합원들의 이익 도모를 우선으로 하기 때문에 광범위한 지역 공동체의 목적을 충족시키기에는 한계를 보인다. 그러나 이시돌 목장의 사업 방식은 전체 공동체의 이익을 위해 자산을 재단으로 법인화하여 특정 이익 집단만을 위한 기업 조직으로 변질될 수 있는 문제를 피하였다. 이러한 지역사회 공동체 사업 회사법인은 특히 현행 후기 산업화 발전에서 소외되어 온 공동체들에게 적합한 지역발전 형태라 하겠다.

최근 국내의 협동조합에 대한 관심은 일자리 창출이나 창업을 위한 수단으로 인식하고 서구에서 시도된 형태들을 들여오는 경향이 두드러진다. 협동조합을 만들 수 있는 법이 2012년부터 시행되며 협동조합은 그 수가 급작스레 증가했다. 이러한 국내 협동조합의 급격한 증가는 기본적인 요건만을 갖추며 시작한 것으로, 지역 발전을 목표로 하는 경우 연대를 통해 일자리와 재화를 만들어 나가며 공동체성을 강화시키는 노력이 필요하다. 제주 이시돌 목장의 발전 과정은 주민 참여와 협력을 토대로 지역과 밀접한 연관성을 가진 사업체이자 결사체의 속성을 가지는 협동조합형 지역 발전 방식을 보여주는 사례이다. 이시돌 목장은 주변 경제에서 경제적으로 충분한 자본과 경험을 가지지 못한 상황에서 비영리 기업을 설립하고 성장과 복지를 동시에 추구하며 지역 공동체를 강화하는 결과를 만들었다.

협동조합은 공식적인 하나의 방안만이 존재하는 구조가 아니고, 각각의 지역에서 그 특성과 전통을 살피고 그에 맞는 사업을 지역에 현존하는 조직과 함께 시작하라는 권고는 협동조합 자체보다 공동체를 기반으로 하는 것이 중요하며 협동조합은 공동체의 연계를 강화하며 이를 다시 강화하는 기회가 될 수 있다는 것이다. 이시돌 목장의 경우는 협동조합이라는 이름을 명시적으로 사용하고 있지는 않지만 지역 혁신적 또는 협동조합형 공동체 경제와 동일하며, 협동조합의 성공은 지역 상황에 대한 고려가 매우 중요함을 현실적으로 보여주고 있다.

세계 여러 지역에서 주류 시장경제의 문제를 극복하려는 대안 경제 논의는 지역 공동체 경제를 지향하는 공통점을 드러낸다. 공동체 경제는 지역 상황에 따라 다양한 모습으로 전개되는데, 이들은 단순한 경제적 공간이 아니라 자발적 참여로 개인과 지역사회의 발전을 위한 협력과 책무가 중요시되는 구체적인 삶의 장소로 경제 공동체이자 결사체의 특징을 보인다. 또한 공동체 경제에는 공유재의 역할이 중요하고, 공동체 유지에 없어서는 안 될 필수 요소이다. 그러나 지역 공동체의 경제·사회 기반을 이루어 왔던 공유재는 점차 사라지고 있다. 이러한 감소는 이기적 개인의 무임승차에 따른 문제로 고려하는 '공유재 비극론'에 의해 급속히 진행되고, 시장과 국가 주도로 자원착취적 경제 성장과 자연의 상품화를 통해 이루어졌음을 인식하는 것도 중요하다. 실제 세계 많은 지역에서 공유재는 공동체의 자율적인 이용과 관리의 규범에 의해 지속적으로 이용, 관리되고 있다.

세계 여러 지역의 보편적 공동체 경제 특성에 더해 제주 지역의 특수성을 담고 있는 마을 공동어장과 이시돌 목장은 대안 경제의 성공 사례로 더할 수 있다. 제주의 지역 공동체 경제 사례는 논의적 측면에서는 세계 여러 지역에서의 대안 경제 논의와 유사한 모습을 보이지만 소규모 섬지역이기에 구성원의 동질성 유지가 가능했을 것이라는 지역 특수성을 포함하고 있기에 보편적인 원리로 발전시키려는 노력이 더욱 필요할 것이다. 실천적 측면에서 제주의 사례는 외국의 경험에 비해 시행착오를 줄이며 국내 다른 지역에 적용해 보기에 적합할 것이다.

지역 공동체 경제가 세계화되는 자본주의 경제의 폐해를 극복하는 대안으로 자리매김하기 위해서는 주민들이 힘을 모아 지역 상황에 적합한 형태의 조직체를 만들어 일자리와 소득을 창출하며 실현 가능성을 높이고 성공 경험을 누적시키는 것이 필요할 것이다. 지역 공동체 경제의 원천적 어려움은 성장을 지속하면서도 내부 결속이 약화되지 않는 것인데, 공동체를 보다 구체적이고 공유 경제의 단위인 지역, 마을 공동체로 고려하는 것이 양자를 모두 견인하는 토대가 될 것이다. 이러한 측면에서 지역사회를 넘어서는 사업의 확장 그리고 개방되어가는 경제에서 외부로부터 유입된 자본은 공동체 구성원들의 입장 차이로 분열하는 경험 등에 비추어 신중히 검토해 볼 필요가 있다.

개발도상국에서는 공동체 경제가 현재에도 다수 운영되고 있는데 이는 농촌 배경 그리고 기술과 자원이 부족해서 남아 있는 전통적 삶이라는 인식은 이들을 산업화 과정에서 사라지게 한다. 현실적으로 다수의 개발도상국 상황에서는 자본이나 폭넓은 주민 참여가 부족해 인적 자원 개발과 공동체 기업 형성이 지역 발전의 중요한 과제로 등장한다. 이시돌 목장은 주변 경제에서 경쟁력을 갖추기 위해 지도자가 전문가 위원회를 구성하고 강력한 리더십으로 주민들을 참여시키며 추진한 경험은 실천적 혁신 또는 사회적 행동 모델의 협동조합 변형이다. 이는 초기부터 마을 전체를 공동체적 단위로 접근하기보다는 소지역 또는 사업 중심의 공동체 복원 활동을 펼치는 문제해결 방식을 적용한 방식이다.

지역 공동체 경제는 사람들 간의 공동체 의식이 핵심을 이루는데 이는 저절로 생기는 것이 아니라 구성원들이 또는 헌신적 활동가가 효과적인 사업을, 특히 외부에서 주어진 사업이 아니라 스스로 찾아낸 경우 공동체 강화에 도움이 된다. 이러한 측면에서 정부는 마을 공동체를 지정하고 지원하기보다는 마을 공동체를 발견하고 지원하는 게 바람직하다. 마을 공동체의 규모는 작게 시작할수록 그리고 마을 공동체의 성격이 약해 구성원의 개별 목적이 사회적 협력을 필요로 하는 수단적 공동체로 시작하는 것이 효과적일 수 있을 것이다. 그리고 다양하게 자율적으로 형성된 공동체 경제는 경제사회 위기에도 복원력을 가진 지속성을 담보할 수 있다.

최근에는 공유 경제가 숙박, 운송업 등에 적용되며 공유의 가치를 확대하고 있는데, 이는 오래전부터 전통적 마을 단위의 사회경제 개념이 현대 사회의 수요에 부응해 재구성된 형태라 할 수 있다. 지역 공동체 경제는 공유재와 공동체가 긴밀히 연계된 형태로 공동체를 강화하는 것은 기존 공유재의 지속적인 이용과 관리를 유지하고 더불어 지역 주민들이 협력을 통해 새로운 공유재를 만들어가는 인식과 노력을 필요로 한다. 자발적 참여와 호혜성에 기초한 공동체 경제는 다양한 가능성과 지속성으로 이어질 것이다.

지역 공동체 경제를 대안 경제를 넘어 공존 경제로 정착시키기 위해서는 로컬에서 실제 운영되는 다양한 방식을 찾아내고 그 가치를 인정하는 노력에서 시작한다. 제주의 마을 공동어장과 이시돌 목장은 대안 경제를 모색하는 노력에 부합하는 실제 운영되는 공동체 경제의 실천 사례이다. 현실에서의 실천 사례 발굴과 의미 부여는 세계화로 심화되는 불평등과 환경 악화의 문제를 넘어서는 로컬에서 찾을 수 있는 지속가능한 미래로 나아가는 첫걸음이 될 것이다.

권상철, 2015, 〈대안 공동체 경제 논의와 제주지역 사례: 마을 공동어장과 이시돌 목장〉, 《한국경제지리학회지》 18(4), 395-414.

권상철, 2018, 《지역정치생태학: 환경과 개발의 비판적 검토와 공동체 대안》, 푸른길.

김권호·권상철, 2016, 〈공동체 기반 자연환경의 지속가능한 이용 방안: 제주해녀의 공유자원 관리 사례〉, 《한국지역지리학회지》 22(1), 49-63.

김기홍, 2014, 《마을의 재발견: 작은 정치경제복지로 더 나은 세상 만들기》, 올림.

김성오 외, 2013, 《우리, 협동조합 만들자: 협동조합 창업과 경영의 길잡이》, 겨울나무.

김소남, 2014, 〈1960-80년대 원주지역의 민간 주도 협동 조합운동 연구〉, 연세대학교 대학원 박사학위 논문.

김자경, 2019, 〈공동자원을 둘러싼 마을의 의사결정구조와 공동관리: 제주 행원리 사례를 중심으로〉, 《환경사회학연구 ECO》 23(1), 35-74.

김준, 2004, 《어촌사회의 변동과 해양생태》, 민속원.

꿈지모 역, 2013, 《자급의 삶은 가능한가》, 동연(Mies, Maria and Bennholdt-Thomsen, Veronica, 1997, *Eine Kuh fur Hillary: die Subsistenzpesecktive*, Munchen).

나종석, 2013, 〈마을 공동체에 대한 철학적 성찰: '마을인문학'의 구체화를 향해〉, 《사회와 철학》 26, 1-32.

류석진·조희정·김용복, 2020, 《로컬의 진화》, 스리체어스.

박경환, 2011, 〈글로벌, 로컬, 스케일: 공간과 장소를 둘러싼 정치〉, 《로컬리티 인문학》 5, 47-85.

박경환·권상철·이재열 역, 2020, 《경제지리학개론》, 사회평론아카데미(MacKinnon, Danny and Cumbers, Andrew, 2019, *An Introduction to Economic Geography*, 3rd ed., Routledge).

신명호, 2009, 〈한국의 '사회적 경제' 개념 정립을 위한 시론〉, 《동향과 전망》 75, 11-46.

신혜란·권민지, 2020, 〈제주 지역성 연구-별도공간 개념의 적용〉, 《한국지역지리학회지》 26(2), 140-158.

안미정, 2008, 《제주 잠수의 바다밭》, 제주대학교출판부.

양영철, 2016, 《제주한림 이시돌 맥그린치 신부: 오병이어의 기적》, 박영사.

유네스코아시아태평양 국제이해교육원, 2018, 《세계시민, 세계유산을 품다: 제주 세계자연유산과 해녀문화를 중심으로》.

윤홍근 역, 2010, 《공유의 비극을 넘어》, 랜덤하우스코리아(Ostrom, Elinor, 1990, *Governing the Commons: The Evolution of Institutions for Collective Action*, Cambridge University Press).

이소영, 2012, 〈지역이 살아야 협동조합도 가능하다!〉, 《농촌사회》 22(2), 287-294.

이인우 역, 2012, 《협동조합으로 지역개발하라: 몬드라곤을 보는 또 다른 시각》, 한국협동조합연구소(MacLeod, Greg, 1998, *From Mondragon to America: Experiments in Community Economic Development*, Univ. College of Cape Breton).

이종수, 2015, 《공동체: 유토피아에서 마을만들기까지》, 박영사.

이종현, 2014, 〈협동조합 발전의 초기 조건에 대한 연구: 영국의 로치데일과 스페인의 몬드라곤을 중심으로〉, 《동향과 전망》 90, 229-261.

이태동 외, 2017, 《마을학 개론: 대학과 지역을 잇는 시민정치교육》, 푸른길.

정규호, 2008, 〈풀뿌리 사회경제 거버넌스의 의미와 역할: 원주지역 협동조합운동을 사례로〉, 《시민사회와 NGO》 6(1), 113-147.

제주특별자치도 해녀박물관, 2009, 《제주해녀의 생업과 문화》.

조효제 역, 2013, 《거대한 역설: 왜 개발할수록 불평등해지는가》, 교양인(MacMichael, Philip, 2011, *Development and social change: a global perspective*, 5th ed., SAGE Publications, Inc.).

채종헌, 2013, 《지역 사회통합과 발전을 위한 협동조합의 활용 및 활성화 방안 연구》, 한국행정연구원.

최영진, 2010, 〈희망의 공간을 만들기 위한 '차이' 드러내기: 자본주의 공간성에 대한 Harvey와 Gibson-Graham 비교 연구〉, 《한국 경제지리학회지》 13(1), 111-125.

최은지·이태동, 2017, 〈정치 이론으로 보는 마을공동체: 하버마스, 퍼트넘, 오스트롬을 통해〉, 이태동 외, 《마을학개론》, 푸른길: 41-64.

최현·정영신·윤여일 편저, 2017, 《공동자원론, 오늘의 한국사회를 묻다》, 진인진.

하승우, 2013, 〈협동조합운동의 흐름과 비판적 점검〉, 《문화과학》 73, 91-109.

황진태, 2012, 〈자본주의 경제 안에서 대안적 경제공간 만들기〉, 《공간과 사회》 22(2), 78-113.

Agrawal, Arun, 2001, Common Property Institutions and Sustainable Governance of Resources, *World Development* 29(10), 1649-1672.

Baldacchino, Godfrey ed., 2018, *The Routledge International Handbook of Island Studies: a World of Islands*, Routledge.

Bssurto, Xavier et al., 2012, The Emergence of Access Controls in Small-Scale Fishing Commons: A Comparative Analysis of Individual Licenses and Common Property-Rights in Two Mexican Communities, *Human Ecology* 40(4), 597-609.

Cloke, Paul, Crang, Philip, and Goodwin, Mark eds., 2014, *Introducing Human Geographies*, Routledge.

Escobar, Arturo, 2012, *Encountering Development: the making and unmaking of the Third World*, Princeton University Press.

Fickey, Amanda, 2011, The Focus has to be on Helping People Make a Living': Exploring Diverse Economies and Alternative Economic Spaces, *Geography Compass* 5(5), 237-248.

Gibson-Graham, J. K,, 2005, Surplus Possibilities: Postdevelopment and Community Economies, *Singapore Journal of Tropical Geography* 26(1), 4-26.

Gibson-Graham, J.K, 2006, *Postcapitalist Politics*, University of Minnesota Press.

Heynen, Nik, McCarthy, James, Prudham, Scott, and Robbins, Paul, 2007, *Neoliberal Environments: False Promises and Unnatural Consequences*, Routledge.

Kwon, S., 2008, Alternating Development Strategies in Jeju Island, Korea, *Journal of Korean Geographical Society* 43(2), 171-187.

MacAulay, Scott, 2001, The community economic development tradition in Eastern Nova Scotia, Canada: ideological continuities and discontinuities be- tween the Antigonish Movement and the Family of community development corporation, *Community Development Journal* 36(2), 111-121.

Mansfield, Becky, 2004, Neoliberalism in the oceans: rationalization, Property rights, and the Commons question,

Geoforum 35, 313-326.

McGregor, Andrew, 2009, New Possibilities? Shifts in Post-Development Theory and Practice, *Geography Compass* 3(5), 1688-1702.

Ovando, Daniel et al., 2013, Conservation incentives and collective choices in cooperative fisheries, *Marine Policy* 37, 132-140.

Peredo, Ana Maria and Chrisman, James J., 2006, Toward a theory of community-based enterprise, *Academy of Management Review* 31(2), 309- 328.

Peuter, Greig de and Dyer-Witherford, Nick, 2010, Commons and Cooperatives, *Affinities: A Journal of Radical Theory, Culture, and Action* 4(1), 30-56.

Roelvink, Gerda, St. Martin, Kevin and Gibson-Graham, J. K. eds., 2015, *Making Other Worlds Possible: Performing Diverse Economies*, University of Minnesota Press.

St. Martin, Kevin, 2009, Toward a Cartography of the Commons: Constituting the Political and Economic Possibilities of Place, *The Professional Geographer* 61(4), 493-507.

Thoms, Christopher, 2008, Community control of resources and the challenge of improving local livelihoods: a critical examination of community forestry in Nepal, *Geoforum* 39, 1452-1465.

한라산지 목축경관의 이해

강만익

제1장 머리말

조선시대 "사람을 낳으면 서울로 보내고, 말을 낳으면 제주로 보내라."라는 말이 생겨났을 정도로, 제주지역은 '목마(牧馬)의 섬'으로 유명했다. 제주도민들이 말을 길렀던 장소는 한라산지(漢拏山地)의 초지대였다.[1] 이곳에는 고려말 몽골이 설치했던 탐라목장(1276~1374)이 있었고, 조선시대에는 국마장(國馬場)이 입지했다. 과거부터 한라산지의 초지대는 방목 우마에게 유토피아였으며, 목축민들의 생활터전이었다.

한라산지 초지대의 주인공은 테우리[牧子]와 제주마[조랑말]였다.[2] 테우리들은 이곳에서 우마를 방목하며 목축문화를 창출(創出)하였고, 다양한 목축경관을 지표상에 노출시

---

* 이 글은 〈한라산지 목축경관의 실태와 활용방안〉(《한국사진지리학회지》 45, 2013)을 바탕으로 작성되었다.

1) 한라산지는 산록부(해발 200m~600m)와 산정부(해발 600m 이상)를 포함하는 용어이다.
2) 제주의 전통사회에서 주요 교통수단은 말이었다. 제주인들은 조랑말을 타고 혼례를 치르러 갔으며, 성읍리, 수망리와 같은 중산간 마을에서는 말을 타고 이웃마을을 왕래했었다. 말은 제주의 올레를 다니던 교통

컸다. 이곳의 목축경관에는 고려말 탐라목장과 조선시대 국마장과 산마장 그리고 일제강점기 마을공동목장 등이 있다.

한라산지에서 명멸했던 목축경관에 대해 인류학, 역사학, 지리학 분야에서 관심을 나타냈다. 이즈미 세이이치(泉靖一)는 《제주도》(1966)에서 제주지역 방목형태를 종년(終年) 방목, 계절 방목, 전사(全飼: 집에서 기르기)로 구분한 다음, 종년방목이 가장 일반적인 방목형태라고 주장했다. 종년방목은 연중방목을 의미하며, 말 방목이 이에 해당한다. 남도영은 《한국마정사》(1996)와 《제주도목장사》(2003)를 통해 제주도 목장의 역사적 변천과정을 제도사 중심으로 접근하여 목장사 연구에 초석을 놓았다. 김일우(2005, 2007)는 고려시대 탐라의 우마 사육 및 김만일 관련 역사자료의 활용방안을 제시했다.

강만익(2001, 2013, 2014, 2015)은 제주도 십소장의 공간범위와 환경특성, 국마장 경계돌담인 잣성[잣담, 墻垣]의 역사 문화적 중요성, 일제시기 마을공동목장조합의 설립과 운영 실태, 한라산 고산 초원지대 '상산방목'의 실체, 한라산지 목축경관의 실태와 활용방안 등을 제시했다.

이 글에서는 역사지리적 관점에서 고려시대부터 일제강점기까지 한라산지 2차 초지대에서 존재했던 목축경관의 형성과 변화양상을 시계열적으로 정리하여 한라산지 목축경관 이해에 도움을 주고자 한다.

수단이었으며, 말 방아(연자방아)에서 방아를 돌리거나 여름철 농작물을 파종한 후 밭을 밟아주는 데 이용된 가축이었다. 실로 제주의 말들은 농경과 주민들의 일상생활에 필수적인 존재였다. 제주도는 예로부터 명마의 산지로 널리 알려졌다. 역사기록에 따르면 제주도에서 산출된 말을 일컬어 '탐라마(耽羅馬)', '제주마(濟州馬)', '조랑말'이라고 했다. 현재는 모두 '제주마'로 통일하여 부르고 있다. 조랑말은 제주를 대표하는 말로, 연중 방목하는 거친 사육 조건과 사료에도 잘 견딜 뿐만 아니라 발굽이 견고하여 암석이 많은 중산간 지대에도 잘 견딜 수 있는 특성을 가지고 있다. 조랑말은 상하의 진동 없이 매끄럽게 달리는 주법을 구사하는 말(馬)인 '조로모리'에서 유래된 용어로, 몽골에서 유입된 말로 알려져 있으나(박원길, 2005: 228), 2019년 11월 농촌진흥청이 제주마(조랑말)는 몽골 토종마와 뚜렷하게 구분되는 독립적인 품종이라는 연구결과를 발표했다(어린이동아, 2019.11.27.). 제주마(조랑말)는 1986년 천연기념물 제347호로 지정되어 보호되고 있다.

제2장 고려말 탐라목장 설치와 목축경관 출현

제주인들은 언제부터 말을 길렀을까? 애월읍 곽지리 패총에서 출토된 말의 이빨과 뼈 그리고 안덕면 사계리 해안에서 발견된 말 발자국 화석 등은 탐라시대(1105년 이전)에도 말들이 존재했음을 증명해 준다. 특히 곽지리 패총의 말뼈를 분석한 결과는 8세기경 제주에 체고 120cm가량의 소형마와 체고 160cm가량의 대형마가 함께 살았음을 보여준다. 제주도민들은 문종 27년(1073) 탐라국(耽羅國)이 고려에 말을 바쳤다는《고려사》기록처럼, 탐라시대에도 말을 길렀다. 1105년 탐라국이 고려에 편입되어 탐라군(耽羅郡)으로 된 후에도 말 사육이 이루어져 이제현이《익제난고》(1363)에서 강조한 것처럼, 관사우마(官私牛馬)들이 들판을 덮을 정도였다.

고려가 원의 간섭기에 들어간 후, 원은 충렬왕 원년부터 군마확보에 주력했다. 그리하여 원은 충렬왕 14년(1288) 마축자장별감(馬畜孶長別監)을 통해 고려의 목마장에서 마필을 징출(徵出)해 갔다. 제주지역에서는 원나라가 직접 목장을 설치해 운영했다. 원은 탐라가 자국에 비해 겨울철 한파를 동반하는 조드(Dzud)가 없고, 겨울철이 온난하여 말들이 쉽게 얼어 죽지 않으며, 무엇보다 말의 생명을 위협하는 호랑이 등 맹수가 없다는 입지환경에 착안하여 목장을 설치했다. 이 목장이《元史》에 등장하는 '탐라도목장'(耽羅島牧場)이며, 이것은 제주도 목장의 효시이면서 한라산지에 등장했던 최초의 목장경관이었다. 1276년 원의 탐라목장 설치는 제주지역 지배의 신호탄이었다.

탐라목장을 설치했던 쿠빌라이(1215~1294)는 1276년 8월 25일 타라치를 탐라 다루가치로 임명한 다음, 성산읍 수산리 수산평(首山坪)에 1차적으로 말 160필(종마), 소, 양, 낙타, 나귀 등 5축과 하치[合赤-원 출신 목축민]들을 파견해 목장을 운영하게 했다. 원 제국이 수산평 일대에 탐라목장을 설치한 배경은 첫째, 이곳은 당초 정벌을 계획했던 일본과 상대적으로 가깝고, 둘째, 넓은 용원평원(완시민)과 자연 초지대가 발달해 있으며, 셋째, 겨울철 편북풍(偏北風)을 막아주는 오름(측화산)들이 군집해 있어 겨울철이 온화한 장소

---

3) 오홍석, 1974,〈제주도의 취락에 관한 지리학적 연구〉, 경희대 박사논문, 37쪽.

였기 때문이다.[3]

초대 다루가치로 파견된 타라치는 1277년 제주지역에 동아막과 서아막을 설치한 후, 탐라목장을 동서로 구분해 운영했다. 동서 아막의 설치는 제주지역을 동서로 구분한 최초의 지역구분이었다. 그는 11년간(1276~1287) 모범적으로 목마사업을 일으켜 탐라목장을 원나라가 설치한 14개 황가(皇家) 목장 가운데 하나로 성장시켰다.

1374년 명나라가 고려에 제주마 2,000필을 요구하자 제주에 남아있었던 하치(合赤, 牧胡)들은 반란(牧胡의 亂)을 일으켜 저항했다. 이에 공민왕은 최영 장군에게 탐라정벌을 명하여 원의 잔존세력을 축출하도록 했다. 명월포, 새별오름, 어름비, 범섬 등은 당시 최영의 탐라 정벌대와 목호군의 싸움터였다. 목호의 난이 진압된 결과, 탐라목장은 역사 속으로 사라졌다. 탐라목장이 100년 가까이 운영되면서 몽골인 집단 거주촌락과 게르, 말, 소, 양 등으로 형성된 몽골식 목축경관이 출현했다. 또한 몽골식 거세와 낙인법, 하영지(夏營地-목초지, 목장)와 동영지(冬營地-거주지 근처)를 이동하는 유목(또는 정착형 방목) 등 몽골식 목축문화가 제주에 전파됐다.

제3장 조선시대 국마장 설치와 목축경관

조선 건국 직후에도 제주지역은 여전히 목축의 땅이었다.《태조실록》과《태종실록》에는 국마장 설치(1430) 직전의 목축상황이 다음과 같이 기록돼 있다.

- 《태조실록》 권13 7년(1398) 3월 17일: 제주의 축마별감 김계란(金桂蘭)이 좋은 말 8마리를 가져와 바쳤다. 제주사람 고여충(高汝忠)을 축마별감으로 임명했다. 제주에 말 100마리와 소 100마리를 바치도록 지시했다.
- 《태조실록》 권13 7년(1398) 3월 22일: 제주마 축마점고사 여칭(呂稱)과 감찰 박안의(朴安義) 등이 소와 말의 등록대장을 가져다가 바쳤다. 말은 4,414필, 소는 1,914두였다.
- 《태종실록》 권14 1406년 7월 9일: 의정부에서 제주목장에 대한 대책을 제의하였 다.《대

명률)에 따라 4살 이상의 암말 10마리로 1년에 7~8마리의 새끼를 낳게 하면 상등, 5~6마리를 낳게 하면 중등, 3~4마리를 낳게 하면 하등으로 징했다.

- 《태종실록》 권13, 7년 3월 29일: 사복시(司僕寺)에서 마정(馬政)에 관한 사목(事目)을 올리고 아뢰기를, 섬[島] 안에 초옥(草屋) 서너 곳을 적당히 지어서 말들로 하여금 추위와 더위를 피하게 하고, 또 목자들로 하여금 매년 계추(季秋)에 들풀을 베어서 쌓게 하여, 풍설(風雪)과 기한(飢寒)에 대비하게 하십시오.
- 《태종실록》 권15, 8년(1408) 1월 3일: 제주에 감목관을 두었다. 동도와 서도에 각각 감목관 2명과 진무(鎭撫) 4명을 두고 놓아기르는 말을 관리하게 하였다.[4]
- 《태종실록》 권31, 16년(1416) 5월 6일 정유: 동서도(東西道)의 도사수(都司守)는 각각 부근의 군마를 고찰하고 목장을 겸임하였다. 동서(東西) 정해진(靜海鎭)의 군마를 고찰하여 고수하게 하고, 또한 관할하는 목장 안의 마필의 새끼 치서 사라는 것과 수다한 직원(職員)·목자가 보살펴 키우는 일에 능한지의 여부를 살피게 하십시오.

위의 사료들을 통해 축마별감, 축마점고사, 감목관이 제주지역 목장을 운영했으며, 말 생산을 독려하기 위해 증산(增産) 실적을 가지고 목자들을 상·중·하 등급으로 구분했음을 알 수 있다. 또한 목장 내에서 말들이 비바람과 눈을 피할 수 있도록 초옥을 만들었으며, 우마 대장을 만들어 우마를 관리했고, 1416년 제주삼읍(濟州 三邑-제주목, 대정현, 정의현) 획정 배경에 해당 지역 목장관리의 효율성도 고려되었음을 알 수 있다.

제1절 십소장(十所場)의 등장과 분포

조선시대에도 말의 안정적 확보는 통치자들에게 중요한 과제였다. 그리하여 조정에서는 고려시대 목장을 재건하는 한편, 서남해안의 수초(水草)가 좋은 곳에 새롭게 목장

---

4) 남도영은 《제주도목장사》에서 동도와 서도에 감목관 2명과 진무 8명이 파견된 것으로 보아 당시 제주에는 8개의 국마장이 존재했으며, 이것은 이후 10소장의 발판이 되었다고 주장했다.

을 설치했다. 조선시대 목장 수는 《세종실록지리지》(1454)에 58개, 《동국여지승람》(1481)에 92개, 《반계수록》(1670)에 123개, 《목장지도》(1678)에 138개, 《대동여지도》(1861)에 114개, 《증보문헌비고》(1903-1908)에 114개로 기록됐다.

고려 말 명마산지였던 한라산지에 국마장 설치의 타당성에 대한 찬반 논의가 조정에서 이루어졌다. 당시 한라산 중턱에 국마장 설치를 국책사업으로 추진해야 한다고 건의한 인물은 제주출신 고득종(高得宗)이었다. 그는 세종 11년(1429) 세종임금에게 한라산지에 돌담을 쌓아 목장을 설치하는 방안을 제시했다. 이에 세종임금은 조정 대신들의 여론을 수렴해 마침내 '제주한라산목장'을 개축(改築)하라고 윤허했다. 이에 따라 1430년경부터 제주목사가 본격적으로 주민들을 동원해 목장경계용 돌담(잣담, 잣성)을 쌓고 국마장 예정지 내에 있었던 344호의 주민들을 국마장 예정지 밖으로 옮기면서 국마장을 설치하기 시작했다. 당시 개축하며 만든 한라산 목장의 주위는 165리였다.[5]

세종 12년(1430)부터 형체를 드러내기 시작한 국마장은 성종 24년(1493) 고대필(高台弼)에 의해 그 존재가 확인된다. 그는 성종 24년 당시 제주에 '십목장(十牧場)'이 있다고 언급했다. 이에 대해 당시 십목장은 곧 십소장(十所場)에 해당한다고 하며 십소장이 성종 연간에 완성되었다는 견해가 있다.[6] 그러나 십소장은 송정규 제주목사가 1705년 목장 재정비정책, 즉 규모가 작은 목장을 큰 목장에 편입시키며 전도의 국마장을 10개로 통폐합시킨 결과 등장했다고 보는 것이 더 적절하다.

이것은 1703년에 발간된 《탐라순력도》의 〈한라장촉〉에 십소장이 그려져 있지 않기 때문이다. 따라서 십소장은 1703년 이후에 등장했다고 보는 것이 역사적 사실에 더욱

---

5) 《세종실록》45권, 세종 11년(1429) 8월 26일(경자): 兵曹啓 "上護軍高得宗等 上言, 請於漢拏山邊四面約四息之地, 築牧場, 不分公私馬入放場內居民六十餘戶, 悉移於場外之地, 從願折給"
   《세종실록》47권, 세종 12년(1430) 2월 9일(경진): "改築濟州漢拏山牧場, 周圍一百六十五里, 移民戶三百四十四"

6) 남도영, 2003, 《제주도목장사》, 한국마사회박물관, 202쪽: 필자는 고대필이 언급한 십목장과 십소장은 다른 존재로, 공간적 분포 차이가 있다고 본다. 1493년 '십목장'(十牧場)은 제주목 지역에 있었던 10개의 소규모 목장이었던 반면에 1705년에 등장한 '십소장'(十所場)은 제주도 전역에 분산되어 분포했다.

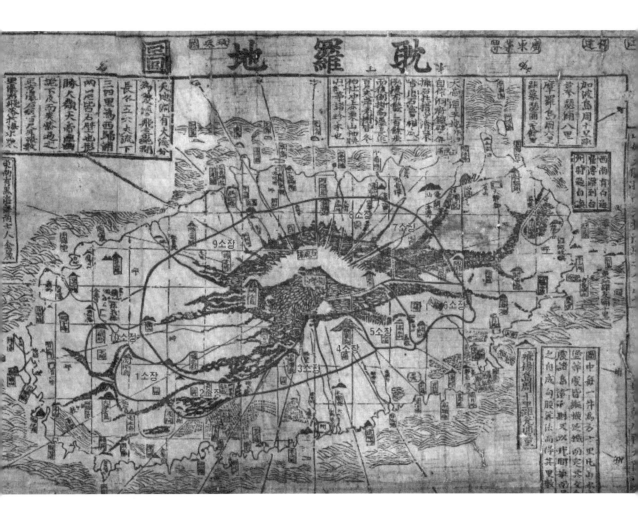

〈그림 1〉〈탐라지도〉(1706년경)에 나타난 십소장(제공: 강창룡)

부합한다. 십소장의 공간 구분이 최초로 제시된 사료는 1706년경 제주목사 송정규가 제작했을 것으로 추정되는 〈탐라지도〉이다(원본은 경희대학교 혜정박물관 소장)〈그림 1〉. 이 지도에 근거해 1709년 제주목사 이규성은 〈탐라지도병서〉(1709)에 십소장을 그대로 옮겨 놓을 수 있었다. 〈탐라지도〉에 따르면 제주목 관할 구역에는 1소장부터 6소장, 대정현에는 7, 8소장, 정의현에는 9, 10소장이 입지했다.

십소장은 해발 200~400m 범위에 설치되었던 10개의 대규모 목장이었다. 각각의 소장(所場) 안에는 자목장(字牧場)들이 분포했다. 자목장은 둔마(屯馬)를 천자문의 글자로 낙인한 후 편성해 만든 소규모 목장으로, 1개 자목장은 암말 100필과 수말 11필로 구성되었으며, 군두 1명과 군부 2명, 목자 4명에 의해 관리됐다. 목장과 목장의 경계는 하천을 이용하거나 돌담을 쌓아 활용했다.

제2절 산마장(山馬場)의 등장과 입지

동부지역 한라산지에 형성된 십소장 위에는 산마장(山馬場)이 존재했다. 이곳의 산마들은 고지대에서 연중 방목되었기 때문에 민첩해 군마로 적격이었다. 산마장 설치시기는 송정규 제주목사의 《해외문견록》에 등장한다. 이 사료에 의하면 효종 10년(1659) 조정에서 김만일(金萬鎰 1550~1632) 자손들에게 흩어져 있던 말들을 국마와 맞바꾼 다음, 산마장을 설치했다고 했다.

산마장은 정조 6년(1782) 《승정원일기》에 의하면, '침장(針場)', '녹산장(鹿山場)', '상장(上場)'으로 구성됐다. 1709년 〈탐라지도병서〉에는 산마장이라는 명칭만 존재하고 있어 1709년 이후 숙종 연간(1674~1720)에 산마장이 3개로 분화되었을 가능성이 높다. 침장은 조천읍 교래리 '바농오름'(針岳) 일대, 산굼부리와 성불오름 일대는 상장(上場), 표선면 가시리 따라비오름과 큰사스미오름 그리고 남원읍 물영아리오름 일대는 녹산장(鹿山場)이 입지했다. 특히 녹산장 내에는 최고 품질의 상등마를 집중적으로 관리했던 갑마장(甲馬場)이 별도로 설치되었다. 갑마장은 따라비오름과 대록산을 연결하는 현재의 가시리 공동(협업)목장에 해당된다.

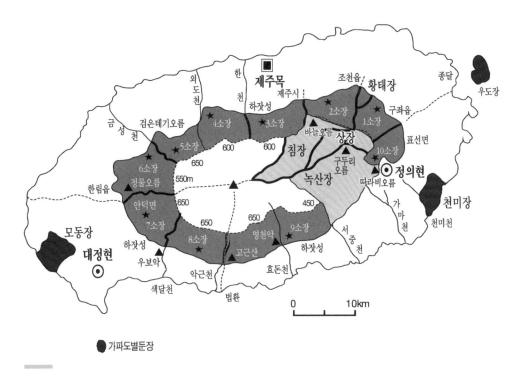

〈그림 2〉 조선 후기 제주도 목장의 범위와 분포 자료: 강만익, 2016.

18세기 말 산마장의 운영실태는《목장신정절목(牧場新定節目)》을 통해 확인된다. 이 사료는 정조 18년(1794) 심낙수(沈樂洙)가 산마장 침범 경작자들로부터 받아 오던 과중한 세금 폐단을 시정하기 위해 작성한 문서이다. 여기에는 첫째, 녹산장, 침장, 상장의 공간범위와 각 목장에 있는 경계용 돌담[圓墻]과 하천이 표시되어 있다. 둘째, 산마장의 운영조직이 나타나 있다. 산마장은 산마감목관-군두-군부-목자로 이어지는 마정체제를 기초로, 암말 100필과 수말 15필을 하나의 패(牌, 群에 해당)로 편성, 매 패마다 목자 10명을 배치해 조직적으로 운영되었다. 셋째, 산마장은 면적이 넓어 경작 가능 장소와 방목지로 이루어졌음을 보여준다. 〈그림 2〉는 조선 후기 제주지역에 입지했던 십소장과 산마장 그리고 소(牛)를 길렀던 황태장, 천미장, 모동장 그리고 말을 길렀던 우도장을 보여준다. 제주의 한라산지는 그야말로 목축의 땅이었다.

제3절 십소장과 산마장의 운영방식

1. 십소장 운영

조선시대 제주지역 목장은 〈대명률〉에 근거해 운영되다가 《경국대전》이 제정된 후 여기에 규정된 규칙에 따라 실행되었다. 제주지역 국마장들도 왕-의정부-사복시-전라 도관찰사-제주목사-감목관[제주판관·대정현감·정의현감]-마감-군두-군부-목자로 이어지는 마정(馬政) 조직 하에 운영되었다〈표 1〉.

이러한 마정조직으로 운영된 제주지역 목마장이 보유했던 마필 수의 변동은 〈그림 3〉 과 같다. 조선시대 제주도 국마장에는 대체로 5,000~12,000필 정도가 생산되었다. 〈표 2〉는 조선 후기 십소장의 운영 실태를 보여준다.

조선 후기 동부지역 소장들은 동장(東場)과 서장(西場)으로 나누어 운영되었다. 이러 한 사실은 숙종대 정의현감을 지낸 김성구의 《남천록》(1679~1682)과 제주목사를 역임한 이익태의 《지영록》(1694~1696)에서 확인된다. 이처럼 하나의 소장을 동장과 서장으로 나 눈 것은 소장 범위가 넓어 목장관리가 불편했기 때문이다. 정조 4년(1780)경에 편찬된 《제주읍지》에는 각 소장에 마감 2명(동장과 서장 각 1명), 반직감 2명이 배정되어 이들이 동 장과 서장에서 목축을 수행했음을 보여준다.

이렇게 운영되던 제주도 국마장은 조선 후기 오랜 가뭄으로 인한 식량난이 빈발하 면서 주민들이 국마장에서 농사짓는 현상이 나타났다. 이에 조정에서는 1794년경부터 국마장에서 농사짓는 농민들에게 징곡(徵穀)을 단행한 다음, 이것을 해당 목장의 마감과 목자의 급료로 충당했다. 이러한 상황 속에서 한라산지 초지대 국마장은 갑오개혁 (1894~1896)으로 감목관제, 공마제도, 점마(點馬-말을 하나하나 세며 확인하기)제도가 폐지되고, 공마가 금전납(金錢納)으로 대체되면서 사실상 해체단계를 밟았다.

2. 산마장 운영

산마장을 운영하기 위해 조정에서는 종2품인 현감과 동격인 산마감목관제를 특설한 다음, 경주김씨 김만일 가계에서 산마감목관을 맡아 운영하게 했다. 산마감목관은 218

마정조직	주요 기능
제주목사	• 목자적(牧子籍), 우마적(牛馬籍) 관리, 감목관 실적 평가, 마필 출륙 허가, 공마 관리
감목관	• 관할 소장 관리
마감(馬監)	• 소장 관리 책임자, 군두, 군부, 목자 감독 • 소장의 烙字印 관리, 군두 중 실적 우수자로 임명
군두(群頭)	• 자목장 관리 책임 • 1인당 군부 2명, 목자 4명 실적 평가 후 보고
군부(群副)	• 1인당 목자 2명으로 50필 책임관리 • 3회 이상 상등이면 군두로 상승, 목자 실적 평가
목자(牧子)	• 마정구조의 최하층, 寺社奴, 官奴, 村民으로 충원 • 세습직, 16세~60세

출처: 남도영, 2003, 《제주도목장사》, 한국마사회박물관.

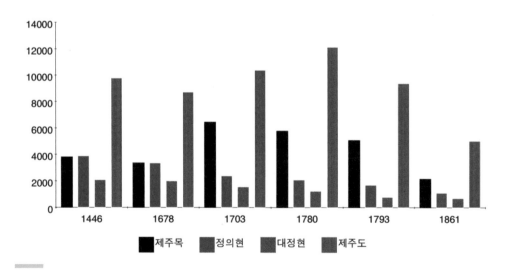

〈그림 3〉 조선시대 제주도 목장의 마필 수 변동
출처: 《세종실록지리지》(1446), 〈목장지도〉(1678), 《탐라장계초》(1703), 《제주읍지》(1780-1789), 《제주대정정의읍지》(1793), 《탐라고사》(1861)를 토대로 작성함.

구분	삼읍	목장	주위	수처(水處)	마필 수	마감·반직감	군두·목자
10소장	제주목	1소장	57리	4	878필	마감 2인	64명
					553수	우감 2인, 반직감 2인	40명
		2소장	50리	5	792필	마감 2인	52명
		3소장	50리	5	429필	마감 2인	42명
		4소장	45리	11	573필	마감 2인	48명
		5소장	60리	18	1,094필	마감 2인	78명
		6소장	60리	8	1,314필	마감 2인	96명
	대정현	7소장	40리	不知	440필	감관 2인, 색리 1인	28명
		8소장	35리	不知	362필	감관 2인, 색리 1인	27명
	정의현	9소장	70리	7	510필	마감 2인	51명
		10소장	40리	6	1,131필	마감 2인	104명
산마장	제주	침장·상장	200리	23	1,572필	산마감목관 1인	160명(42명 정의현 소속)
	정의	녹산장					
우목장	제주	황태장					
	대정현	모동장	37리	1	9필 우 203수	감관 2인, 색리 1인	12명
		가파도 별둔장	10리		우 103수	감관(모슬포 조방장 겸임) 1인, 색리 1인	9명
	정의	천미장					
기타	제주목	우도장	50리	6	243필		39명
		별둔 청마장			31필		
	정의	청마 별둔장	15리		54필 흑우 440수	우감 2인	20명

출처: 김동전, 2006, 〈제주의 마정과 공마〉,《제주도지》(제2권), 398-399쪽.

년간 제1대 산마감목관 김대길(金大吉)부터 83대 마지막 김경흡(金暻洽)까지 모두 83명이나 임명되었다.

조정에서는 산마감목관 밑에 마감-군두-군부-목자를 배치했다. 정조 18년(1794)에는 군두, 군부, 목자를 합해 총 184명이 산마장에 배치됐다. 이 국마장에서는 봉진마(封進馬)와 식년마(式年馬)를 공마했다. 봉진마는 2년에 1회 2필씩을 바쳤으며, 품질이 우수해 어승마로 이용되었다. 식년마는 3년에 1회 200필을 바쳐야 했다. 식년마는 훈련도감 군병이나 병영 및 각 지방 목장에 분정(分定)되었다.

제4절 한라산지 불 놓기와 목축

한라산지 2차 초지대의 형성은 불 놓기(放火)의 결과이다. 제주인들은 화전과 목축에 필요한 땅을 확보하기 위해 삼림지에 불을 놓았다. 조선 전기 방화 장면은 세종 16년(1434년) 6월 고득종(高得宗)과 세종임금이 나눈 대화에 등장한다. 조선 건국 직후에도 제주인들은 여전히 불을 놓아 농경지로 만들었음을 알 수 있다.

> "전 예조 참의(禮曹參議) 고득종이 상서하기를, 신의 고향인 제주는 초목이 부성하였을 때에는 좋은 말이 번식할 수 있었사오나, 무술년[1418년, 세종즉위년] 이래로는 사람들이 땅을 많이 갈아 일으켜서 수초(水草)가 점점 부족하게 되었나이다. (…) 무식한 무리들이 많이들 불을 놓아 밭을 갈므로, 만일 이런 것을 금하지 아니하면 지기(地氣)가 초란(焦爛)하여지고 산에는 초목이 없어져 말을 번식할 수 없을 것이 뻔한 까닭으로(…)" [7]

최근 발표된 남원읍 수망리 물영아리오름 분화구 습지 내 화분(化粉) 분석결과에 따르면, 물영아리 오름을 포함한 중산간 지대는 본래 삼림지대, 즉 참나무, 서어나무, 느

---

7) 《세종실록》 64권, 세종 16년(1434) 6월 30일 을해: "無識之類數多, 縱火耕田, 若此不禁, 則地氣焦爛, 山無草木, 馬之不蕃明矣".

릅나무 등 원시림으로 덮여 있었다고 한다. 물영아리 분화구 내부로 들어와 쌓인 세립 탄편(細粒炭片) 유입량을 보면, AD1150년부터 가파르게 증가하다가 AD1250~AD1300년에 정점에 이르고, 그 후로 급격하게 감소하는 것으로 나타났다. AD1300~AD1650년 기간에는 소나무 화분비율이 매우 낮은 수치를 보였다.[8]

이러한 연구결과들은 첫째, AD1150~AD1300년 동안 분화구 내로 세립탄편 유입량이 증가한 것은 물영아리 오름 일대에서도 불 놓기가 이루어졌다는 것을 보여준다. 특히 AD1150년~AD1250년 기간은 몽골이 제주도를 점령하기 이전이기 때문에 제주도민들이 화전 또는 목축을 위해 불 놓기를 했다는 것을 나타낸다. 그리고 AD1250~AD1300년 기간은 몽골이 대규모 군마생산용 탐라목장을 설치하면서 불 놓기를 지속적으로 했다고 볼 수 있다. 이것은 몽골이 탐라목장을 운영하면서 목축지 확대를 위해 불 놓기를 했다는 것을 과학적으로 증명해준다.

둘째, AD1300~AD1650년 기간에 소나무 화분비율이 매우 낮은 수치를 보였다는 것은 목축활동이 활발하게 이루어졌다는 것을 시사한다. 소나무는 초지대에 방목이 중단될 경우 초지대를 차지하는 나무이기 때문이다. 반면, 17세기 후반부터 소나무 화분비율이 증가한 것은 목장관리가 부실했던 결과로 보인다. 이러한 상황에서 1705년 제주목사 송정규는 방치된 목장들을 재정비해 10개로 통폐합했다.

---

8) 박정재·진종헌, 2019, 〈제주 중산간 지역의 과거 경관변화와 인간 그리고 오름의 환경사적 의미〉, 《대한지리학회지》 제54권 제2호, 158~160쪽.

제4장 일제강점기 공동목장 설치와 목축경관

제1절 마을공동목장의 등장과정

마을공동목장(組合)이 제주역사에 등장한 시기는 1930년대부터이다. 1910년대 토지 세부측량(土地細部測量)[9])으로 토지 소유주와 마을 간 경계가 확정된 후, 십소장과 산마장은 100여 개 마을공동목장으로 재편되었다. 당시 일제는 주민들의 무분별한 난방목(亂放牧)으로 목야지가 황폐화되고 있다고 강조하면서 1933년 〈목야지정리계획〉을 수립해 읍면리동의 목야지 정비를 시행하도록 했다.[10]) 이 문서에 근거해 마을공동목장조합과 마을공동목장이 제주도 역사에 비로소 등장할 수 있었다.

일제 식민지 당국(濟州島廳)에서는 마을별로 공동목장조합 설치를 독려하기 위해 제주도농회 조직과 읍면장, 구장(區長), 권업서기(勸業書記) 등 행정력을 총동원했다. 이것은 마을공동목장조합이 조선총독부의 축산정책을 제주사회에 구현하기 위해 반강제적으로 설립되었다는 것을 입증한다. 일제가 마을공동목장을 운영하게 했던 궁극적인 목적은 마을 단위 축산부흥에 있다기보다는 전쟁 수행에 필요한 우마들을 제주지역에서 안정적으로 확보하기 위함이었다.

공동목장 용지는 매수지, 차수지, 기부지가 있었다. 1943년 자료(《제주도공동목장관계철》)에 근거할 때 마을공동목장 용지는 차수지 51%, 매수지 30%, 기부지 19% 정도였다. 마을공동목장조합은 제주도사, 제주도농회장, 농회읍면분구장, 제주도목장조합중앙회

---

9) 김봉옥, 2013, 《제주통사》, 제주발전연구원, 282쪽: 토지 세부측량은 일제강점기에 토지세를 거두어들이기 위한 목적으로 조선총독부가 전국의 토지면적을 파악하기 위해 실시한 것으로 당시 표본지역으로 선정된 제주도의 토지 세부측량은 1913년 7월 1일부터 시작되어 1915년 말에 완료되었다(우도, 가파도, 추자도 제외).

10)《濟州島勢要覽》(1939), 《濟州島의 經濟》(1999), 제주시 우당도서관, 175쪽.
   金斗奉, 1936, 《濟州島實記》(第四版), 精文社印刷所, 21쪽.

〈표 3〉 1939년의 공동목장조합 현황

계획면적	목장조합 수 (설치를 마친 수)	목야 취득면적	내역			급수장 설치 수	
			차수지	기부지	매수지	설치 수	현금지출액
45,000町00	116組	33,290町	9,215町67	7,132,43	16,942,09	62	5,929円32

출처: 《濟州島勢要覽》(1939), 《濟州島의 經濟》(1999), 제주시 우당도서관, 175쪽.

장, 읍면공동목장조합연합회장, 마을공동목장조합장, 평위원회 위원, 목감 등에 의해 운영되었다. 1939년경 마을공동목장은 총 116개였으며, 급수장은 62개 설치됐다〈표 3〉.

제2절 마을공동목장의 목축경관

마을 공동목장 내에는 초지대·측화산·하천·삼림·곶자왈·화산회토·용암평원 등이 있다. 목축은 자연환경 속에서 이루어지는 활동이기에 마을공동목장은 자연환경의 산물이다. 실례로, 제주의 화산회토는 입자가 작아 바람에 잘 불려버리는 '뜬 땅'이기 때문에 농작물 파종 시 종자 정착이 잘 안 되어 진압농법(鎭壓農法)을 위한 노동력, 즉 우마가 더해져야 했다. 따라서 방목 형태로 제주마(조랑말)를 많이 사육하게 되었고 그 결과 제주마를 키우기 위한 마을공동목장이 출현할 수 있었다.[11]

일제강점기 마을공동목장 목축경관에는 급수장(給水場)·간시사(看視舍)·가축수용사(家畜收容舍)·급염장(給鹽場)·목장도로(牧道)·경계 돌담이 있었다. 이 중 급수장은 우마 방목에 필수적인 시설물이었다. 물 문제를 해결하기 위해 목장조합원들을 동원하여 급수장 시설을 하거나 못을 파서 봉천수(빗물)를 저장해 이용했다.

간시사는 목장을 관리하는 목감(牧監=공동목장조합에 고용된 목축전문가)이 방목기간에 일시적으로 거주하던 건물이었다. 가축수용사는 비, 눈, 바람 불 때 우마를 일시적으로 수

---

11) 송성대, 2001, 《문화의 원류와 그 이해》(제3판), 도서출판 각, 262쪽.

용하기 위한 축사였다. 급염장은 우마에 소금을 공급하기 위한 시설이다.

목장조합에서는 수원(水源) 함양과 방풍을 위해 목장림(牧場林)을 조성했다. 또한 마을공동목장의 지속적 활용을 위해 초지 관리를 철저히 했다. 이를 위해 첫째, 원칙적으로 조합원이 아닌 사람들은 공동목장 초지 이용이 쉽지 않았다. 초지 황폐화를 예방하기 위해 외부에 존재하는 잠재적 이용자들의 접근을 제한했을 뿐만 아니라 내부 구성원들의 초지 남용을 통제하는 공동규제 장치, 즉 상호 합의된 조합규약을 엄격히 적용해 초지를 관리했다.

둘째, 목장개간과 '방앳불' 놓기(火入)를 제한했다. 농경지 개간과 화입은 모두 공동목장 내 식생환경에 위협을 가하는 행동이기 때문에 만일 이에 대한 적절한 조치가 없을 경우 초지 감소 및 식생 파괴를 가져와 공동목장 존립 기반이 위태로울 수 있었기 때문이다. 셋째, 윤환방목을 하도록 했다. 이것은 공동목장을 몇 개의 목구(牧區)로 구분한 다음, 초생 상태에 따라 목구를 일정한 질서에 근거해 이동하며 방목하는 방법으로, 가축의 종류 및 사육 수에 따라 목구의 수와 넓이, 방목 일수를 결정해 이루어졌다.

제5장 한라산지 목축문화 원형과 의미

제1절 테우리와 백중제

제주인들은 한라산지에서 목축을 하면서 다양한 목축문화를 탄생시켰다. 우마 방목을 책임졌던 주인공인 테우리(牧子)는 우마를 기르는 사람들을 가리키는 제주어이다. 몽골사 전공인 박원길(2005)은 테우리의 어원에 대해 '모으다'는 뜻을 가진 중세 몽골어에서 유래했다고 주장한다. 조선시대에는 목자(牧子)로 불렸다. 이들은 거주 이전과 전직(轉職)이 금지되었고, 16세부터 60세까지 국마생산과 관리에 종사했으며, 목자직은 자손들에게 세습되었다. 목자들은 우마 번식 실적이 우수할 경우 쌀 또는 포목으로 포상받는 제도가 있긴 했으나, 동색마(同色馬-같은 색을 가진 말로 배상하기) 부담 등 수많은 고역이

〈그림 4〉 수망리 백중제(음력 7월 14일 밤, 2016.8.)

가해졌다.

이들의 존재는 조선 후기 호적중초(戶籍中草)에서도 확인할 수 있다.[12] 실례로, 대정읍 하모리 호적중초에 기록된 강성발(姜成潑)은 가파도별둔장 그리고 순조 14년(1813) 도순리 호적중초에 등장한 천영관(千永寬)은 8소장의 목자였다.

테우리들은 방목지에 위치한 오름과 하천, 동산의 이름 그리고 마소의 이동로와 관련된 주요 지명을 손금 보듯 알고 있었다. 방목 중인 마소들의 생존과 직결되는 일이었기 때문에 지리적 환경을 정확히 터득하고 있었다.

---

12) 호적중초(戶籍中草)는 18세기 말~20세기 초 마을 또는 면 단위로 작성된 호적자료로, 여기에는 각 호주의 직역·성명·나이·본관, 처의 성·칭호·나이·본관, 호주 4조[부·조·증조·외조]의 직역과 이름 그리고 함께 거주하는 자녀는 물론, 첩·노비·고공·차입자, 남녀의 수, 도망자, 표류자, 초가 칸수(광무호적) 등이 상세히 기록되어 있다.

여름철 테우리들은 마소의 번식을 기원하는 '테우리 쿠사'를 행했다. 이것을 '백중제'(百中祭)라고도 하며, 백중날(음력 7월 15일, 또는 백중 전날 밤, 백중날 새벽) 제물을 준비해 지냈다〈그림 4〉. 고사 장소는 주로 공동목장 또는 목장 내에 위치한 오름 그리고 자신의 목축지였다.

테우리들은 다소 지역차가 있으나 백중제를 위해 메(밥), 제숙, 수탉(계란), 채소, 과일, 상애떡, 술, 음료수 등을 준비했다. 메 위에는 숟가락 대신에 '새(띠)'를 꺾어 세 개씩 꽂는 것이 특징이다. 밥을 먹을 주체가 사람이 아니기 때문일 것이다. 머리와 꼬리가 있는 구운 생선, 털과 내장을 제거한 수탉, 콩나물, 양애무침, 미나리무침, 수박, 포도, 배 등도 진설되었다. 백중제에서 절은 본래 따로 하지 않는다. 목축신은 인간의 조상이 아니기 때문이다.

제2절 낙인(烙印)과 귀표(耳標)

테우리들은 초봄에 적당한 날을 골라 낙인을 했다. 조선시대 낙인(烙印)에 대한 최초 기록은 《태종실록》(1406. 2. 4.)에 등장한다. 이것은 방목 중인 말들의 소유주와 관리목장을 구별하기 위해 일정한 문자, 기호, 도형이 새겨진 쇠붙이를 불에 달구어 신체의 특정 부위에 찍는 표식이다. 우마의 네발을 묶고 넘어뜨린 다음 낙인을 대퇴부에 찍었다.

애월읍 고성리에서는 개인별, 성씨별 또는 마을 전체가 공동으로 낙인을 찍었다. 이 마을에서는 마을 이름의 첫 글자인 '고(古)' 자 낙인을 만들어 공동으로 이용했다. 서귀포시 색달동에서는 이른 봄 다간(두 살짜리 소)과 이수메(두 살짜리 말)에 낙인을 찍었다. 남원읍 하례리에서는 낙인 글자로 己·土·卜, 구좌읍 한동리에서는 巾, 仁, 凡 자를 사용했다. 낙인 외에도 우마의 귀 일부를 잘라 자기 우마임을 나타내는 귀표(耳標)를 했다. 애월읍 상가리에서는 음력 10월경 공동목장에서 소들이 집으로 내려오는 때에 맞춰 귀표를 했다.

제주도 목축사(牧畜史)에 있어 방목의 역사는 길다. 《성종실록》(1472년 1월 30일)에 의하면 "濟州三邑公私屯馬, 常放山野"라 하여 관청이 관리하는 말과 개인 소유의 말들은 항상 산야에 놓아기른다고 했다. 제주의 말들은 목축지에서 1년 내내 연중 방목 형태로 길렀다.

해발고도가 높은 한라산 고산지대에서도 우마들이 방목된 적이 있었다. 이것은 '상산방목(上山放牧)'이라고 부르던 목축 형태로, 백록담 부근 한라산 고산지대에 우마를 올려 방목하는 것으로, 전국에서 가장 고지대에서 이루어졌던 목축에 해당된다. '상산'(1400~1950m)은 해발고도가 높아 여름철 기온이 낮고 바람이 많아 진드기 피해가 적은 곳이었으며, 무료로 이용할 수 있는 자연초지와 물 그리고 비바람을 피할 궤(바위굴)가 삼위일체되는 장소여서 일찍부터 방목지로 활용되었다. 이곳의 방목은 한라산 산정부의 지형조건과 기후 및 식생환경을 인식한 목축민들에 의해 이루어졌다.

상산방목지 중 '선작지왓'은 영실기암 상부에서 윗세오름에 이르는 고원 초원지대로, '산상정원'(山上庭園)으로 불리는 곳이다. 이곳에는 넓은 초지와 노루샘, '탑궤'가 있어 서귀포시 하원동, 도순동, 호근동 주민들이 방목했다. 윗세오름 방목지는 1960년대까지만 해도 남·북제주군 지역 우마들과 테우리들의 만남 장소였다〈그림 5〉. 1970년 한라산이 국립공원으로 지정되면서 상산방목이 법적으로 금지되었다.[13]

제4절 방애(放火)와 바령

목축지에서 공동으로 혹은 개별적으로 불을 놓아 잡초나 초지를 태우는 것을 '방애(放火)'라고 불렀다. 이것은 방목지를 정비하는 방법이며, 해마다 연초에 이루어졌던 목

---

13) 강만익, 2013, 〈근현대 한라산 상산방목의 목축민속과 소멸〉, 《탐라문화》 제43호, 제주대학교 탐라문화연구원.

〈그림 5〉 1988년 윗세오름 일대 마지막 말 방목
가운데 부분은 백록담 화구벽, 앞쪽 왼쪽은 윗세상봉(붉은오름), 뒤쪽은 장구목으로 가는 왕석밭, 오른쪽 오름 둘은 윗방애와 방애오름에 해당. (사진 제공: 前 한라산 국립공원관리사무소 신용만)

축문화 현상으로, 주로 공동목장에서 이루어졌다. 목장지대의 무덤(산소)에 '산담'을 만드는 것은 우마 출입을 방지할 뿐만 아니라 '방애'로 인해 분묘가 훼손되는 것을 막기 위해서이다. '방애'는 이른 봄철 들판에 쌓였던 눈이 녹아 마른 풀이 드러나는 음력 2월이나 3월 초순에 이루어졌다. 새 풀이 돋아나면 우마를 방목해야 하기 때문에 그 전에 해야 했다. '방애'를 하면 진드기 등 각종 해충을 없앨 수 있을 뿐 아니라, 새 풀이 잘 돋아난다. 이러한 '방애'를 현대적으로 계승한 것이 들불축제이다.

바령은 농사에 필요한 거름을 확보하기 위해 이루어졌다. 제주도 토양은 많은 강수로 인해 토양 속의 유기물질이 쉽게 유실되어 비옥도가 낮은 편이기 때문에 전통 농경사회에서 제주도민들은 거름을 마련하는 것이 중요한 과제였다. 바령은 우마들을 일정한 밭에 몰아넣은 다음, 배설물을 모으는 것을 의미했다. 이건(李健)은 《제주풍토기》(1628~1634)에서 바령이 이루어졌던 밭을 '분전(糞田)'이라고 기록했다.[14]

제6장 맺음말

한라산지 목축경관의 형성과 변화과정을 요약하면, 첫째, 제주도에서 목축경관이 본격적으로 출현한 것은 13세기 말 몽골에 의해서다. 원 제국은 군마생산을 위해 1276년 수산평에 몽골 동부 다리강가에서 운반해 온 말 160필과 소, 양, 낙타 등을 방목하며 100년 가까이 탐라목장을 운영했다. 원 제국은 1277년 동아막과 서아막을 설치해 탐라목장을 동서로 양분했으며, 동서 아막 내에는 게르[Ger]와 아막을 둘러싼 성이 존재했다. 동아막은 수산평, 즉 수산진성 부근, 서아막은 한경면 고산리 차귀진 일대를 지칭하는 '차귀평'에 자리했다. 탐라목장이 운영되면서 낙인과 거세법 등 몽골 목축문화가 제주에 전파되었다.

---

14) 김동전·강만익, 2015, 《제주지역 목장사와 목축문화》, 경인문화사.

둘째, 조선시대 제주도에는 국마장인 '제주한라산목장'(1430)을 재정비해 탄생한 십소장(十所場)이 있었다. 이것은 1705년 송정규 제주목사가 규모가 작은 목장을 큰 목장에 편입시키며 10개로 통폐합한 결과 등장했다. 이러한 사실은 십소장이 1703년에 발간된《탐라순력도》의〈한라장촉〉에 그려져 있지 않고, 1706년경 제주목사 송정규가 제작했을 것으로 추정되는〈탐라지도〉에 처음으로 등장한 것을 통해 알 수 있다.〈탐라지도〉에 따르면 제주목 관할 구역에는 1소장부터 6소장, 대정현에는 7, 8소장, 정의현에는 9, 10소장이 입지했다. 하나의 소장(所場) 안에는 소규모 자목장(字牧場)들이 분포했다. 자목장은 둔마(屯馬)를 천자문의 글자로 낙인한 후 편성해 만든 목장이었다.

셋째, 효종 10년(1659) 조정에서는 '헌마공신' 김만일(金萬鎰) 후손들이 보유하던 우수한 말들을 국마와 교환한 후 이 말들을 사육하기 위해 산마장을 만들었다. 산마장 운영을 위해 조정에서는 현감과 동격인 산마감목관제를 특설한 다음, 경주김씨 김만일 가계에서 산마감목관을 맡아 산마장을 운영하게 했다. 산마감목관 밑에는 마감-군두-군부-목자를 배치했다. 산마장에서는 봉진마(封進馬)와 식년마(式年馬)를 조정에 공급했다. 봉진마는 2년에 1회 2필씩을 바쳤으며, 품질이 우수해 어승마로 이용되었다. 식년마는 3년에 1회 200필을 공마해야 했다.

넷째, 제주도내 국마장들도 왕-의정부-사복시-전라도관찰사-제주목사-감목관[제주판관, 대정현감, 정의현감]-마감-군두-군부-목자로 이어지는 조직 하에 운영되었다. 각각의 소장(所場)은 마감-반직감-군두-군부-목자에 의해 운영되었다.

다섯째, 십소장과 산마장이 문을 닫은 후, 1930년대부터 한라산지에 마을공동목장이 등장했다. 식민지 당국이 난방목(亂放牧)으로 인해 발생하는 목야지 황폐화를 예방하고 마을축산을 활성화시킨다는 명분을 내세워 만든〈목야지정리계획〉(1933)에 의해 마을 단위로 마을공동목장조합을 설립해 공동목장을 운영하도록 했다. 목장조합에서는 공동목장을 지속적으로 이용하기 위해 목장개간과 '방앳불' 놓기(放火)를 제한했다. 농경지 개간과 화입은 모두 공동목장 내 식생환경에 위협을 가하는 행동이기 때문에 만일 이에 대한 적절한 조치가 없을 경우 초지 감소 및 식생 파괴를 가져와 공동목장 존립 기반이 위태로울 수 있었다.

여섯째, 십소장, 산마장, 공동목장에서 우마방목을 관리하며 목축문화를 탄생시킨 주역은 '테우리'였다. 조선시대 목자(牧子)로 기록된 테우리들은 거주 이전과 전직이 금지되었고, 16세부터 60세까지 국영목장의 국마생산과 관리에 종사했다. 실적에 따라 포상받는 장치가 있었으나, 동색마(同色馬) 부담 등 수많은 고역이 가해졌다. 그들은 방목지에 위치한 오름과 하천, 동산의 이름 그리고 마소의 이동로와 관련된 주요 지명을 손금 보듯 알고 있었던 목축전문가 집단이었다.

한라산지는 과거부터 현재까지도 목축의 땅이었다. 화산활동이 만들어낸 용암평원과 자연초지 및 2차 초지대는 제주도민들의 목축적 토지 이용을 가능하게 했다. 또한 이곳은 몽골(원)-조선-일본-제주의 목축문화가 융합된 공간이었다. 마을공동목장이 점차 사라지고 있는 현실에서 목축민에 대한 구술 생애사 조사와 함께 공동목장을 운영했던 목장조합 관련 문서를 발굴해 체계적으로 정리할 필요가 있다.

강만익, 2001, 〈조선시대 제주도 관설목장의 경관연구〉, 제주대 석사논문.

강만익, 2005, 〈전통사회 제주도의 목축지명 읽기〉, 《제주역사문화》 제13·14호, 제주도사연구회.

강만익, 2007, 〈조선시대 김만일 가계 산마장의 입지환경과 그 유적〉, 《제주마학술조사보고서》, 제주특별자치도·제주문화예술재단.

강만익, 2008, 〈1930년대 제주도 공동목장 설치과정 연구〉, 《탐라문화》 제32호(2008년 2월), 제주대학교 탐라문화연구원.

강만익, 2009, 〈조선시대 제주도 잣성(牆垣) 연구〉, 《탐라문화》 제35호(2009년 8월), 제주대학교 탐라문화연구원.

강만익, 2010, 〈제주도민의 목축생활사 ① 하효마을의 사례〉, 《제주학》, 제주학연구소.

강만익, 2011, 〈일제시기 제주도 마을공동목장조합연구〉, 제주대 사학과 박사논문.

강만익, 2013, 〈근현대 한라산 상산방목의 목축민속과 소멸〉, 《탐라문화》 제43호(2013년 6월), 제주대학교 탐라문화연구원.

강만익, 2013, 〈제주도민의 목축생활사 ② 가시리의 사례〉, 《제주학》, 제주학연구소.

강만익, 2013, 〈한라산지 목축경관의 실태와 활용방안〉, 《한국사진지리학회지》 Vol.23 No.3, 한국사진지리학회.

강만익, 2013, 《일제시기 목장조합연구》, 경인문화사.

강만익, 2014, 〈말산업특구 제주의 목장사와 마문화〉, 《교육제주》, 제주특별자치도교육청.

강만익, 2014, 〈제주도 목마장의 역사적 고찰〉, 《한국의 馬 시공을 달리다》, 국립제주박물관.

강만익, 2014, 〈제주도 목축문화의 형성기반과 존재양상: 《마을향토지》 기록을 중심으로〉, 《서귀포문화》, 제주특별자치도.

강만익, 2014, 〈제주마 문화유산의 이해〉, 《삶과 문화》, 제주특별자치도.

강만익, 2016, 〈고려말 탐라목장의 운영과 영향〉, 《탐라문화》 제52호, 제주대학교 탐라문화연구원.

강만익, 2016, 〈국마의 보고, 제주의 목축유산〉, 《제주》 Vol.4, 제주특별자치도.

강만익, 2016, 〈국마장 경계돌담, 서귀포시 잣성의 역사〉, 서귀포시.

강만익, 2017, 《한라산의 목축생활사》, 제주특별자치도 세계자연유산본부.

강만익, 2020, 〈제주도의 말 문화〉, 《우리문화》, 한국문화원연합회.

김동전·강만익, 2015, 《제주지역 목장사와 목축문화》, 경인문화사.

남도영, 2003, 《제주도목장사》, 한국마사회박물관.

송성대·강만익, 2001, 〈조선시대 제주도 관영목장의 범위와 경관〉, 《문화역사지리》 제13권 제2호, 한국문화역사지리학회.

송정규 지음, 김용태·김새미오 옮김, 2015, 《해외견문록》, 휴머니스트.

좌동렬, 2010, 〈전근대 제주지역 목축의례의 역사민속학적 연구〉, 제주대 석사학위논문.

제주도 농업환경에 의한
밭담의 변화 모습과 주민들의 인식
서귀포시 남원읍 위미리를 중심으로

강성기

제1장 머리말

밭담은 2013년에 국가중요농업유산, 2014년에 세계중요농업유산으로 등재되었다. 밭담이 세계적인 농업유산으로 지정된 배경에는 그동안 이에 대한 연구가 지속적으로 이루어졌기 때문이다. 따라서 이러한 일련의 과정은 밭담이 그동안 도민들에게 너무나도 일상적인 경관에서 소중한 문화유산(문화 경관)으로 전환하게 된 배경이 되었다.

밭담에 대한 선행연구는 주로 밭담의 특징 및 유산적(문화경관, 농업유산 등) 가치[1], 보전방안[2]과 활용방안[3] 등을 중심으로 이루어졌다. 그러나 현재까지도 제주의 밭담은 많

---

* 이 글은 필자의 박사학위 논문인 〈제주도 농업환경 변화에 따른 밭담의 존재형태와 농가인식에 대한 연구〉 (2016) 중 일부분을 수정, 보완하여 작성되었다.

1) 이와 관련해서 이준선(1999), 이상영(2006), 고성보(2007a), 강성기(2011), 임진강(2017), 임정우(2018), 박종준·권윤구(2019) 등이 있다.
2) 이와 관련해서 최용복·정문섭(2006), 고성보(2007b) 등이 있다.
3) 이와 관련해서 엄상근·이성용·고인종(2008), 정광중·강성기(2013), 정승훈(2014), 임근욱(2015) 등이 있다.

은 사회적 변화 속에서 훼손, 변형, 제거되고 있으나 이에 대한 연구는 거의 전무하다. 그나마 밭담의 변화에 대한 연구로 최용복·정문섭(2006)의 연구가 거의 유일한데 이는 GIS를 이용하여 2001년과 2006년 동일한 범위에서의 돌담 변화를 통해 훼손율을 도출한 것이다.

제주도 밭담의 변화 요인을 살펴보면 크게 도시화, 도로 건설, 농업환경 변화 등을 들 수 있다. 이 중 도시화와 도로 건설 요인은 기존의 경지를 다른 용도로 사용함에 따라 밭담을 제거하여 그 존재를 완전히 없애 버린 대표적인 사례라고 할 수 있다.

그리고 농업환경의 변화는 여러 가지 측면으로 살펴볼 수 있는데 주민들은 농가소득 향상을 도모하기 위해서 농업환경을 개선(경지정리, 농기계 발달, 과학영농 등)하거나 다양한 재배작물을 선택한다. 이러한 농업환경 변화는 밭담의 변화에 다양한 원인으로 작용하는데 경지정리는 새로운 토지 구획에 따라 과거 밭담을 완전히 제거하였다. 또한 다양한 농기계는 밭담 입구와 밭담에 대한 인식을 변화시켰고, 비닐하우스나 멀칭 등은 기존 밭담의 변화와 제거를 가속화했다. 마지막으로 재배작물도 밭담의 변화에 크게 작용하였다.

제주도에서는 1960년대 전통농업사회까지만 해도 보리, 조, 깨, 콩 등을 재배했으나 1970년대부터 대표적인 상품작물로 감귤이 본격적으로 재배된 이후 서귀포지역을 중심으로 매우 빠르게 재배면적이 확산되었다. 이에 따라 감귤작물은 밭담의 형태적 변화에 매우 큰 영향을 끼치게 되었고, 이 점은 현재까지도 감귤 과수원 주변 밭담경관과 밭농사 지역의 밭담경관의 차이를 초래하는 요인으로 작용하고 있다.

따라서 본 글에서는 도내 감귤산지를 중심으로 농업환경의 변화에 따른 밭담의 모습과 주민들의 인식을 알아보고자 한다. 이 점은 앞으로 제주도 밭담 변화를 살펴보는 데 있어 많은 시사점을 줄 수 있다고 본다.

이에 따라 사례지역을 선정해 봤는데 이와 관련 자료로 마을 단위별로 감귤재배가 활발히 이루어지는 정도를 과수원 면적을 통해 살펴보았다. 2019년 12월 31일 기준 제주도 읍면지역 마을 중 과수원 면적이 넓은 순으로 보면 위미리(9.7㎢), 위귀리(5.7㎢), 신흥리(5.7㎢), 신례리(5.0㎢), 하례리(4.8㎢), 남원리(4.7㎢) 등으로 나타난다. 이 점을 참고하면 위미리는 제주도 읍면지역 마을 중 과수원 면적이 가장 넓을 뿐 아니라 감귤생산량이 높다고 할 수 있다. 따라서 농업환경에 의한 밭담의 변화 모습을 살펴보기 위해서 서귀포시 남원읍 위미리를 선정하게 되었다.

위미리는 제주도 남쪽에 위치하고 있으며, 북쪽으로 한남리, 동쪽으로 남원리, 서쪽으로 신례리, 남쪽으로 바다와 인접해 있다. 위미리는 서귀포시 남원읍에 속하는 9개의 법정리 중 한 곳으로 행정리는 위미1리, 위미2리, 위미3리로 나뉘어 있다. 위미1리와 위미2리는 위미교회를 중심으로 서쪽과 동쪽에 위치하고 있고, 위미3리는 남원리와 접해 있다〈그림 1〉.

위미리의 지형은 동쪽에 자배봉이 있고, 한라산 동쪽 끝자락을 중심으로 해발고도 600~700m에서 해안으로 점차 낮아지는 가운데 토지 이용도 고도에 따라 산림대, 초지, 경지, 취락 순으로 환상(環狀)을 이루고 있다. 또한 위미리에는 위미항에서 약 5㎞ 떨어진 곳에 지귀도가 있다. 대표적인 하천으로는 위미1리 서성동 넙빌레로 흐르는 전포천, 위미포구로 흐르는 위미천, 위미2리 세천동으로 흐르는 세천이 있고, 신례리에 위치하고 있지만 신례리와 위미리 경계인 종남천이 있다.

2019년 12월 31일 기준으로 위미리 토지면적은 27.3㎢로 남원읍 전제 면적에서 14.4%를 차지하고 있으며, 이는 남원읍에서 한남리(32.1㎢), 수망리(30.6㎢), 신례리(29.0㎢) 다음으로 큰 마을에 해당된다. 위미리 인구수는 4,498명, 경지면적은 11.2㎢이다. 이는 남원읍 전체에서 인구수로는 23.7%, 경지면적으로는 20.5%를 차지하고 있다. 또한 위미리에는 현재까지도 많은 주민들이 농업에 종사하고 있고, 과수원 면적(9.7㎢)도 전체 경지면적에서 86.6%를 차지하고 있다. 과수원 대부분이 감귤을 재배하고 있다는 점은 현재까지도 제주도를 대표하는 감귤산지임을 보여준다.

위미리 밭담[4]의 존재 형태를 살펴보기 위해서 조사 지구를 선정하였다. 조사 지구

---

[4] 현재 농가들은 과수원에 존재하고 있는 밭담을 '과수원 담' 또는 '과수원 돌담'이라고 하고 있으나 과수원도 경지 종류 상 밭이기 때문에 본 글에서는 '밭담' 또는 '과수원 밭담'으로 기술하고자 한다.

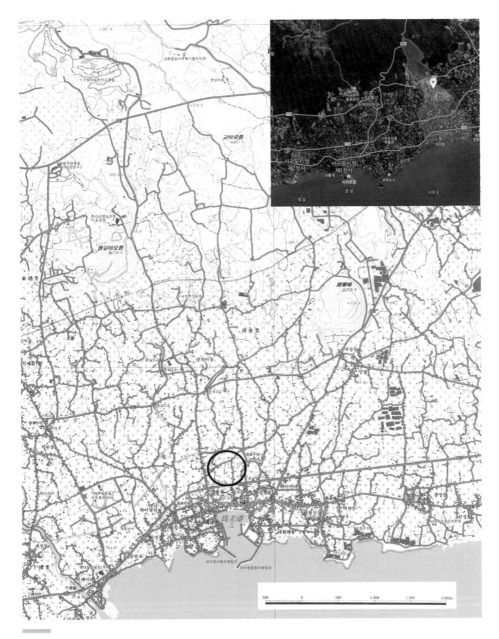

〈그림 1〉 위미리 주변지역 지형과 조사 지구(○)
출처: 1:25,000 지형도(국토지리정보원 2012년 수정 발행) 위미(爲美) 도폭.

선정은 위미리에서 과수원 조성이 비교적 초창기에 이루어진 곳을 중심으로 과수원이 집중적으로 분포하는 곳을 확인하였다. 그 후 수차례의 현장답사와 농가들의 인터뷰를 토대로 사례 지역을 선정하게 되었다.

제2장 위미리 농업환경의 변화

제1절 감귤 도입 전(~1960년대 중반) 농업환경

현재 위미리는 제주도에서 대표적인 감귤산지로 알려져 있으나 과거 50~60년 전까지만 해도 전형적인 밭농업 지역으로 1960년대까지 해발 50m 주변 해안가에 가장 좋은 토지가 있었다. 이곳은 해수의 영향을 받았지만 산성 토질에 강한 보리와 고구마 등을 재배할 수 있었으며, 해발 50m 이상의 토지보다 농업 생산성이 매우 높았다. 이 점은 당시 지가(地價)를 통해서도 알 수 있는데 일주도로변 가장 좋은 토지가 3.3㎡당 약 3천 원 정도였고, 해발 100여 미터 지역의 토지는 3.3㎡당 300원 정도, 이보다 높은 곳의 토지는 3.3㎡당 몇십 원 정도에 불과했다. 그 결과 위미2리를 중심으로 일주도로변 마을 중에는 '안카름5)'이라고 불리는 상원동의 토지를 많이 확보한 집안이 마을에 큰 영향력이 있었고, 대성동과 같이 해안가에서 떨어진 마을일수록 가난한 농가들이 자리를 잡았다(김순희, 1983). 또한 위미리를 포함한 과거 남제주군은 농업증산 5개년 계획에 따라 고구마 생산량이 매년 증가하여 농가 소득의 가장 많은 부분을 차지하였다(김두욱, 1999). 과거 서성동 앞바다에 위치한 '넙빌레(넓은빌레)'의 풍부한 물을 이용한 전분공장은 고구마 생산을 통한 농가들의 소득에 일조하였다.

---

5) 안카름은 제주어로 '한 마을 내에서 안쪽에 위치한 동네'라는 뜻으로 안카름 밭은 '마을 내에 위치한 밭'을 말한다.

위미리는 1960년대 말부터 감귤이 본격적으로 도입되었다. 그러나 농가들에 의하면 이전에도 일본인들에 의해서 당유자, 산물 등의 품종이 몇몇 집의 텃밭에서 재배되었고, 해방 이후에는 이 귤들을 제사용으로 사용했다고 한다. 그 후 4·3사건으로 인해서 당시 재배되었던 귤은 전부 사라졌다. 4·3사건과 한국전쟁으로 혼란했던 시기가 어느 정도 지난 뒤 위미리에도 감귤나무를 심기 시작했다.

위미리 감귤 도입 초창기의 농업환경의 특징으로는 첫째, 1960년대 과수원을 조성한 농가 중에는 감귤 수확을 목표로 하기도 했지만, 당시 감귤 묘목 부족으로 묘목 장사를 위하여 과수원을 조성하기도 하였다. 이들은 탱자나무에 감귤나무 접을 붙이기도 하고, 친인척의 재일동포로부터 감귤 묘목을 기증받기도 했다. 또한 기증받은 묘목을 재차 구입해서 과수원을 조성하기도 하였다. 재일동포로부터 기증받은 묘목은 많은 수량은 아니었지만 당시 감귤 묘목이 매우 귀했기 때문에 농가들은 이 정도의 수량도 없어서 식재를 못 할 정도였다.[6] 둘째, 위미리에는 초창기 감귤 과수원이 일주도로 주변을 중심으로 조성되었다. 한라산 남쪽 지역의 감귤농업은 서홍과 토평 등을 시초로 인근 읍면지역으로 조금씩 확산되기 시작하였다.

1970년대는 위미리뿐 아니라 제주도 전 지역에 감귤 재배면적이 급속도로 증가한 시기였다. 농가들은 1960년대 말 정부의 감귤원 조성자금 지원 아래 애향심이 넘친 재일동포들이 기증한 감귤 묘목을 식재하였다. 또한 이 시기는 농가들이 당시 식재한 감귤 묘목에서 감귤을 본격적으로 수확하기 시작한 초창기였다. 감귤로 인한 농가 소득은 밭작물 때와는 비교되지 않을 정도로 엄청났다. 위미리에는 감귤농업이 고소득 작물이라는 확신과 함께 감귤 재배에 대한 기술이 확산되기 시작했다. 그 결과 밭작물에서 감귤로의 작물전환이 본격적으로 이루어졌고, 위미리 전 지역으로 과수원이 빠르게 조성

---

6) 마을주민 오○옥(남, 70세) 씨로부터 청취조사에 의한 결과이다.

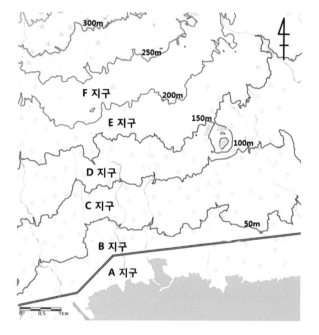

<그림 2> 위미리 고도별 농업 지구
주: ▬▬▬는 현재 마을을 관통하는 1132번 지방도.
출처: 국토지리정보원.

되기 시작했다.

　이 시기에 위미리 감귤농업에서 한 가지 더 살펴봐야 할 점은 제주도가 고향인 재일동포들의 감귤 묘목 기증이다. 위미리에는 오래전부터 서귀포 지역의 대표적인 포구인 앞개포구(위미항)가 존재하고 있었고, 일제강점기에 위미항은 제주와 일본 오사카(大阪)를 정기적으로 운행했던 여객선[7]이 정박했던 기항지였다. 위미항은 주로 위미리뿐 아니라 서귀-남원 지역의 주민들이 이용하였고(한국문화원연합회 제주특별자치도지회, 2008), 이 점은 위미리 출신 재일동포들의 감귤 묘목 기증에 다른 마을보다 유리한 조건으로 작용하였다.

　1980년대 위미리 감귤농업은 1970년대에 이어 재배면적 확대와 함께 시설재배를 통해서 감귤을 생산하기 시작하였다. 그리고 과거 밭농사 지역 대부분이 과수원으로 전환되면서 위미리 농업환경에 1차적인 변화가 이루어진 시기였다.[8]

　1980년대에 감귤농업은 위미리의 토지 효용성의 변화에 결정적인 배경이 되었다.

---

7) 당시 대표적인 정기여객선으로는 군대환(君代丸), 함경환(咸鏡丸), 복목환(伏木丸)이 있다.

8) 위미리 농업환경은 경관 상 크게 두 차례 변화하였다. 1차 변화로는 밭농업 지역에서 감귤 과수원으로의 전환이고, 2차 변화로는 기존 감귤 과수원의 일부에 시설물(비닐하우스, 비가림 등)을 설치하여 기존 과수원과 함께 비닐하우스 등이 혼재하고 있다는 점이다. 최근에 들어와서 위미리에는 기존 과수원에 시설물이 점차 늘어나는 추세이다.

〈표 1〉 위미리 지구별 토지 효용도 변화

시기 \ 지구	A	B	C	D	E	F
감귤 도입 이전	①	①	②	③	③	③
감귤 도입 이후	②	①	①	①	②	③

주: 여기서 A~F지구는 〈그림 2〉와 대응하며, ①: 토지 효용성이 가장 큰 토지, ②: 토지 효용성이 보통인 토지, ③: 토지 효용성이 가장 낮은 토지임.
출처: 김준희(1983).

밭농업 시기에 위미리는 해발 100m만 해도 토지 생산량이 극히 저조하였으나, 감귤농업과 함께 해발 200m 부근까지 농업활동이 가능하게 되어 마을의 토지활용도가 크게 증가하였다.

　　〈그림 2〉와 〈표 1〉에서와 같이 감귤 도입 전 위미리 토지 효용성은 해안가에 인접한 A, B지구(가름밭 또는 안가름 밭)가 가장 높았고, C지구(중난전)가 다음이며, D, E, F지구(난전밭)가 가장 낮았다. 그러나 감귤 도입 후의 토지 효용성은 급변하였다. A지구는 해안가와 인접해 있어 해풍에 의한 피해 때문에 감귤농업이 쉽지 않아 효용성이 한 단계 낮아졌다. B지구는 마을에서의 인접성과 해풍의 피해를 비교적 덜 받기 때문에 여전히 가장 높은 토지 효용성을 유지하였다. C와 D지구는 감귤 산지에 대한 입지적 특징[9]과 부합하여 토지 효용성이 보통에서 가장 높게 상승하였고, E지구 또한 토지 효용성이 가장 낮은 단계에서 보통인 토지로 상승하였다.

　　따라서 위미리 감귤 도입 후의 고도별 토지 효용성은 그대로 지가(地價)에도 영향을 주었다. 감귤 도입 후 1970년대에 감귤 재배면적이 급격히 증가하면서 일주도로변 토지는 3.3㎡당 20~50만 원, 해발 100m지역까지의 토지는 3.3㎡당 5~7만 원, 그 이상의

---

9) 정순경 외(1976)는 한라산 이남 지역에서 조생온주의 재배에 있어 착색이 가장 일찍 되는 해발고도를 100~200m로 보았다.

경우 3.3㎡당 1~4만 원에 거래되었다(김준희, 1983).

1990년대에서 최근까지의 위미리 감귤농업은 UR 협상으로 인한 수입개방화 등의 영향으로 품종의 다양화와 품질 향상에 초점을 두기 시작하면서 좀 더 체계적인 재배방법을 구축해 나가고 있다.

최근에 농가들은 과학영농의 영향으로 감귤 품질 향상에 대한 다양한 시도들을 하고 있다. 대표적으로 과거 과수원 조성 시 쌓았던 밭담과 방풍수를 정리하여 감귤의 품질을 향상시키고 있다. 농가들은 과수원 밭담은 특별한 경우를 제외하고는 과거의 모습 그대로 놔둔 채 농업활동을 하고 있는 반면, 과수원 내에 일(一)자 또는 십(十)자의 사잇담과 방풍수는 감귤나무에 일조 피해를 주어 정리하고 있다. 또한 주민들은 방풍수 중 대부분을 차지하고 있는 삼나무가 잎에 의한 감귤의 과실 상처와 함께 삼나무 뿌리가 과수원 안으로 침입하여 감귤나무와 양·수분의 경쟁을 일으키는 등의 피해를 주어 완전히 고사시키거나 제거하고 있다. 그리고 삼나무를 제거한 자리에 방풍망을 설치하여 강풍과 방풍수에 의한 피해를 최소화하고 있다(서귀포농업기술센터, 2012).

이렇게 위미리 감귤농업에서 시설 재배면적과 과학영농의 확대는 기존의 과수원에 큰 변화를 주고 있다. 대표적으로 농가들은 시설재배 주변의 밭담과 방풍수를 과거에 비해 낮추거나 제거하고, 시설재배를 위한 설치물을 조성하면서 자연스럽게 사잇담과 사이 방풍수를 완전히 제거하고 있다. 그리고 노지재배에서도 사잇담과 사이 방풍수를 제거하여 그 공간에 감귤나무를 추가 식재하거나 기계 출입이 가능한 농로로 사용하고 있다. 또한 밭담 주변에는 방풍수를 정리하거나 제거하여 방풍망을 설치하고 있다.

제3절 위미리 조사 지구의 토지이용도로 본 농업환경

위미리 조사 지구는 해안가에서 직선거리로 약 500m 정도 떨어져 있고, 해발고도는 30~60m에 위치하고 있다. 조사 지구의 면적은 117,364㎡(35,502.6평), 필지 수로는 57필지가 된다.[10] 지목 수로는 과수원이 54필지, 전(田)이 3필지이다. 이 외에도 조사 지구에는 임야가 4필지, 경지 밖에 독립적으로 존재하는 묘지[11] 2필지가 있다. 이에 따라 조사 지구 내의 필지당 평균 면적은 2,059㎡(622.8평)라고 할 수 있다.

<그림 3>은 위미리 조사 지구의 토지이용도이다. 토지이용도에서도 확인되듯이 재배 작물은 주로 감귤이다. 감귤은 노지와 시설(비닐하우스 등)에서 재배되고 있는데 노지에서 재배하는 감귤이 압도적으로 많다. 또한 키위도 한 곳에서 시설 재배되고 있다.

조사 지구의 농업경관은 한반도 과수농업 지역과는 다른 특징들을 보여준다. 조사 지구에는 불규칙한 경지와 경지 내 산담과 산담 터, 밭담, 폐비닐 집하장, 방풍수, 방풍망, 비닐하우스 시설, 창고, 과수원 내 농가, 임야지 등이 있다. 이 중에서도 산담과 산담 터, 방풍수, 방풍망 등은 제주도의 전통 문화 및 자연환경과 관련된 대표적인 농업경관이다.

위미리 과수원에서는 산담을 확인하기가 쉽지 않다. 그 이유는 밭농업 지역에서는 일반적으로 작물이 산담보다 낮아 쉽게 확인할 수 있는 반면, 과수원에서는 감귤나무와 방풍수 등에 가려져 직접 그 위치까지 이동하지 않으면 그 존재를 알 수 없기 때문이다. 또한 방풍수의 형태도 다양하게 존재하고 있는데, 구체적으로 살펴보면 완전히 제거되어 밑동만 존재하는 것, 정전된 것, 고사된 것, 그냥 방치된 것 등이 있다. 수종으로는 삼나무가 대부분을 차지하고 있지만 곳곳에 동백나무, 까마귀쪽나무, 아왜나무, 편백나무가 있다.

위미리에서도 지적 상에서 2필지 이상의 경지가 실제 현장에서 확인해 보면 한 필지처럼 이용되는 사례가 종종 발견된다. 이런 토지이용은 기존에 필지 경계마다 존재하였던 밭담과 주변에 심었던 방풍수의 흔적으로도 확인할 수 있다. 이 점은 한반도의 농업 지역과는 다른 제주도 과수농업 지역만의 독특한 특성이다. 조사 지구에서는 이렇게 한 곳에 집중되어 있는 2~3필지가 하나의 필지로 이용되고 있는 사례가 12곳에서 확인되고 있으며, 필지 수로는 21개가 있다. 이 중 3곳은 시설재배가 들어서 기존의 경계담 흔

---

10) 이는 묘지, 임야지를 제외한 경지만을 중심으로 산출한 수치이다.

11) 이와는 반대로 경지 내 지적 상 묘지는 조사 지구에서 4군데로 확인된다.

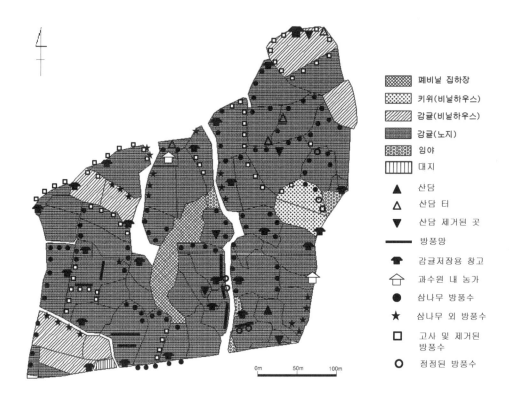

▨	폐비닐 집하장
▨	키위(비닐하우스)
▨	감귤(비닐하우스)
▨	감귤(노지)
▨	임야
▥	대지
▲	산담
△	산담 터
▼	산담 제거된 곳
━	방풍망
♠	감귤저장용 창고
⌂	과수원 내 농가
●	삼나무 방풍수
★	삼나무 외 방풍수
□	고사 및 제거된 방풍수
○	정정된 방풍수

0m   50m   100m

〈그림 3〉 위미리 조사 지구의 토지이용도 출처: 현지조사에 의해 필자 작성.

적이 없으나, 그 외 대부분에서는 경계담을 제거한 흔적이 잔존해 있다.

제주도 감귤농업 지역에서 가장 두드러진 경관은 방풍수이다. 감귤지역의 방풍수는 폐쇄적 경관을 연출하기 때문에 프랑스 농경지 풍경인 보카쥬(Bocage)와 비교되기도 한다(이준선, 1999). 그리고 감귤지역의 방풍수는 식재 위치에 따라 다양한 농업환경의 특징을 살펴볼 수 있다. 이와 관련된 내용은 〈그림 3〉에서도 확인할 수 있다. 따라서 방풍수의 식재 위치에 따른 농업환경의 특징은 다음과 같다.

첫째, 위미리에서는 과거 과수원 조성 시 방풍수를 밭담 안에 식재했다. 그러나 실제 현장 조사 결과 방풍수가 밭담 밖 도로 및 농로 주변에 식재된 경우도 있었다. 이 점은 방풍수 주변의 공간 변화를 보여주는데 1970년대 새마을 운동 시기 정부에서는 도로 및 마을 안길을 넓히는 과정에서 도로 변 과수원 일부를 도로로 강제 편입하였다. 이 시기에는 도로에 인접한 과수원 밭담 안의 방풍수를 정리하지 못한 채 밭담만 방풍수 안쪽으로 옮기는 경우도 있었다. 〈그림 3〉에서도 이와 같은 사례를 살펴볼 수 있는데 우선, 북서쪽 농로(도로명 위미중앙로 98번길)에 접해 있는 방풍수들은 제거된 후 밑동만 과수원 밖 농로에 위치하고 있고, 남쪽 1132번 지방도로에 접해 있는 방풍수 중에는 과수원 밖 도로에 위치하고 있는 것들이 있다. 그러나 조사 지구의 이런 사례는 1970년대가 아닌 최근 농로 확장과 도로 조성을 하면서 발생한 현상으로 파악된다.

둘째, 과수원 경계 상의 방풍수 위치를 보면 과수원들의 조성 순서를 알 수 있다. 결론적으로 방풍수가 존재하는 과수원이 주변 과수원보다 조성 시기가 빠르다는 점이다. 농가들은 과수원 조성 시 방풍수를 자신의 경지에만 식재했다. 따라서 이후에 조성한 과수원에는 주변에 방풍수가 있기 때문에 추가적으로 식재할 필요성이 없었던 것이다.

셋째, 농가들은 자연환경의 영향으로 위치에 따른 방풍수의 필요성이 달라진다는 점이다. 일반적으로 위미리 과수원 주변 방풍수는 과수원 경계 전체에 있다. 그러나 방풍수는 강한 바람을 막기 위해서 조성된 것이기 때문에 농가들은 강풍이 불어오는 방향의 방풍수를 중요하게 생각할 수밖에 없다. 위미리에는 여름철을 제외한 전 계절에 걸쳐 북풍이 우세할 뿐만 아니라 겨울철에 한라산을 넘어 오는 북풍이 강하다. 따라서 과수원 북쪽에 자리 잡은 방풍수를 가장 중요하게 생각하고 있다. 이와는 반대로 과수원 남쪽에 자리 잡은 방풍수가 일조 피해를 주기 때문에 이곳의 방풍수는 가능하면 식재한 것도 전정 또는 제거하고자 한다. 따라서 농가들은 과수원 북쪽에 있는 방풍수는 매우 중요하게 생각하지만, 남쪽에 있는 방풍수는 상대적으로 필요성이 낮다고 인식하고 있다. 그런데 최근에 농가들 중에는 이와 관련하여 크고 작은 일들이 벌어지는 빈도가 많아지고 있다. 그리고 〈그림 3〉에서도 확인되듯이 과수원마다 북쪽(한라산 방향)의 방풍수는 대부분 남쪽(해안가 방향)에 위치한 과수원 농가의 필요성에 의해서 식재되었다는 점을 알 수 있다.

방풍수와 관련하여 한 가지 더 살펴봐야 할 것은 주민들은 방풍수가 성장하여 10년 이후부터는 밭담보다 방풍수에 의한 방풍 효과가 우수하다고 인식하고 있다는 점이다. 그래서 돌담에 대한 필요성이 전보다는 낮게 되었고 농가 중에서는 과수원 밭담 한쪽을 무너뜨려 차량 출입을 위한 공간을 마련하기도 하였다.

제3장 위미리 밭담의 특징

제1절 위미리 밭담의 존재 형태와 그 특징

위미리 밭담은 잡굽담과 외담이 있다. 외담은 제주도 전 지역에서 쉽게 볼 수 있을 뿐 아니라 농가라면 누구든지 쌓을 수 있지만 잡굽담은 전문적인 기술이 필요한 밭담이다. 잡굽담은 제주도 농업지역에 국지적으로 확인되지만 감귤 과수원에는 비교적 집중적으로 분포하고 있다.

위미리에서 잡굽담 비중이 높은 이유는 다음과 같다. 농가들은 과수원 초창기에 감귤 유목(幼木)을 강한 바람으로부터 보호하기 위해서 밭담을 축조하였다. 그리고 과수원 내에 감귤나무를 심기 위해서는 나무를 심을 구덩이를 파야 했다. 이 구덩이 규모는 둘레가 약 1m, 깊이가 90cm 정도였다. 농가 중에는 구멍의 깊이를 1m 넘게 파기도 했다.[12] 또한 농가들은 일정한 간격을 두고 감귤 묘목을 심었는데 일반적으로 1㎡당 1그루의 나무를 심었고 이보다 더 밀식(密植)한 경우도 있었다. 예를 들어 3,305㎡인 과수원에 감귤나무를 심기 위해서는 최대 57~58개의 구덩이를 팠다. 농가들에 의하면 당시 석공들은 과수원 밭담을 축조하고 마을 청년들은 구덩이를 파면서 수입을 올렸다고 한다.[13]

---

12) 이렇게 구덩이를 깊이 판 이유는 단순히 묘목만 심기 위해서가 아니다. 구덩이에는 가장 밑에부터 거름 (돗통시 거름 등), 짚 등을 놓은 후에 최종적으로 묘목과 흙을 놓았다.

13) 마을주민 이○준(남, 80세), 양○규(남, 64세), 오○옥(남, 75세), 고○철(남, 41세) 씨의 청취조사에 의한 결과이다.

잡굽담에 사용된 돌은 크기와 출처가 다양했다. 기존 밭담에 놓였던 돌들과 함께 현재 과수원 지역에서 사라져 버린 머들도 잡굽담의 재료로 사용되었다.[14) 여기에 구덩이를 파면서 출토된 다양한 크기의 돌까지 등장하게 되었던 것이다. 또한 과수원 주인은 석공들에게 과수원에 있는 돌들을 전부 이용해서 밭담을 쌓아 주기를 원했다. 그 이유는 과수원에 밭담을 쌓다가 남은 돌들을 치우려면 또 다른 노동력이 필요했기 때문이었다. 그 결과 석공들은 다양한 크기의 돌들을 효과적으로 처리하기 위해서 과수원 밭담을 잡굽담 형태로 쌓게 되었고 잡굽담은 밭농사 지역보다 감귤농업 지역에서 많이 분포하게 되었다.

잡굽담의 전체 높이는 과수원 주인의 요청에 의해 결정되지만 하단부와 상단부의 높이는 토지의 농업환경에 따라 차이가 난다. 예를 들어 잡굽담의 하단부가 높다면 과수원에서 잔돌이 많이 산출되었다고 볼 수 있다. 그 결과 잡굽담은 대체로 전체 높이가 180cm 정도로 고정된 채 잔돌과 큰 돌의 양에 따라 상단부와 하단부의 높이가 달라진다. 만약에 석공들이 밭담 조성 시 큰 돌 위에 작은 돌을 올려놓았다면 밭담을 높게 쌓지 못하였을 것이다. 잡굽담은 잔돌을 하단부에 겹담으로 쌓은 후 상단부에 큰 돌을 올려놓았기 때문에 밭담을 높게 쌓으면서 다양한 크기의 많은 돌들을 한꺼번에 처리할 수 있는 장점이 있다.

위미리에는 외담도 많다. 위미리 과수원 경계에 존재하고 있는 외담의 특징은 전체적으로 밭농사 지역의 밭담에 비해 높게 쌓았다는 점이다. 또한 위미리 경지가 해안에

14) 마을주민 송○석(남, 63세) 씨의 청취조사에 의한 결과이다. 참고로 위미리에도 과수원을 하기 전에는 경지마다 머들이 많이 있었다. 과수원을 조성하면서 머들을 정리하여 밭담으로 조성하기도 했고, 1970년대 새마을 운동으로 인해서 머들의 돌을 도로 포장용으로도 많이 사용하였다.

15) '방축'은 경사면에 돌을 부착시켜 쌓은 돌담을 말하다. '방축'이라는 말은 윤봉택(1988)의 글에서 확인하였고, 윤봉택은 '방축'의 또 다른 표현으로 '백해'라고도 하는데 이보다는 '방축'이라는 단어가 적당하다고 기술하고 있다. '방축'은 서귀포시 강정 지역의 석공들이 주로 사용하는 표현이다. 반면, 다른 지역의 석공들은 이런 담을 '축담'이라고도 한다. 그러나 《제주어 사전》(2009)에 '축담'이 '집채 둘레에 돌로 쌓은 담'이라고 나와 있어, 본 글에서는 경사면에 쌓는 담을 '방축'으로 표현하고자 한다.

서부터 해발 200~300m까지 분포하고 있기 때문에 경사면에 과수원이 분포한 곳도 많다. 경사면에 과수원을 소유한 농가에서는 높이 차가 발생하는 지점에 방축[15]을 축조한다. 이렇게 방축은 한쪽 측면에서 보면 큰 돌을 이용한 외담과 다양한 크기의 돌들을 이용한 잡굽담 형태로 되어 있다. 과수원 주변의 방축은 한반도 논농사 지역의 방천독(전남 장성군)과는 달리 경사면을 돌로 전부 쌓아서 마무리한 다음 지면 위로 또다시 외담을 축조한다. 따라서 방축의 높이는 측정하는 방향에 따라 차이가 발생하게 된다.

위미리 조사 지구에는 기존 밭담을 그대로 과수원 밭담으로 사용하고 있는 곳이 있다. 이 밭담은 〈그림 4〉에서 C과수원에 위치하고 있고, 소유자는 농가 23〈표 4〉이다. 농가 23은 과거 부친과 함께 과수원을 조성할 때 기존의 밭담을 그대로 과수원 밭담으로 이용하였다. 현재 C과수원에는 과거 과수원 밭담의 모습을 서쪽과 남쪽 경계 지점에서 확인할 수 있는데 그 높이가 60cm로 다른 과수원 밭담에 비해 매우 낮다. 이렇게 새롭게 조성한 과수원에 기존의 밭담을 이용할 수 있었던 배경에는 C과수원의 위치가 주변보다 낮은 분지 형태의 지형적 특징으로 인해 강풍에 의한 피해가 주변 과수원들보다 낮았기 때문이다.

제2절 위미리 밭담의 분포 현황과 그 특징

조사 지구 내 밭담의 분포 현황은 다음과 같다. 조사 지구 내 밭담의 높이는 현지조사를 통해서 전부 실측했고[16], 밭담의 길이는 수치지적도를 중심으로 CAD 상에서 측정하였다. 이때 현지조사에서 지적 상에 밭담이 추가 및 제거[17]된 부분을 전부 확인하여 형태별 길이와 분포 현황을 지도화하였다〈표 2, 그림 4〉.

---

16) 높이는 밭담에서 비교적 잔존 상태가 양호한 지점을 중심으로 측정하였다.

17) 현지조사 시 지적선 이외에 밭담이 추가된 부분은 과수원 내 높이 차가 있는 곳에 방축이 있고, 밭담이 제거된 부분은 2~3필지를 하나의 과수원으로 이용하는 경우에 경지 사이에 존재했던 밭담이 대부분이다.

〈표 2〉 조사 지구 내 밭담의 높이와 길이

형태		높이(cm)		길이(m)	비율(%)
		최소	최대		
잡굽담	하단부	10	80	1,337.5	20.9
	상단부	80	140		
	전체	110	180		
외담		30	180	5,079.8	79.1
총합				6,417.3	100.0

출처: 현지조사에 의해 필자 작성.

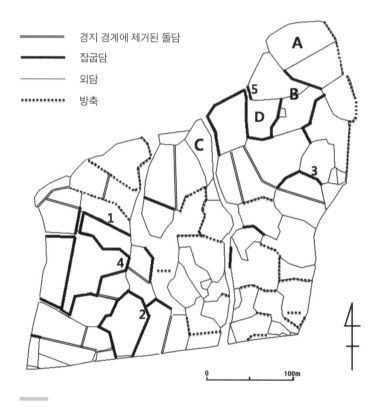

〈그림 4〉 위미리 조사지구 내 밭담 형태에 따른 분포 현황

주: 번호 1~5는 조사 지구에서 잔존 상태가 양호한 잡굽담임. 출처: 현지조사에 의해 필자 작성.

먼저, 조사 지구 내 밭담의 길이는 6,417.3m이다. 이 점은 경지로만(임야 등 제외) 보면 전체 57필지에 해당되기 때문에 필지당 밭담 길이는 112.6m라고 할 수 있다. 즉, 필지당 평균 면적이 1,899㎡(574.4평)에 밭담이 112.6m가 있는 것이다.

또한 밭담의 형태별로 보면 잡굽담이 1,337.5m로 조사 지구 내 전체 밭담 중에서 20.9%, 외담이 5,079.8m로 전체 밭담 중에서 79.1%이다. 그리고 외담 중에는 방축이 1,227.4m로 지구 전체 밭담 길이 중 19.1%를 차지하고 있다.

조사 지구 내 밭담 길이에서 추가적으로 확인해야 할 점은 농가들이 과거 과수원 조성 시 축조한 사잇담[18]은 현재 없어졌으나 그 흔적을 여러 곳에서 확인할 수 있다는 것이다. 그 결과 2~3필지를 한 필지처럼 이용하고 있는 과수원들은 경지 사이에 존재했던 밭담을 제거하여 농업의 효율성을 높이고 있기 때문에 밭담 길이가 지적 상에서 확인 가능한 것보다 축소되었다.[19] 이렇게 2~3필지를 한 필지로 경영하는 과수원에는 하우스 및 비가림 시설이 들어선 경우도 많았다. 또한 〈표 2〉와 〈그림 4〉에서와 같이 조사 지구의 밭담 중에는 외담이 많다. 농가들은 주로 큰 돌을 가지고 과수원 밭담을 축조한 것이다.[20] 현지조사 결과 잔돌은 잡굽담에만 사용된 것이 아니라 경사면에 쌓은 방축에도 많은 양이 사용되었다.

다음으로 조사 지구 내 잡굽담의 형태는 하단부와 상단부로 구분되어 있다. 하단부의 잔돌의 높이는 10~80cm이고, 상단부의 큰 돌의 높이는 70~140cm이다. 잡굽담 전체 높이로 보면 110~180cm이다. 또한 외담은 30~180cm이다. 방축은 대체로 남쪽과 동쪽에서 잰 높이가 북쪽과 서쪽으로 잰 높이보다 높은데 그 차이가 70~440cm이다. 잡굽담은 조성 과정에서 잔돌의 양에 따라 하단부의 높이가 달라진다. 조사 지구 내 잡굽

---

18) 사잇담은 '간성(間城)' 또는 '간성담'이라고도 하는데 본 글에서는 밭담과 밭담 사이인 경지 내에 쌓은 돌담이라는 의미로 사잇담으로 기술하고자 한다.

19) 참고로 지적 상에서 2~3필지가 한 필지처럼 과수원이 경영되면서 경지 사이에 제거된 밭담 길이는 511.8m로 확인된다.

20) 마을주민이자 석공인 오○수(남, 73세) 씨의 청취조사에 의한 결과이다.

담인 경우 하단부 잔돌의 높이가 최소 10cm인 경지에서는 과수원 조성 시 잔돌이 별로 존재하지 않았고, 최대 80cm인 경지에서는 많은 양의 잔돌이 존재하였다고 할 수 있다. 또한 외담 중에서는 농로와 도로에 접해 있는 밭담의 높이가 대체로 낮다. 〈그림 4〉에서 가장 남쪽에 위치한 외담은 1132번 지방도로에[21] 접해 있어 이 도로가 조성되면서 새롭게 축조되었고, 그 결과 도내 도로 주변에 존재하는 일반적인 형태의 밭담 모습을 하고 있다. 다만 도로 주변의 밭담이 100cm로 규격화되어 있는 것과 달리 이 지점에 존재하는 밭담은 30~130cm로 그 높이가 다양하지만 대부분의 높이가 30~50cm 이하로 낮다. 방축은 조사 지구의 지형적 특징과 도로 개설 등으로 인해서 여러 곳에 분포하고 있는데 위치에 따라 다양한 특징이 있다. 남북 방향으로 분포하는 방축은 대부분 자연적인 지형에 따라 형성된 것이고, 동서 방향으로 분포하는 방축은 주변에 도로나 농로가 높게 조성되면서 인위적으로 형성된 것이 많다. 특히, 〈그림 4〉에서 A과수원 동쪽에 있는 방축은 도로가 기존 과수원보다 높은 위치에 조성되면서 조사 지구에서도 가장 높은 440cm의 차이가 발생하고 있다.

잡굽담은 과수원 조성 당시의 농업환경을 보여준다. 대표적으로 잡굽담의 하단부와 상단부 돌의 양은 당시 농업환경을 추정해 볼 수 있는 단서를 제공한다. 잡굽담과 위미리 농업환경과의 관계를 살펴보기 위하여 조사 지구에서 잔존 상태가 양호한 잡굽담 5개를 선정하여 이들의 규모와 특성을 살펴보았다〈표 3〉.

1번 잡굽담은 조사지구 내에 있는 잡굽담 중 잔존 상태가 가장 양호하다. 하단부와 상단부의 높이가 각각 60cm, 90cm로 전체 높이는 150cm이다. 또한 하단부와 상단부의 너비는 각각 50cm, 28cm로 하단부의 너비를 비교적 넓게 하여 잔돌을 쌓은 특징이 있다. 2번 잡굽담은 하단부와 상단부의 높이가 각각 80cm, 70cm로 전체 높이는 150cm이다. 또한 하단부와 상단부의 너비는 각각 55cm, 30cm이다. 2번은 5개 중 하단부의 높이가

---

21) 1132번 지방도로에서 위미리를 통과하는 서귀-남원 구간은 2001년 7월 31일에 개통(제주특별자치도 도로관리사업소 내부자료)되었으며 이 구간의 밭담도 개통 전 공사 시기에 쌓였다.

번호	구분	규모(cm)		특징	사진자료
		높이	너비		
1	하단부	60	50	• 조사 지구 내 잡굽담 중 잔존 상태가 가장 양호함. • 하단부의 너비를 비교적 넓게 하여 잔돌을 쌓음.	
	상단부	90	28		
	전체	150	-		
2	하단부	80	55	• 5개의 잡굽담 중 하단부의 높이가 가장 높음. • 과수원 조성 과정에서 잔돌이 많이 존재함. • 하단부의 너비를 비교적 넓게 하여 잔돌을 쌓음.	
	상단부	70	30		
	전체	150	-		
3	하단부	30	36	• 하단부의 높이가 비교적 낮음. • 과수원 조성 과정에서 잔돌이 별로 없었음. • 상단부와 하단부 너비가 동일함.	
	상단부	140	36		
	전체	170	-		
4	하단부	10	35	• 하단부의 높이가 조사 지구에서 가장 낮음. • 상단부와 하단부의 너비가 거의 동일함. • 과수원 조성 과정에서 잔돌이 거의 없었음.	
	상단부	130	35		
	전체	140	-		
5	하단부	30	37	• 과수원 입구를 조성하면서 밭담을 새롭게 쌓음(길이 약 15m). • 상단부와 하단부 너비가 동일함.	
	상단부	140	37		
	전체	170	-		

주: 잡굽담의 번호는 〈그림 4〉에 대응함. 여기서 하단부 너비는 바닥 너비이고, 상단부는 가장 높은 위치의 너비임.

가장 높아 과수원 조성 시 주변에 잔돌이 많았다고 할 수 있다. 3번 잡굽담은 하단부와 상단부의 높이가 각각 30cm, 140cm로 전체 높이가 170cm이다. 또한 하단부와 상단부의 너비는 36cm으로 동일하다. 3번은 2번과 달리 상단부의 높이가 매우 높아 과수원 조성 시 잔돌이 별로 없어 큰 돌을 많이 사용했다고 할 수 있다. 4번 잡굽담은 하단부와 상단부의 높이가 각각 10cm, 130cm로 전체 높이가 140cm이다. 또한 하단부와 상단부의 너비는 35cm로 동일하다. 4번 잡굽담은 5개의 잡굽담 중에서 하단부의 높이가 가장 낮아 과수원 조성 시 주변에 잔돌이 거의 없었다고 할 수 있다. 5번 잡굽담은 하단부와 상단부의 높이가 각각 30cm, 140cm으로 전체 높이는 170cm이다. 또한 하단부와 상단부의 너비는 37cm이다. 5번은 〈그림 4〉에서와 같이 D과수원 주인이 조성한 것이다. 그 이유는 원래 D과수원은 맹지였는데 B과수원 농가의 양해를 얻어 과수원 안으로 이어지는 농로 주변의 밭담을 새롭게 축조한 것이기 때문이다. 또한 현재 지적도 상에서 이 공간이 B과수원 지경으로 되어 있다는 점에서 알 수 있다. 위미리에서는 맹지로 이어지는 소규모 농로 주변에 밭담을 주변의 밭담만큼 높게 쌓았다. 위미리에서 소규모 농로 주변의 밭담을 몇 군데 확인해 본 결과 전부 주변의 밭담만큼 높게 축조되었음을 알 수 있다.

위미리 농업환경에서 밭담의 종류에 따른 분포 현황은 다음과 같다. 첫째, 과수원 밭담은 외담이 가장 많다. 위미리 밭담은 주로 큰 돌을 이용하여 쌓았고, 잔돌은 잡굽담과 방축의 재료로 이용되었다. 둘째, 잡굽담의 규모는 과수원에서 잔돌의 양을 추정해 볼 수 있게 한다. 셋째, 방축은 지형 상 높낮이 차이가 발생하는 지점에 있는데 이는 자연적인 요인과 함께 도로 조성 등의 인위적인 요인으로 발생하고 있다.

제4장 밭담에 대한 농가인식

제1절 사례농가의 농업 현황

사례농가의 농업 현황은 〈표 4〉와 같다. 위미리 사례농가의 연령은 30대에서 80대까

〈표 4〉 사례농가 농업 현황

농가 번호	경작자 (나이)	농사 경력	재배작물			
			과거 (1970년대 이전)	현재(1970년대 이후)		
				노지 재배	시설 재배	
					비가림	하우스
농가 1	강○사(74)	59년	조, 고구마, 깨 등	조생	조생	-
농가 2	이○화(79)	55년	보리, 조	조생, 한라봉	-	-
농가 3	현○원(85)	50년	감자, 고구마 등	조생	한라봉 레드향	-
농가 4	양○근(83)	48년	고구마, 조, 보리 등	조생	-	-
농가 5	김○보(66)	50년	보리, 고구마, 유채	조생	-	-
농가 6	구○열(78)	50여 년	보리, 고구마, 조	조생	-	-
농가 7	양○규(64)	42년	고구마, 조, 보리 등	조생	조생	한라봉
농가 8	임○배(70)	45년	고구마, 조, 보리	조생	-	레드향 등
농가 9	강○남(80)	60여 년	보리, 조, 고구마	조생	-	-
농가 10	오○찬(65)	38년	보리, 고구마, 조	조생	-	한라봉
농가 11	현○성(77)	60여 년	보리, 조	-	조생	-
농가 12	송○석(63)	50년	보리, 고구마	조생	-	-
농가 13	오○홍(54)	25년	보리, 조, 고구마	조생	-	조생, 키위
농가 14	이○준(80)	50년	-	조생	-	-
농가 15	고○성(70)	45년	보리, 조	조생	-	-
농가 16(★)	오○욱(70, 가명)	35년	보리, 조	조생	-	-
농가 17(★)	이○인(54)	10년		조생	-	-
농가 18	양○주(49)	15년	-	-	-	한라봉 등
농가 19	이○식(47)	15년	-	-	-	한라봉 등
농가 20(★)	김○향(50, 가명)	10년	고구마	조생	조생	-
농가 21	오○옥(69)	40년	보리, 조, 고구마	조생, 황금향	-	레드향 등
농가 22	오○유(75)	45년	보리, 조, 고구마	-	-	한라봉 등
농가 23(★)	김○주(61)	5년	보리, 조, 콩, 고구마	조생	-	-
농가 24(★)	고○철(41)	7년	-	조생	-	-
농가 25(★)	강○주(37, 가명)	2년		조생	-	-

주: (★)는 위미리 조사 지구 내 과수원을 소유하고 있는 농가임.
출처: 현지조사에 의해 필자 작성.

지이다. 농사 경력은 대부분 30년 이상이지만 20년 이하도 7농가가 있다. 이렇게 농사 경력이 짧은 농가는 대체로 과거에 다른 직업에 종사하다가 현재는 선친의 과수원을 물려받아 운영하고 있거나, 다른 직업과 병행하고 있는 겸업농이다.

사례농가에서는 전부 감귤을 재배하고 있다. 그러나 1970년대 이전까지만 해도 본인 또는 부모가 재배했던 작물은 전부 밭작물인 조, 고구마, 깨, 콩, 보리, 유채, 밭벼, 메밀 등으로 제주도 전역에서 재배했던 작물과 유사했음을 알 수 있다. 현재 사례농가에서는 주로 노지에서 감귤을 하고 있다. 또한 11개 농가에서는 노지와 시설에서 감귤 재배를 병행하고 있고, 시설에서는 만감(滿柑)류, 골드키위 등을 재배하고 있다. 그러나 시설에서도 대부분 감귤을 재배하고 있고 만감류나 골드키위 재배 면적은 매우 미미한 실정이다.

제2절 밭담의 축조와 제거 사례로 본 농가인식

제주도 농업지역에는 밭담이 잘 남아 있다. 그러나 밭담 또한 시대에 따라 변하고 있는데 1960년대부터 제주도 전 지역으로 확산되기 시작한 감귤농업은 밭담의 변화에 큰 영향을 주었다. 그러나 감귤은 오래전부터 제주도에서 재배되었기에 과수원 밭담 또한 그 역사가 오래되었는데 과거 제주 과원이 설치되었던 곳은 밭담으로 둘러쌓고 매년 귤나무를 새로 심거나 접붙이기를 하였다(김일우, 2009). 대표적으로 김상헌의 《남사록》에는 1601년 제주도 과(수)원 밭담에 대해서 다음과 같이 정리되어 있다.

> 과원 하나는 성안 남쪽 모퉁이에 있고, 하나는 성안 북쪽 모퉁이에 있다. … 밖으로는 돌을 쌓아 담장을 두르고 대나무를 심어 풍재(風災)를 막는다.

이 기록은 과수원 밭담이 역사적으로 오래되었고, 현재 대부분의 방풍수가 삼나무인 것과 달리 조선시대 과원의 방풍수로 대나무를 심었다는 점을 알 수 있게 한다. 다만 밭담의 변화 측면에서 볼 때 현재 제주도 감귤농업의 재배면적이 조선시대와 비교가 되지 않기 때문에 최근 40년 동안 감귤재배 지역에서의 밭담의 변화는 과거와 비교할 수 없을 정도이다.

위미리 감귤농업은 과수원 조성과 함께 시작되었고, 농가들은 당시 과수원 조성에서 밭담을 매우 중요하게 인식하였다. 따라서 위미리에서 기존의 밭담이 제거되고 과수원 주변에 새롭게 밭담이 축조되었다는 점은 밭작물에서 감귤로의 전환을 의미했다.

〈표 5〉는 농가의 과수원 밭담 조성과 제거 사례이다. 기존의 과수원을 구입, 상속, 임차한 농가와 함께 기존 밭담을 과수원 밭담으로 사용한 농가(농가 2)를 제외한 12농가 중 6개 농가(농가 1, 3, 4, 9, 14, 21)가 1960년, 또 다른 6개 농가(농가 7, 8, 10, 11, 12, 22)가 1970년대에 과수원 밭담을 축조하면서 감귤농업을 시작하였다. 밭담은 12개의 농가 중 7개 농가(농가 1, 4, 10, 12, 14, 21, 22)가 본인이, 5개 농가(농가 3, 7, 8, 9, 11)는 석공이 축조하였다. 먼저, 석공이 쌓은 과수원 밭담의 사례를 살펴보면 농가 7은 1971년에 1,812㎡(548평) 경지를 석공에게 맡겨 밭담을 축조하였다. 밭담 축조 기간은 10일 정도 걸렸고, 비용은 24만 원이 지출되었다. 이 금액은 다른 곳의 1,818㎡(550평)의 밭을 팔아서 마련한 자금이었다.[22] 당시 석공들이 쌓은 과수원 밭담은 거의 일률적이었다. 밭담의 형태는 외담 또는 잡굽담이고, 높이는 최대 1.8m이었다. 밭담이 1.8m인 이유는 그 높이 정도면 감귤 묘목을 보호할 수 있었고, 결정적으로 석공들의 밭담 축조비용과 관련되었기 때문이다. 즉, 3.3㎡(1평)는 가로 1.8m, 세로 1.8m로, 석공들은 밭담 축조 의뢰를 받으면 이 기준을 토대로 과수원 주인에게 밭담 축조 비용을 제시하였다. 농가 7에서 축조한 밭담의 길이는 약 190m이다.[23] 농가 7은 밭담 축조에 24만 원을 지출하였는데 이것은 3.3㎡당 약 2,300원의 비용을 지출하여 밭담을 축조한 것이라고 할 수 있다. 농가 21은 9,917㎡(3천 평) 규모 과수원의 밭담 축조에 당시 묘목 구입과 구덩이 파는 비용보다 더 많이 지출했

---

22) 이 토지는 위미리 1511-1번지이고, 위미2리 대원 상동 부근이다. 또한 농가 7이 밭담 축조 비용을 위해 24만 원을 받고 매도한 토지는 3.3㎡당 약 440원임을 알 수 있다. 이 정도의 지가는 당시 농업환경을 고려했을 때 〈그림 2〉의 D, E지구 정도로 추정된다.

23) 이는 농가 7로부터 이에 해당하는 지번을 확인 후 지적도 상의 길이를 잰 수치이다.

농가 번호	과수원 밭담 축조 시기	밭담을 쌓은 사람	밭담을 제거하거나 높이를 낮춘 사례
농가 1	1968년	본인	×
농가 2	1970년대 초	(기존 밭담 이용)	×
농가 3	1966년	석공(인부)	×
농가 4	1969년	본인	×
농가 5	1973년	(과수원 구입)	○ (밭담)
농가 6	1978년	(과수원 구입)	○ (밭담)
농가 7	1971년	석공(인부)	○ (사잇담)
농가 8	1971년	석공(인부)	×
농가 9	1966년	석공(인부)	×
농가 10	1974년	본인	○ (사잇담)
농가 11	1970년	석공(인부)	×
농가 12	1975년	본인	×
농가 13	1990년	(과수원 상속)	○ (밭담)
농가 14	1965년	본인	○ (사잇담)
농가 15	1970년	(과수원 구입)	○ (밭담)
농가 16	1985년	(과수원 임차)	×
농가 17	2005년	(과수원 임차)	○ (사잇담)
농가 18	1994년	(과수원 상속)	×
농가 19	2005년	(과수원 상속)	○ (사잇담)
농가 20	2005년	(과수원 상속)	○ (밭담)
농가 21	1969년	본인	×
농가 22	1970년대 초	본인	×
농가 23	2010년	(과수원 상속, 기존 밭담 이용)	×
농가 24	2008년	(과수원 상속)	×
농가 25	2013년	(과수원 구입)	×

출처: 현지조사에 의해 필자 작성.

다고 한다. 또한 당시 농가들은 2~3천 평 이상 되는 과수원에 밭담을 경지 경계에만 축조하는 것이 아니라 방풍기능을 극대화하기 위해서 과수원 내에 사잇담을 일자 또는 십자로 쌓았기 때문에 이와 관련한 비용이 추가적으로 지출되었을 가능성이 많다.

이렇게 밭담 축조 비용은 당시에 제주도에서 감귤농업을 시작하려는 농가에게 있어 한반도의 과수농업을 하는 농가와는 달리 추가적으로 들어야 하는 자본이었다. 그 결과 1968~1976년에 국가 및 지방에는 감귤농업에 투자된 사업 내용 중 '축장(築墻)'이라는 항목도 있어 밭담 쌓는 비용까지도 보조해 주었다(제주감귤농업협동조합, 2001). 이 사실은 농가들이 감귤농업을 함에 있어 밭담 축조에 대한 경제적 부담감이 컸음을 보여주는 대목이다.

또한 본인이 밭담 축조를 한 사례도 7개 농가에서 확인되는데 과수원 밭담 축조에는 어느 정도의 기술이 필요하다. 따라서 7개 농가 중에서 석공을 했던 사례는 3개 농가(농가 1, 4, 14)가 있다. 일반적으로 밭담 축조는 혼자서 한 것이 아니라 가족 또는 이웃과 함께 한다. 또한 4개 농가(농가 10, 12, 20, 22)에서는 석공 경험은 없으나 기존의 밭담을 축조할 수 있었기 때문에 본인과 가족이 함께 밭담을 축조하였다. 그러나 이들이 석공을 통하지 않고 본인이 밭담을 축조한 이유는 이와 관련한 비용을 절감하기 위해서였다.

농가 2와 23은 기존 밭담을 그대로 과수원 밭담으로 이용하였는데 이들 농가에서 기존의 밭담을 이용할 수 있는 배경에는 과수원의 지형적 요인이 작용하였다. 따라서 2농가는 과수원 조성 시 밭담 축조와 관련된 노동력과 비용을 자연스럽게 줄일 수 있었다.

여기서 과수원 밭담과 관련하여 농가 23의 소유인 〈그림 4〉의 C과수원을 살펴볼 필요가 있다. 농가 23은 기존의 C과수원 면적을 확대하여 밭담과 방풍수를 새롭게 조성하였다. 최근에 농가 23은 C과수원 북쪽 농로 일부를 서귀포시로부터 임차하여 기존 과수원과 합쳐 과수원 면적을 넓혔고[24], 새롭게 경계된 지점에 40만 원을 지출하여 높이 1m

---

24) 참고로 이렇게 농로 일부도 임대가 가능한데, 이에 해당되려면 통행에 방해가 되지 않아야 한다. 농가 23이 농로 일부를 임차하게 된 배경에는 이곳이 삼거리에 위치하고 있어 과거 주민들이 쓰레기, 폐비닐 등을 버리는 행위를 시청에 신고하는 과정에서 오히려 임차하게 되었다고 한다.

인 밭담을 축조하였다. C과수원 동쪽 농로와 접한 밭담 또한 몇 해 전 서귀포시에서 주관하여 농로 확장 과정에서 1m 높이로 새롭게 쌓았다. 따라서 C과수원 북쪽과 동쪽에 위치한 밭담은 최근 도로 공사 주변의 새롭게 쌓은 전형적인 밭담 형태를 하고 있다.

위미리 농가들은 농업의 효율성을 향상시키기 위해 기존의 밭담을 제거하기도 했다. 전체 25개 사례농가 중 10개 농가에서 밭담이나 사잇담을 제거하거나 높이를 낮추었다. 대표적으로 농가 13은 밭담을 낮추었다. 농가 13은 2014년 1월 기존에 과수원을 폐원하여 키위 재배를 위한 비닐하우스를 조성하였다.[25] 이 과정에서 감귤나무와 삼나무, 산담 터를 완전히 정리하였고, 기존의 180cm가량의 밭담이 필요 없게 됨에 따라 높이를 50cm로 낮췄다. 농가 13이 정리한 밭담의 길이는 약 100m이고, 금액은 30만 원을 지출하였다. 또한 5개 농가에서는 사잇담을 제거하였다. 농가들은 감귤농업 초창기에 바람에 의한 유목(幼木) 피해 등을 최소화하기 위해 과수원 내에도 사잇담을 쌓는 경우가 많았다. 그러나 시간이 흘러 성목(成木)이 된 후에는 오히려 사잇담이 농업활동에 역기능으로 작용하였다. 따라서 농가들은 과수원에 존재하는 밭담을 현재의 농업활동에 맞게 정리하고 싶었지만 경제적 부담 등으로 사잇담만을 제거하였다. 또한 농로 및 도로 확장 공사 시에 농가들은 새롭게 구획된 지점에 밭담의 높이를 낮추거나 굽만 놓기도 한다.

그러나 12개 농가의 경우 기존의 과수원 밭담이 그대로 남아 있다고 한다. 이들 농가 중에서는 밭담의 높이를 조정하거나 제거하고 싶으나 경제적 비용과 함께 차량 출입이 좋지 못한 과수원 위치 등으로 인해 현재까지도 과거의 밭담과 함께 농업활동을 지속하고 있다.

결론적으로 과수원 밭담이 제거되거나 높이가 낮아지는 이유를 살펴보면 최근 감귤농업 지역에 하우스 시설 등이 증가하면서 과수원 밭담을 정리하는 경우가 있고, 과수원이 2필지 이상 접해있는 농가들은 농업의 효율성을 높이기 위해 경계 지점의 밭담과

---

25) 이 토지는 위미리 3420번지로 위미1리 상위미동 근처이다.

사잇담을 제거하고 있다. 또한 농로 및 도로 공사 시 농가들은 기존의 밭담이 제거되어 새롭게 밭담을 쌓더라도 그 높이를 낮추거나 굽만 놓기도 한다.

제3절 밭담의 보수 사례로 본 농가인식

위미리 과수원에서는 곳곳에서 훼손된 밭담을 확인할 수 있다. 〈표 6〉은 사례농가를 통해서 밭담 훼손 및 보수와 관련된 내용을 정리한 것이다.

전체 사례농가 중 13개 농가에서는 밭담을 보수한 경험이 있고, 12개 농가는 밭담 보수 경험이 없다. 그러나 전체 사례농가에서 밭담 훼손이 발생하고 있다는 점은 공통적으로 인식하고 있기에 밭담의 보수에 대한 다양한 사례가 발생하고 있다.

밭담이 훼손되는 원인으로는 전체적으로 강풍과 방풍수라는 의견이 지배적이고, 차량 통행 확보와 관련된 의견도 있다. 여기서 강풍이라면 대표적으로 태풍을 말한다. 위미리는 태풍이 오면 해안가 주변에 해풍에 의한 피해가 많다. 태풍은 직·간접적으로 과수원 밭담을 훼손시키고 있다. 또한 방풍수라는 의견도 10개 농가에서 언급하고 있는데 이 점은 밭농업 지역과는 달리 감귤농업 지역에서만 발생하는 밭담의 훼손 사례라고 볼 수 있다.

구체적으로 살펴보면 과수원 주변의 방풍수는 밭담과 최소 30cm, 최대 1m 정도 거리에 식재되어 있다. 그 결과 방풍수가 강풍에 심하게 흔들리면 단순히 기둥뿐만 아니라 뿌리에 의해서도 밭담이 훼손된다〈그림 5〉. 또한 방풍수를 제거 및 정리하는 과정에서 밭담이 훼손되는 경우도 종종 발생하고 있다. 그래서 농가들은 방풍수를 제거할 때는 방풍수를 자르는 방향을 밭담과 감귤나무 사이에 맞추어 작업을 하여 밭담 훼손을 줄이고, 감귤나무에도 영향을 최소화하기 위해 조심스럽게 작업을 한다.[26] 최근에는 농업이 기계화되면서 과수원까지 각종 농기계 및 차량 통행이 필수적인데 오랜 기간 이

---

26) 마을주민 김○주(남, 61세) 씨의 청취조사에 의한 결과이다.

<표 6> 밭담 보수와 훼손 원인에 대한 사례농가의 인식

| 농가 번호 | 과수원 밭담 보수 | | 과수원 담 보수 주기 (1년 기준) |
	유무	훼손 원인	
농가 1	○	강풍, 방풍수	1회
농가 2	×	강풍, 방풍수	×
농가 3	○	강풍, 방풍수	1회
농가 4	○	강풍, 방풍수	1회
농가 5	×	강풍, 차량 통행	×
농가 6	○	강풍, 방풍수	1~2회
농가 7	×	강풍	×
농가 8	○	강풍	1회
농가 9	○	강풍	1회
농가 10	×	강풍	×
농가 11	○	강풍, 방풍수	1회
농가 12	○	강풍, 방풍수	1~2회
농가 13	○	강풍	1회
농가 14	○	강풍	1~2회
농가 15	×	강풍	×
농가 16	○	강풍, 방풍수	1~2회
농가 17	×	강풍	×
농가 18	×	강풍	×
농가 19	×	강풍	×
농가 20	○	강풍, 방풍수	1~2회
농가 21	×	강풍	×
농가 22	×	강풍	×
농가 23	×	강풍	×
농가 24	○	강풍, 방풍수	1회
농가 25	×	강풍	×

출처: 현지조사에 의해 필자 작성.

〈그림 5〉 방풍수로 인해 무너진 밭담(조사 지구 내)

어온 토지 형태는 이런 사회적 변화와는 다소 떨어져 있다. 그 결과 맹지 또는 농로 안쪽에 위치한 과수원은 농기계 및 차량 출입이 쉽지 않아 간혹 무리하게 출입하는 과정에서 밭담이 훼손되기도 한다.

실제로 농가 5의 과수원은 도로변에서 100m 정도 안쪽에 위치하고 있어 차량 출입이 매우 불편하다. 그래서 농가 5는 과수원 위치와 좁은 농로 때문에 농기계 및 차량 이용에 고충이 많았고 몇 해 전 감귤 수확기에 차량을 과수원 안까지 진입시키다가 밭담 한쪽을 건드리게 되어 차량 통행이 어렵게 되자 밭담 한쪽을 허물었다〈그림 6〉. 농가에서는 밭담의 보수를 주로 태풍과 같은 강풍이 지나간 후에 한다. 〈표 6〉과 같이 밭담 보수와 관련하여 8농가에서는 1년에 1번 정도, 5개 농가에서는 1년에 1~2회 정도 보수하고, 반면에 보수를 거의´안 한다는 농가도 12곳이 있다.

밭담 보수는 대부분 본인이 할 때가 많고, 석공에게 의뢰하는 경우도 가끔 발생하는

〈그림 6〉 차량 통행으로 인해 한쪽 측면(왼쪽)이 훼손된 밭담

데, 기본적으로 자신의 과수원에 유입된 돌들을 중심으로 한다.

　한편, 밭담 보수 경험이 없는 사례농가를 중심으로 살펴보면 이들 대부분의 농가에서도 밭담 훼손이 발생하고 있다고 한다. 그러나 밭담을 보수하지 않는 이유는 밭담 훼손이 미미할 뿐 아니라 밭농업과는 달리 감귤나무에 직접적인 피해가 없어 보수의 필요성이 낮기 때문이다. 또한 농가들에 의하면 밭담 보수는 개개인의 성격 차이로 인해서 평소 꼼꼼하고 정리를 잘하는 농가일수록 밭담을 보수하는 경우가 많다. 과수원을 구입하거나 상속받은 농가에서는 이미 과수원 밭담이 낮춰져 있거나 방풍수를 정리한 경우도 있고, 감귤을 재배한 경력이 얼마 되지 않기 때문에 밭담 보수 경험이 없는 것으로 파악된다.

여기서는 밭담의 필요성을 중심으로 사례농가의 인식을 살펴보고자 한다. 전체 사례농가에서는 과거 밭농사 시기에 밭담의 필요성이 높았다. 이는 전통농업사회에 농사를 지었던 농가뿐 아니라 농사 경력이 얼마 되지 않는 농가에서도 동일하게 나타나고 있다. 사례농가에서는 과수원 조성 초기에도 밭담의 필요성이 높았다. 이 시기에 농가들은 감귤 재배에 있어 밭담이 없이는 감귤을 재배할 수 없다는 인식이 지배적이었다. 그래서 농가들은 많은 비용을 투자하면서까지 기존의 밭담을 제거하고 새롭게 밭담을 쌓았다.

그러나 현재 사례농가에서는 밭담이 필요하다는 의견은 매우 낮았다. 오직 농가 20만이 아직도 필요성이 높고, 9농가에서는 필요성이 보통이며, 15농가에서는 밭담이 필요 없다고 하였다. 그렇다고 해서 15농가에서 밭담의 필요성이 낮아 밭담을 완전히 제거하면 좋겠다는 의견은 없었다. 다만 밭담의 높이가 현재보다 낮았으면 좋겠다는 의견이 지배적이었다.

이와 같이 위미리 사례농가에서의 밭담의 필요성은 최근에 와서 매우 저하되었다. 그 이유를 살펴보면 다음과 같다. 첫째, 감귤 유목이 점차 안정적으로 뿌리를 내려 성목이 된 이후부터는 감귤농업에서 바람에 의한 피해가 줄어들게 되었다. 둘째, 농가들은 과거에 간이용 농약분무기와 손수레 이용 등에서 현재 농기계[27] 사용이 정착됨에 따라 밭담으로 인한 농기계 및 차량 출입이 불편해졌다. 셋째, 기존의 밭담과 방풍수를 대체한 방풍망이 바람과 일조량 저하로 인한 감귤의 피해를 최소화시켰다. 넷째, 감귤농업 초창기에는 감귤 열매 하나의 경제적 가치가 높아 외부인들의 출입을 차단하려는 의도가 있었지만 현재에는 감귤을 통한 소득이 과거보다 낮아졌고, 다양한 과일들이 생산

---

27) 위미리뿐 아니라 제주도 감귤농업 지역에서 많이 사용되는 농기계는 경운기, 파쇄기, (차량용) 동력분무기 등이 있고, 감귤 운반과 관련되어 지게차와 1톤 트럭 등이 있다.

및 수입되면서 농가들은 과거보다 과수원 내 외부인의 출입에 대한 관심이 낮아졌다. 다섯째, 1980년대부터 시작된 감귤의 시설재배는 최근 FTA와 관련 시설비 지원 등으로 과거에 비해 그 면적이 넓어졌다. 따라서 밭담의 기능이 비닐하우스 등의 시설을 구축하면서 줄어들게 된 결과 그 필요성이 과거보다 저하된 것으로 판단된다. 농가들은 과수원 경계에 있는 밭담보다 과수원 내 방풍의 효과를 극대화하기 위해 쌓은 사잇담에서 이런 불필요성이 매우 심각하다고 인식하여 사잇담과 방풍수에 대한 제거에 적극적이었다.

현재 사례농가에서 인식하고 있는 밭담의 기능으로는 모든 농가에서 경계의 기능을 언급하고 있다. 또한 4개 농가(농가 5, 6, 18, 20)에서 방풍을, 농가 2는 유수에 의한 피해 방지, 농가 5는 해풍 방지가 있다고 인식하고 있다. 이렇게 밭담의 기능에 대해 농가마다 의견의 다른 이유는 과수원의 입지와 지형, 농업경영 방식 등에 차이가 있기 때문으로 사료된다.

제5장 맺음말

본 글에서는 제주도에서 대표적인 감귤산지인 위미리를 사례로 농업환경에 따른 변화된 밭담의 모습과 이에 대한 농가인식을 살펴보았고, 그 결과는 다음과 같이 요약할 수 있다.

첫째, 위미리는 1960년대 이후 밭작물에서 감귤로 재배작물을 전환하였다. 그리고 기존의 밭담으로는 강풍 등으로부터 감귤 묘목을 보호하기에 한계가 있기 때문에 농가들은 이보다 높게 밭담을 축조하였다. 제주도 전 지역의 밭담이 대부분 경지 소유자나 그 가족 등에 의해서 조성된 것과 달리 과수원 밭담은 석공에 의해 축조되기도 했다. 이 점은 제주도 농업사에서 석공이 농업지역의 밭담을 본격적으로 축조한 첫 사례라고 볼 수 있다.

둘째, 조사 지구를 중심으로 위미리 밭담의 형태에 따른 분포 현황을 살펴본 결과 외담이 5,079.8m로 79.1%, 잡굽담은 1,337.5m로 20.9%를 차지하고 있다. 이 점은 제주도 농업지역에 잡굽담이 국지적으로 분포하여 그 비중이 낮은 데 비해 위미리에는 비교적 집중적이면서 분포 비중이 높다는 점을 알 수 있다. 이렇게 감귤농업 지역에 잡굽담의 비중이 높은 이유는 과수원 조성 시 기존 밭담과 머들, 묘목 구덩이 등에서 산출된 다양한 크기의 돌들을 효과적으로 처리해야 함과 동시에 밭담의 높이를 기존의 밭담보다는 높여야 하는 상황이 주된 배경으로 작용하였다. 또한 위미리에는 높이 차가 발생하는 경지마다 토양 침식을 방지하기 위한 방축도 축조되었다. 또한 조사 지구 내 밭담의 길이를 살펴본 결과 조사 지구 전체면적 117,364㎡(57필지)에 밭담이 6,417.3m가 있고, 이는 필지당(1,899㎡) 112.6m로 산정할 수 있다.

셋째, 위미리 과수원 밭담은 많은 변화과정이 있었다. 농가들은 과수원 조성 당시에 강풍으로부터 유목의 피해를 최소화하기 위해 과수원 경계 지점과 함께 일자 또는 십자 형태의 사잇담과 방풍수를 조성하였다. 이 점은 농가들이 지역의 자연환경에 적극적으로 대응하였음을 반영한다. 그 결과 농가들은 한반도의 과수농업 지역에서와 달리 밭담과 방풍수의 조성에 많은 비용을 지출하였다. 그러나 최근에 농가들은 밭담과 방풍수에 의하여 작물과 비닐하우스 시설에 피해가 발생하여 이들을 제거하거나 밭담의 높이를 낮추고 있다. 또한 과수원 밭담이 강풍과 차량 통행, 방풍수로 인해서 훼손되고 있지만 밭담 보수에 대해서는 관심이 낮은 실정이다.

넷째, 대부분의 농가에서 밭담의 필요성이 밭농업과 감귤농업 초창기에 비해서 오늘날 매우 저하되었다. 밭담은 과거 밭농사와 과수원 초창기에는 강풍과 우마, 사람으로부터 작물 보호 등 다양한 기능을 했지만 오늘날에는 경계, 방풍, 유수에 의한 피해 방지 등의 기능을 하고 있다. 결과적으로 농가들은 이 중에서도 경계의 기능을 제외하고는 작물의 일조 피해, 시설재배 확대, 농업의 기계화 등으로 인해 대부분의 기능이 사라졌다고 인식하고 있다. 이 점은 앞으로 감귤농업 지역에 밭담의 또 다른 변화를 예고하고 있다.

현재에도 제주도의 밭담은 변화의 한복판에서 변형, 훼손, 제거되고 있다. 그러나 밭담에 대한 연구 중 이에 대한 연구는 매우 드물다. 최근 들어 밭담을 볼 때마다 드는 아쉬운 점은 밭담의 훼손에 대한 점도 있으나 이보다는 기존의 밭담과 달리 변형된 밭담이 조금씩 확산되고 있다는 점이다. 밭담이 변형되는 이유는 농민들이 농업환경의 변화 속에서 농업 생산량 증가 방안을 적극적으로 모색하였기 때문이다. 도내 전 지역에서의 밭담의 변형은 제주의 농업경관에도 많은 영향을 주고 있다. 앞으로의 밭담에 대한 연구는 이런 점을 참고하여 밭담과 가장 밀접한 관계를 맺고 있는 농민들과 밭담이 상생할 수 있는 방안을 찾는 데 초점을 맞추어야 하지 않을까 한다.

강성기, 2011, 〈문화경관으로서의 제주 밭담의 의미 탐색〉, 《한국사진지리학회지》 21(3), 223-233.

고성보, 2007a, 〈제주밭담의 경관보전직불제 도입을 위한 경관자원 평가시스템 구축과 적용〉, 《한국농촌계획학회지》 13(3), 123-133.

고성보, 2007b, 〈경관보전직불제 도입을 위한 제주밭담의 경관가치 평가〉, 《한국농촌계획학회지》 13(4), 1-8.

김두욱, 1999, 〈제주도 외래종교의 공간적 확산과 수용배경〉, 한국교원대학교 석사학위논문.

김일우, 2009, 〈고려·조선시대 '귤의 고장' 제주의 내력과 그 활용방안〉, 《한국사진지리학회지》 19(3), 29-40.

김준희, 1983, 〈감귤재배에 따른 농촌의 경제적 변화-제주도 위미리 사례-〉, 서울대학교 석사학위논문.

박종준·권윤구, 2019, 〈지적 정보를 이용한 제주 밭담 길이 추정〉, 《한국농촌계획학회》 25(3), 37-44.

서귀포농업기술센터, 2012, 《고품질 감귤 재배기술》, 참디자인.

엄상근·이성용·고인종, 2008, 〈농어촌 관광자원으로 제주돌담의 활용방안〉, 《한국환경정책학회 학술대회논문집》, 143-156.

윤봉택, 1988, 〈제주돌이 깨어지는 소리-서귀포시 강정마을을 중심으로-〉, 《서귀포문화》 제2권, 서귀포문화원.

이상영, 2006, 〈제주 전통돌담의 가치평가 및 보전 방안〉, 《한국농촌계획학회지》 12(2), 27-35.

이준선, 1999, 〈프랑스와 한국의 농경지 풍경의 비교〉, 《한국지리환경교육학회》 7(2), 825-848.

임금옥, 2015, 〈청산도 구들장 논과 제주 밭담 농업시스템의 농업관광에 대한 연구〉, 《한국사진지리학회지》 25(2), 37-49.

임정우, 2018, 〈농업유산적 관점으로서 제주 밭담 경관 특징에 대한 연구-구좌읍 월정리 일대 밭담을 대상으로-〉, 서울대학교 석사학위논문.

임진강, 2017, 〈제주 돌문화자원의 문화경관적 가치-밭담을 중심으로-〉, 경희대학교 박사학위논문.

정광중·강성기, 2013, 〈장소자산으로서 제주 돌담의 가치와 활용방안〉, 《한국경제지리학회지》 16(1), 99-117.

정순경·오성도·홍순범, 1976, 〈柑橘 栽培 限界 海拔高 選定에 關한 硏究〉, 한국원예학회 춘계대회연구발표요지, 17-29.

정승훈, 2014, 〈제주밭담 농업 시스템의 세계중요농업유산 등재에 따른 지역주민의 관광영향 인식과 지속가능한 관광개발 지지도〉, 《관광연구저널》 28(11), 5-23.

제주감귤농업협동조합, 2001, 《濟州柑橘農協四十年史》, 도서출판 서울문화사.

제주특별자치도, 2009, 《개정증보 제주어사전》.

최용복·정문섭, 2006, 〈GIS를 활용한 농촌경관 분석 사례연구-제주도 돌담경관을 중심으로-〉, 《한국GIS학회지》 14(3), 349-361.

한국문화원연합회 제주특별자치도지회, 2008, 《남원읍 역사문화지》, 제주특별자치도.

제주도 고(古) 정의현성(旌義縣城)의 문화재 지정 가능성과 관광 활성화 방안

정광중

제1장 머리말

고(古) 정의현성(旌義縣城)은 제주도민들의 뇌리에서도 거의 사라진 역사유적처럼 치부되고 있다. 다만 성산읍 고성리 주민들을 포함한 주변 지역의 일부 고령층과 함께 관련 분야의 학자들 사이에서만 그 존재감을 드러내는 역사유적이다. 그런 이유 때문인지, 고 정의현성과 관련된 자료는 현시점까지도 행정기관에서 발행한 문화재 조사 또는 역사유적 조사와 연관된 일부 책자[1]나 일부 지구에 대한 발굴조사 보고서[2]가 간행돼 있을 뿐, 본격적으로 연구된 학술적 결과물은 찾아볼 수 없다.

---

* 이 글은 2018년에 발표한 저자의 원고(정광중, 2018, 〈고(古) 정의현성(旌義縣城)의 문화재적 가치와 관광 자원화 방안〉, 《濟州考古》 5, 97-121쪽)를 부분적으로 수정하여 작성되었다.

1) 예를 들면, 다음과 같은 단행본에 일부 내용이 수록되어 있다. ① 남제주군, 1996, 《남제주군의 문화유적》, 남제주군·제주대학교박물관, 113-114쪽. ② 성산읍, 2005, 《성산읍지》, 남제주군 성산읍, 735쪽. ③ 남제주문화원, 2007, 《남제주 문화유적-대정읍·남원읍·성산읍·안덕면·표선면-》, 남제주문화원, 121-122쪽. ④ 한국문화원연합회 제주특별자치도지회, 2010, 《성산읍 역사문화지》, 184-185쪽.

결과적으로, 이러한 현실은 고 정의현성이 지니는 역사적 의의와 가치에 대한 논의 뿐만 아니라 오랜 시간이 흐른 현시점에서도 역사유적으로서의 교육 자원적 기능 혹은 관광 자원적 기능 등에 대한 논의도 사실상 불가능케 한 배경이 되고 있는 것으로 판단 된다. 고 정의현성은 축조(1416년)된 시점에서 보면 601년, 그리고 사실상 성곽으로서의 기능이 끝난 시점(1422년)에서 보면 595년이라는 세월이 흘렀다. 오늘날 고 정의현성은 비록 성체(城體)의 일부만을 남긴 채 침묵하고 있지만, 제주역사의 한 페이지에는 한때 조선시대 정의현(旌義縣)의 관아지구로 기능하며 자리 잡았던 역사적 실체로서 어김없 이 등장한다. 따라서 향후 고 정의현성에 대한 학술적 조명 작업은 반드시 이루어져야 할 것으로 판단된다.

이 글에서는 앞으로 고 정의현성에 대한 구체적인 학술적 조명 작업이 진전되기를 희망하면서, 현시점에서 다룰 수 있는 몇 가지 사안에 대하여 검토·분석하고자 한다. 이 를 위하여 먼저 고 정의현성에 대한 지방문화재로서의 지정 가능성(제2장)에 대해 논의 하고, 그 결과를 토대로 주변 지역에 산재하는 문화유산과 연계한 관광 활성화 방안(제3 장)에 대하여 검토하고자 한다. 이어서 다른 역사유적의 사례를 바탕으로 홍보 방안과 함께 활용을 전제한 자원 활성화 방안(제4장)에 대해서도 나름대로 필자의 안을 제시하 고자 한다.

본 연구자는 고 정의현성이 제주역사를 논의하는 과정에서 빠뜨릴 수 없는 소중한 역사의 현장으로서, 그리고 후세대들에게는 정의현의 형성과정에서 제주 선조들의 삶 과 문화까지도 이야기할 수 있는 역사적 실체로서 부각되기를 기대하고 있다. 더불어 여기서는 다소 빈약하지만, 고문헌과 고지도를 비롯한 기존의 연구 성과와 몇 차례에 걸친 현지조사 결과를 바탕 삼아 논리를 전개해 나가고자 한다. 현지조사는 2017년 7~9

---

2) 예를 들면 다음과 같은 2편의 보고서를 확인할 수 있다. ① 남제주군·제주문화예술재단 문화재연구소, 2004,《고정의현성-비지정 문화재 학술조사 보고-》. ② 경상문화재연구원(재), 2017,《제주도 서귀포시 성 산읍(서귀포 성산지구) 국민 임대주택 건설사업 부지 내 유적 발굴조사》(약식보고서 제258책).

월에 걸쳐 4차례 진행하였으며, 본문에서 사용한 사진자료 중 특별히 출처를 명기하지 않은 것들은 모두 필자가 현지조사 시에 촬영한 것임을 밝힌다.

제2장 문화재로서의 지정 가능성에 대한 논의

고 정의현성은 현시점에서 볼 때 그 어떤 종류의 문화재로도 지정되어 있지 않다. 제주도의 문화재 지정 현황을 보면, 2017년 7월 말 현재 국가 지정 문화재 109건, 도 지정 문화재 275건 그리고 향토유산[3] 30건이 지정되어 있다〈표 1~3〉. 따라서 국가와 도 지정 문화재는 총 384건으로, 한 단계 아래 급인 향토유산 건수까지 합치면 제주도에는 총 414건이 문화재의 자격을 부여받아 보전·관리되고 있는 상황이다. 〈표 1〉~〈표 3〉에 제시된 제주도내의 다양한 지정 문화재와 향토유산의 건수를 검토해 보면, 제주도가 대한민국 내의 작은 섬 지역임에도 불구하고 아주 많은 문화유산을 보유하고 있음을 실감할

〈표 1〉 국가 지정 문화재의 종별·지역별 현황(2017년 8월)

(단위: 건)

구분	계	국보	보물	사적	천연 기념물	명승	국가무형 문화재	국가민속 문화재	등록 문화재
계	109	-	7	7	49	9	5	9	23
도일원	2	-	-	-	2	-	-	-	-
제주시	54	-	6	6	26	1	4	3	8
서귀포시	53	-	1	1	21	8	1	6	15

출처: 제주특별자치도 세계유산본부 제공(2017년 8월 1일).

---

3) 향토유산은 국가와 제주도의 문화재로 지정되지 않은 것들 중에서 제주의 역사적·예술적·학술적·경관적 가치가 뛰어난 유산을 발굴·보존하고, 문화관광자원으로 활용하기 위한 목적으로 제주특별자치도 향토유산 보호 조례(2013년 5월 제정)에 근거하여 지정된 유산을 말한다. 향토유산은 향토유형유산과 향토무형 유산으로 구분하고 있다.

〈표 2〉 제주특별자치도 지정 문화재의 종별·지역별 현황(2017년 8월)

(단위: 건)

구분	계	유형 문화재	무형 문화재	기념물	민속 문화재	문화재 자료
계	275	35	20	128	82	10
제주시	177	24	13	82	49	9
서귀포시	98	11	7	46	33	1

출처: 제주특별자치도 세계유산본부 제공(2017년 8월 1일).

〈표 3〉 향토유산의 지역별 및 유·무형별 현황(2017년 8월)

(단위: 건)

구분	계	유형	무형	비고
계	30	21	9	-
제주시	21	15	6	-
서귀포시	8	5	3	-
도일원	1	1	-	비석 단일 건으로 지정 (제주시: 39기, 서귀포시: 2기)

출처: 제주특별자치도 세계유산본부 제공(2017년 8월 1일).

수 있다.

그러나 제주도 내에는 아직도 역사적 가치는 물론이고 문화적 가치와 특성이 제대로 조명되지 않은 비지정 지역유산(즉 비지정 문화재)이 셀 수 없이 잔존하고 있다. 물론 문화재로서의 지정만이 만사를 해결하는 것은 아니지만, 택지개발을 비롯한 도로개설, 관광지 조성 등 일련의 지역개발에 의해 원형성이 사라지거나 크게 훼손되기 쉬운 지역유산은 행정기관의 발 빠른 대응이 필요한 것도 사실이다.

성산읍 고성리에 위치하는 고 정의현성도 위에서 지적한 비지정 지역유산이면서, 주변 지역의 택지개발과 도로개설로 일부 구간에서 원형성이 완전히 사라지거나 크게 훼손될 위기에 처한 지역유산 중 하나라 할 수 있다. 이러한 사실은 이미 2010년 이후부터 고 정의현성이 위치한 지구 내에 국민임대주택을 건설하기 위한 사전 정지작업이 행해

〈그림 1, 좌〉 고 정의현성 동문지 부근의 택지개발 관련 입간판
〈그림 2, 우〉 1918년(대정 7년) 발행 1:50,000 지형도 상의 고 정의현성(확대 모습)

지고 있다는 배경이나 기존도로와 연결하는 새로운 도로 구간이 고 정의현성 내부를 가
로질러 개설하려는 계획에서도 충분히 확인할 수 있다〈그림 1〉.[4]

　고 정의현성의 성체가 훼손되기 시작한 것은 이미 오래전부터로 추정된다. 그 이유
는 일제강점기에 제작된 지형도에서 보는 것처럼〈그림 2〉, 현성의 동문지 부근 지구에서
부터 남문지와 서문지 추정 부근 지구까지는 이미 일제강점기 초기에 개인 주택 건설을
비롯한 도로개설이나 경지개발 및 확장 등으로 성체가 크게 훼손된 사실을 확인할 수
있기 때문이다.

　역으로 지적하자면, 일제강점기 초기까지만 해도 고 정의현성의 성체는 동문지 부근

---

4) 최근의 위성사진이나 지적도에는 고 정의현성 내부를 남-북 방향에서 동쪽 방향으로 회전하며 이어지는
　새로운 도로 개설 구간이 선명하게 나타나 있다.

지구에서 북쪽 지구를 돌아 서문지 지구까지 비교적 온전하게 보존되고 있었음을 알 수 있다는 것이다. 물론 그 이후에도 구간에 따라 부분적으로 성체가 훼손되었음은 말할 것도 없다. 앞으로 잔존구간에 대한 정밀한 측량과 발굴과정이 시행되어야만 세부적이고 구체적인 사실들이 드러나겠지만, 그동안 관련 행정기관이나 학계의 관심과 조명을 받지 못한 채 고 정의현성의 성체가 한층 더 파손되고 훼손되어 왔음은 감히 미루어 짐작할 수 있다. 다시 한번 강조하자면, 1920년을 전후한 시점까지도 〈그림 2〉에서 확인되는 성체 부분은 온전하게 잔존하고 있었던 사실을 기억할 필요가 있다. 결과적으로 생각할 때, 역사적 기록이 분명하고 시간적으로도 600여 년이란 세월의 아픔을 견디어낸 고 정의현성은 후손들의 무관심 속에 계속 방치되며 훼손돼 왔다는 사실이 분명해진다.

고 정의현성의 문화재적 가치는 상대적으로 유사한 유적과의 비교를 통해서 확인해 볼 수 있다. 고 정의현성은 조선시대 초기에 축성된 읍성(邑城)으로서, 주요 관아시설을 성담으로 두르고 왜구나 왜적으로부터 주민의 귀중한 생명과 재산을 보호하기 위하여 축성된 것이다. 따라서 고 정의현성도 제주읍성이나 대정읍성(대정현성) 및 정의읍성(정의현성, 성읍리 소재)과 같은 현촌(縣村)에 설치되었던 방어유적의 하나로 특징지을 수 있다〈표 4〉.

〈표 4〉에서 확인할 수 있는 것처럼, 오늘날 제주도 내에 위치하는 조선시대의 방어유

〈표 4〉 방어유적으로서 제주도내 3개 읍성(또는 현성)의 문화재 지정 현황(2017년 8월)

구분 (축성 연도)	문화재명	문화재 종별	소재지	지정 번호	지정 연월일 및 변경사항
제주읍성 (1408년 이전)	제주성지	도 지정 기념물	제주시 이도1동 1437-6 외 3필지	3	1971년 8월 26일
대정읍성 (1416년)	대정성지	도 지정 기념물	서귀포시 대정읍 인성, 안성, 보성리	12	1971년 8월 26일
정의읍성 (1423년)	제주 성읍마을	국가민속문화재	서귀포시 표선면 성읍리	188	1984년 6월 7일 (1987년 9월 16일 변경 / 2007년 2월 28일 명칭 변경)

출처: 제주특별자치도 세계유산본부 제공(2017년 8월 1일) 자료에 의해 재구성.

적인 3개 읍성은 문화재 명칭이나 종별은 다르지만, 현시점에서 모두 문화재의 자격을 취득하고 보존·관리되고 있다〈그림 3~5〉. 더불어 현재 보존·관리되고 있는 정의읍성은 성체 자체를 문화재로 지정한 것은 아니지만, 성체를 기점으로 마을 내부를 포함하고 있기 때문에, 당연히 정의읍성도 문화재로서의 자격을 취득하고 있는 것이나 다름없다〈그림 6〉. 오히려 정의읍성은 제주성지나 대정성지와 비교해볼 때, 한 단계 격(格)이 높은 문화재의 위치를 차지하는 것으로 강조할 수 있다.

〈그림 3〉 제주읍성: 복원 구간(남문 부근)

이처럼 고 정의현성은 이상 3개의 읍성과는 달리 오랫동안 비지정 지역유산으로서의 수모를 톡톡히 받아온 것이다. 그렇다면 이와 관련하여 고 정의현성이 여러 문화재에서 배제된 이유나 배경은 무엇인가를 점검해 보자. 구태여 지적하자면, 고 정의현성은 인구에 회자되는 속

〈그림 4〉 제주읍성: 치성(남문 부근)

칭 '묵은 성(古城)'이고, 또한 현청(縣廳)으로서의 기능이 불과 5~6년 기간밖에 이어지지 않았다는 사실 때문이 아닐까 추정된다. 그렇지 않다면, 시기적으로 나중에 축성된 정의읍성이 문화재로 지정되었기 때문에 애초부터 그 이전에 축성한 고 정의현성은 문화재적 가치를 따져보기도 전에 등한시한 것이 아닌지 추정되기도 한다.

이와 함께 제주읍성이나 대정읍성 혹은 정의읍성 등이 문화재로 지정될 당시, 고 정의현성은 성체 원형이 너무 많이 파괴 또는 훼손되었거나 성체의 잔존 구간이 너무 짧

〈그림 5〉 대정읍성: 복원 구간(북문 부근)　　　〈그림 6〉 정의읍성: 복원 구간(남문 부근)

기 때문에 배제되었다고 볼 수도 있다. 그러나 이 점은 고 정의현성보다도 더 많이 파괴되거나 훼손된 유적들이 이미 문화재로 지정된 사실을 고려해 볼 때 그다지 설득력이 없는 것으로 판단된다.

〈표 5〉는 제주도내에 잔존하는 또 다른 방어유적의 하나인 진성(鎭城)에 대한 문화재 지정 현황을 나타낸 것이다. 조선시대 때 제주도 내의 진성은 총 9개가 축조되어 활용되었는데, 그것들은 제주시 동쪽에 위치한 화북진성을 기점으로 조천, 별방, 수산, 서귀, 모슬, 차귀, 명월 및 애월진성이다. 이들 9개의 진성 중에서 모슬진성과 차귀진성을 제외한 7개가 현재 제주도 기념물과 향토유산(애월진성)으로 지정·관리되고 있다.5)

조선시대를 통틀어 제주도 내의 진성은 3개 읍성의 외곽지역이나 해안지역에 성곽을 축조하였다. 그리고 진성은 내부에 객사(客舍)를 비롯한 군 관련 시설(진사, 군기고, 막사 등)을 설치하고 일정한 수의 군인을 배치함으로써 바다로부터 침입하는 왜구(왜적)의 동태를 감시하며 유사시에는 전투를 벌이기 위한 방어시설이다. 특히 진성의 핵심기능은

---

5) 모슬진성과 차귀진성이 지정 문화재의 대상에서 빠진 것은 잔존하는 성벽의 흔적을 찾아볼 수 없다는 점 (모슬진성), 또는 성석(城石)이 1단 정도로 약 15m 구간만 남아 있어서 문화재적 가치가 없었기 때문인 것 (차귀진성)으로 추정된다(제주도, 1996, 《濟州의 防禦遺跡》, 제주도, 110-112쪽).

<표 5> 제주도내 진성(鎭城)의 문화재 지정 현황(2017년 8월)

연번	문화재 명칭	문화재 종별	소재지	지정 연월일	축조 연도
1	명월진성	도 기념물	제주시 한림읍 명월리, 동명리	1976년 9월 9일	1592년(선조 25)
2	별방진	〃	제주시 구좌읍 하도리	1996년 7월 18일	1510년(중종 5)
3	서귀진지	〃	서귀포시 서귀동 717-4번지 등	2000년 11월 1일	1590년(선조 23)
4	화북진지	〃	제주시 화북1동 5761번지 등	2001년 2월 21일	1678년(숙종 4)
5	수산진성	〃	서귀포시 성산읍 수산리 580번지 외	2005년 10월 5일	1439년(세종 21)
6	조천진성	〃	제주시 조천읍 조천리 2690번지	2015년 3월 25일	1590년(선조 23)
7	애월진성	향토유산	제주시 애월읍 애월리 1736	2015년 7월 30일	1581년(선조 14)

주: 연번은 문화재로서 지정 연월일이 빠른 순서이고 축조 연도는 김명철(2000)에 의함.
출처: 제주특별자치도 세계유산본부 제공(2017년 8월 1일) 자료 등에 의해 재구성.

주요 관아시설이나 주민들이 많이 거주하는 지역, 즉 3개 읍성을 축으로 하는 중심 지구를 우선적으로 방어하기 위한 보루(堡壘)라는 사실이 부각된다. 따라서 이러한 진성의 핵심기능을 전제해 볼 때, 그 중요성이나 위상은 3개 읍성에는 다소 미치지 못하는 것으로 이해할 수 있다.

이상과 같은 점을 고려할 때, <표 5>에 제시한 7개의 진성은 제주도 기념물과 향토유산으로 지정 보호되고 있는 데 반해, 과거 읍성의 하나였던 고 정의현성이 문화재로 지정되지 않은 배경은 사실상 납득하기가 어렵다. 그렇기 때문에 비록 읍성으로서의 기능이 짧은 시기에 한정되어 끝나버리기는 했으나, 읍성으로서의 위상과 중요성을 고려한다면 다른 읍성이나 진성처럼 충분히 제주도 기념물이나 향토유산으로서의 가치가 충분하다고 지적할 수 있다. 나아가 이러한 주장은 이미 다른 연구자도 강하게 제기한 바 있다.[6]

더욱이 <표 5>에 제시한 진성들 중에서는 성체의 잔존 구간이 얼마 되지도 않는 서귀진성조차도 제주도 기념물로 지정된 사실을 고려해 볼 때, 고 정의현성의 문화재적 가치

---

6) 강만익, 2010, <전근대의 역사유적>, 《성산읍 역사문화지》, 한국문화원연합회 제주특별자치도지회, 184-185쪽.

는 상대적으로 높아질 수 있음을 감안해야 할 것이다. 현재로서는 고 정의현성 성곽의 잔존 구간에 대한 세부 측량이 이루어지지 않았기 때문에 정확하게 어느 정도 남아 있다고 단언하기는 어려운 실정이다. 그러나 몇 차례에 걸친 필자의 답사를 토대로 한다면, 성체의 잔존 구간은 적어도 300m 이상 남아있는 것으로 추정할 수 있으며〈그림 7〉, 성곽 내부의 일부 구간에는 회곽도(回郭道)로 추정되는 돌담시설도 남아 있는 것으로 추정된다〈그림 8〉. 현재 고 정의현성의 잔존 성곽은 크게 세 부분으로 구분해 볼 수 있다. 즉, 성담이 비교적 원형에 가깝게 잘 남아 있는 구간(주로 북쪽 구간)〈그림 7〉, 농경지와 택지개발로 완전히 사라진 구간(주로 동쪽과 서쪽 및 남쪽의 일부 구간), 그리고 도로개발이나 농경지 개발에 따라 일부 성담(성체 하단부)이 잔존하는 구간(동쪽과 남쪽의 일부 구간)〈그림 9〉이다.

〈그림 7〉 고 정의현성의 북쪽 지구 성곽 모습

〈그림 8〉 북쪽 지구 내부의 회곽도 석축(추정)

더불어 고성리 고령층 사이에서는 고 정의현성이 존재했던 사실로서, 원(怨)터(1360-2번지)〈그림 10〉를 시작으로 성안(城內), 성뒷길, 동문(東門)터, 서문(西門)터, 남문(南門)터, 묵은 연디 및 관전(官田)밧 등의 지명도 구전으로 전해지고 있다.[7] 이러한 사실로 보더라

---

7) 金順伊·韓林花·文武秉·金京植·吳成贊, 1987, 《古城里》(제주 동부의 핵심 마을), 도서출판 반석, 52-63쪽.

〈그림 9〉 동남쪽 지구 성곽 잔존 구간(일부 파손)

〈그림 10〉 속칭 원(님)터 추정지(고성리 1360-2번지)

도 고 정의현성은 조속한 시일 내에 문화재로 지정되어야 하고, 또 그에 걸맞은 복원사업이 추진되어야 할 것으로 판단된다.

나아가 인문지리학적 관점에서 볼 때, 고 정의현성의 문화재로서의 보존적 가치는 크게 다음과 같이 3가지로 요약해 볼 수 있다. 첫째로, 고 정의현성은 조선시대 초기에 축성된 읍성의 하나로서, 반도부에는 거의 잔존하지 않는 조선시대 초기 읍성의 원형을 제대로 간직하고 있는 성곽유적이라는 사실이다.[8] 둘째로, 고 정의현성은 제주도민들이 직접 쌓아올려 만든 읍성으로, 제주역사의 주인공들의 생활사와 고난사가 함께 반영된 역사적 의미체(meaningful object)로 부각된다는 점이다. 셋째로, 고 정의현성은 제주도 동부지역의 장소성(placeness)을 반영하는 역사유적으로, 후세대들의 교육자원은 물론이고 관광자원으로 활용하기에 안성맞춤인 지역유산으로 평가할 수 있다는 사실이다.

제3장 주변 지역의 문화유산과 연계한 관광 활성화 방안

고 정의현성이 입지해 있는 고성리(古城里)는 말 그대로 조선시대 때 정의현성이 존재했었기 때문에 마을 이름이 지어졌고, 나아가 오늘날까지도 마을 이름이 사용되고 있는 것이다. 그렇다고 한다면, 고 정의현성의 실체로서 잔존하는 성곽의 훼손과 파괴는 고성리의 마을 역사를 파괴하고, 또 앞으로 시간이 흐르는 과정에서 많은 사람들의 기억에서 지워지는 결과를 가져올 수도 있다.

제주도 마을에는 고성리가 2개 있다. 하나는 고 정의현성의 소재지인 서귀포시 성산읍 고성리이고, 다른 하나는 항파두성의 소재지인 제주시 애월읍 고성리이다. 이 두 마을의 설촌 배경이나 역사적 배경은 토성(土城)이든 석성(石城)이든 역사 속에 등장하는 옛 성곽의 존재가 매우 중요하게 작용한다. 그만큼 성곽의 존재가 두 마을의 위상이나 마

---

8) 2017년 8월 24일(목) 고 정의현성의 현장 점검과 함께 자문위원 회의에서 차용걸 전 충북대 교수(성곽 전문가)가 지적한 내용을 토대로 한 것이다.

을주민들의 정체성 형성에도 큰 디딤돌이 되었음은 거론할 여지가 없다. 따라서 앞으로 고 정의현성을 발굴하고 일부 관아건물이나 시설을 복원함으로써, 관광자원이나 교육자원(사회교육 및 학교교육)으로 활용하는 방안도 절실하다고 말할 수 있다.

이러한 사실과 관련하여 오늘날 성산읍에는 다양한 자연자원과 문화자원(인문자원)이 입지해 있다. 그리고 이들 자원은 오늘날 관광자원으로 매우 적극적으로 활용되고 있으며, 몇몇 자원은 매년 수많은 관광객들을 흡인하는 막강한 파워를 발휘하고 있기도 하다.

예를 들자면, 세계자연유산의 사이트로 주목되는 성산일출봉(성산리)을 시작으로 혼인지(온평리), 환해장성(온평리·신산리), 수산진성(수산리), 연대(말등포[온평리], 협자[신양리], 천미[신천리 및 오소포[시흥리]), 수산동굴(수산리), 일출봉해안 일제동굴진지(성산리), 수산본향당(수산리) 등이 대표적이다. 또한 주변 경관이 탁월하거나 해안 절경이 뛰어난 관광지로서는 두산봉(시흥리), 섭지코지(신양리), 광치기해안(고성리), 대수산봉(고성리), 통밧알(대수면[성산리]), 천미장(조선시대 목장유적[신천리]) 등도 있다. 이 외에도 비록 문화재로 지정되지는 않았지만, 관광자원이나 교육자원으로 충분히 가능성을 띠고 있는 자원으로서 고인돌(신풍리·신천리), 동굴유적(신천리), 봉수터(성산[성산리], 수산[수산리], 독자[신산리]), 신당(아 11개)[9] 등도 존재한다.[10] 나아가 앞으로 스토리텔링을 바탕으로 관광 자원화할 수 있는 조선시대 후기의 비석군(목민관 관련 2기, 정려비 4기)도 있다.[11]

---

9) 2008~2009년에 걸쳐 제주도내의 신당을 전수 조사한 강정효에 따르면, 성산읍에는 총 41개의 신당이 있는데, 이들 중 조사시점에서 멸실된 신당은 6개소, 폐당된 신당은 2개소로 파악되었다. 그러나 이 조사 이후 다시 8년이라는 시간이 흘렀기 때문에 멸실되거나 폐당된 곳은 더 많을 것으로 추정된다(강정효, 2009, 〈제주 신당의 보전 및 활용방안〉, 《2009 (사)제주전통문화연구소 문화정책세미나 자료집》, 제주전통문화연구소, 55쪽).

10) ① 남제주문화원, 2006, 앞 책, 478-480쪽. ② 한국문화원연합회 제주특별자치도지회, 2010, 앞 책, 159-197쪽.

11) ① 홍기표, 2015,《조선시대 제주 목민관 비석(군)의 실태조사와 자원화 방안》, 제주발전연구원 제주학연구센터. ② 홍기표, 2016,《조선시대 제주 정려비 실태조사와 자원화 방안》, 제주발전연구원 제주학연구센터.

이들 자연자원과 문화자원은 고 정의현성을 중심으로 유형별 연계나 지역별 연계 또는 주제별 연계방안을 기획함으로써, 관광자원으로서의 활용은 물론이고 교육자원으로서의 가치를 극대화할 수 있을 것으로 판단된다. 물론 여기서는 이들을 고루고루 활용한 관광 활성화 방안은 제시하지 않는다. 다만, 여러 자연자원과 문화자원의 결합과 활용을 전제하면서 새로운 가능성을 관광 활성화의 한 사례로 제시하고자 한다.

먼저 고 정의현성을 중심으로 위에 명기한 여러 자원들 중 유사한 기능을 가진 유형의 자원을 지역별로 연계한 〈현성(고 정의현성)-진성-봉수-연대-환해장성〉 활용방안을 구안하였다. 여기서 제안하는 〈현성(고 정의현성)-진성-봉수-연대-환해장성〉을 활용한 관광 활성화 방안도 공간적인 범위를 제주 동부지역이나 제주도 전체로 확대하면, 매우 다양한 콘텐츠와 연계성을 배경 삼아 다양한 관광 활성화 방안을 이끌어낼 수 있다. 그러나 여기서는 고성리가 소속된 성산읍을 중심으로 하되, 필요에 따라 인접하는 구좌읍과 표선면 지역의 일부 지역만을 자원 활용을 위한 지역적 범위로 설정하였다.

제1절 유사 기능 자원을 연계한 관광 활성화 방안

1. 관광활동·교육활동 탐방 코스의 개발과 활용

고 정의현성은 제주 동부지역에 축조되었던 성곽의 하나로 제주도내 여러 문화유산 중에서는 방어유적으로 분류할 수 있다. 그렇기 때문에 유형별·지역별 자원들을 연계한 관광 활성화 방안으로는 고 정의현성을 중심으로 주변 지역의 〈현성(고 정의현성)-진성-봉수-연대-환해장성〉을 중심으로 연계한 방안을 설정할 수 있다. 따라서 우선적으로 이들 문화자원을 중심으로 한 탐방 코스와 함께 일부 자연자원(해안, 오름, 식물 자생지, 해수욕장, 방사탑 등)을 연계한 탐방 코스의 개발과 활용을 제안한다.

〈현성(고 정의현성)-진성-봉수-연대-환해장성〉 자원을 중심으로 연계한 관광·교육활동의 코스 개발과 활용도 여러 가지 지표를 설정한다면, 다양한 코스의 개발을 제안할 수 있으나 여기서는 인접하는 방어유적만을 유기적으로 연계한 사례 그리고 방어유적과 일부 자연자원 및 문화자원을 연계한 방안을 제시하고자 한다. 그리고 관광·교육활동을 위한 코스나 대상(자원)의 설정은 탐방 인원을 비롯한 탐방객의 연령층, 탐방 시기, 탐방 시간 등에 따라 얼마든지 조절할 수 있기 때문에 그와 관련된 부차적인 설명은 자제하고자 한다.

2. 관광활동·교육활동 탐방 코스의 개발 사례

〈현성(고 정의현성)-진성-봉수-연대-환해장성〉을 활용한 관광·교육활동 탐방 코스의 개발은 두 가지 관점, 즉 지역의 광협(廣狹)과 자원의 실체성을 반영하여 구안하였다. 지역의 광협에서는 고성리를 중심으로 상대적으로 좁은 지역으로 성산읍 관내의 자원으로 한정하였고, 또 확대한 지역으로는 성산읍+조천읍 또는 성산읍+표선면의 자원을 포함하여 연결시켰다. 이에 따라 성산읍 중심의 탐방 코스에서는 실질적으로 관광·교육활동을 위한 구체적인 대상이 존재하지 않지만 터(址)를 간직한 자원(주로 봉수대)도 탐방 코스에 포함시켰으며(가), 성산읍+조천읍 또는 성산읍+표선면 탐방 코스에서는 관광·교육활동을 위한 구체적인 대상이 존재하는 자원만 포함시켰다(나~마).[12]

가. 관광활동·교육활동 탐방 코스 I : 성산읍 관내 코스(문화자원 중심)

① 고 정의현성(고성리) → ② 오소포연대(시흥리) → ③ [성산봉수(성산리)] → ④ [수산봉수(고성리)] → ⑤ 협자연대(신양리) → ⑥ 말등포연대(온평리) → ⑦ 온평환해장성(온평리) → ⑧ 신산환해장성(신산리) → ⑨ 천미연대(신천리) → ⑩ [독자봉수(신산리)] → ⑪ 수산진성(수산1리)[13]

---

12) 그 이유는 전체적인 동선(動線)이 길어지고 동시에 관광활동과 교육활동을 행하는 데 소요되는 시간을 고려한 것이다.

13) [ ] 속에 표기된 자원은 실질적인 관광·교육활동의 실체적 대상은 존재하지 않고 터(址)만 남아 있기 때문에 코스 활용 시에 유념할 필요가 있으며, 따라서 필요에 따라서는 탐방 코스에서 제외시켜 구성할 수도 있다.

나. 관광활동·교육활동 탐방 코스 II-1: 성산읍-구좌읍 연계 코스(문화자원 중심)

① 고 정의현성(고성리) → ② 수산진성(수산1리) → ③ 천미연대(신천리) → ④ 신산환해장성(신산리) → ⑤ 온평환해장성(온평리) → ⑥ 말등포연대(온평리) → ⑦ 협자연대(신양리) → ⑧ 오소포연대(오조리) → ⑨ 종달연대(종달리) → ⑩ 별방진(하도리) → ⑪ 좌가연대(한동리) → ⑫ 한동환해장성(한동리) → ⑬ 행원환해장성(행원리) → ⑭ 동복환해장성(동복리)[14]

다. 관광활동·교육활동 탐방 코스 II-2: 성산읍-구좌읍 연계 코스(자연자연+문화자원)

① 고 정의현성(고성리) → ② 광치기해안(고성리) → ③ 통밧알(내수면, 성산리) ④ 성산일출봉(성산리) → ⑤ 오소포연대(오조리) → ⑥ 식산봉 및 황근 자생지(오조리) → ⑦ 영등하르방(시흥리) → ⑧ 시흥리 사질해안(시흥리) → ⑨ 종달리 사질해안 및 소금밧터(종달리) → ⑩ 종달연대(종달리) → ⑪ 두산봉(시흥리) → ⑫ 수산진성(수산리)

라. 관광활동·교육활동 탐방 코스 사례 III-1: 성산읍-표선면 연계 코스(문화자원 중심)

① 고 정의현성(고성리) → ② 수산진성(수산1리) → ③ 협자연대(신양리) → ④ 말등포연대(온평리) → ⑤ 온평환해장성(온평리) → ⑥ 신산환해장성(신산리) → ⑦ 천미연대(신천리) → ⑧ 소마로연대(표선리) → ⑨ 정의읍성(성읍1리)[15]

마. 관광활동·교육활동 탐방 코스 사례 III-2 : 성산읍-표선면 연계 코스(자연자연+문화자원)

① 고 정의현성(고성리) → ② 성산일출봉(성산리) → ③ 광치기 해안(고성리)→ ④ 섭지코지(신양리) → ⑤ 혼인지(온평리) → ⑥ 온평환해장성(온평리) → ⑦ 신산환해장성(신산리) → ⑧ 천미연대(신천리) → ⑨ 표선해수욕장(표선리) → ⑩ 소마로연대(표선리) → ⑪ 영주산(성읍1리) → ⑫ 성읍민속마을(성읍1리)

---

14) 실제로 관광·교육활동을 위한 자원이 존재하는 것만을 대상으로 하여 설정한 것이다.
15) 실제로 관광·교육활동을 위한 자원이 존재하는 것만을 대상으로 하여 설정한 것이다.

3. 관광활동·교육활동 탐방 코스의 특징과 매력

앞에서 정리하여 구상한 관광·교육활동 탐방 코스는 기본적으로 고 정의현성을 시발점으로 하여 성산읍 관내와 성산읍-구좌읍 그리고 성산읍-표선면으로 연결한 특징을 지니고 있다. 이 배경에는 고 정의현성을 관광자원이나 교육자원으로 활용하기 위해서는 무엇보다도 지역적인 연계가 필요하다는 사실에 바탕을 둔 것이다. 그런 이유로, 여기서 제안한 탐방 코스는 기본적으로 제주도 동부지역의 방어유적 중심의 탐방 코스라는 특징을 지닌다. 더불어 탐방객에 따라서는 다소 자유분방하면서도 제주도의 자연경관과 방어유적 이외의 문화경관도 탐방할 수 있는 부차적 탐방 코스를 추가함으로써, 궁극적으로는 제주도 동부지역의 자연과 문화를 동시에 이해하고 경험할 수 있는 기회를 제공하고자 한 것이다.

이 글에서 제안한 탐방 코스는 어디까지나 고 정의현성이 복원된 이후에 탐방객들의 적극적인 방문이 이행되는 전제하에서, 고 정의현성을 적극적으로 활용해 보자는 취지에서 제안한 것이기 때문에 절대적인 것이라 말할 수는 없다. 더욱이 고 정의현성이 관련 행정기관에 의해 복원사업이 진행되어야만 가능하다는 점도 명심할 필요가 있다. 따라서 현시점에서 고 정의현성을 활용하는 데는 분명히 문제점이 많은 것이 사실이다.

실제로 관광이나 교육활동을 행하는 과정에서는 이 글에서 구성한 탐방 코스의 구성 자체가 문제가 될 수도 있다. 그래서 탐방 대상(자원)의 선택은 탐방객들의 목적과 스케줄 혹은 당일의 날씨 여하에 따라서 탐방객 스스로가 행할 수 있다. 물론 탐방 대상의 선후 문제나 시발점과 종착점의 선정 문제조차도 탐방객 스스로가 결정하면 될 일이다.

여기에서 구안한 탐방 코스는 결과적으로 생각해 볼 때, 탐방객들에게 제주도 동부지역의 해안지역과 중산간지역의 경관(바다와 오름)을 만끽할 수 있고 동시에, 해안마을과 중산간 마을 도민들의 생활상을 엿볼 수 있는 기회를 제공할 것으로 판단된다. 이러한 배경에는, 제주도에서는 자연자원이나 문화자원 중 어느 하나만을 선택하여 관광활동이나 교육활동을 행하기보다는 양자를 조화롭게 구성함으로써 제주 섬의 진수를 만끽하며 나름의 탐방목적을 달성할 수 있어야 한다는 필자의 사고가 담겨있기 때문이다.

4. 관광활동·교육활동 탐방 코스의 활용을 위한 조건

최근 제주도 내에는 해안과 중산간 지역을 연결하는 올레길을 비롯하여 숲길, 한라산 둘레길, 곶자왈 탐방로, 지질트레일 등 '걷기'와 '힐링'을 전제한 다양한 체험 및 탐방 코스가 개설되어 있다. 더불어 오름, 등대, 습지, 용천수 등 특정 테마(자연자원 또는 문화자원)를 바탕으로 한 관광·교육 탐방과 체험 코스의 활용을 제안하는 사례도 많아지고 있다. 이러한 사례들은 그만큼 제주도에 자연자원이나 문화자원의 종류와 수가 많다는 사실을 대변한다.

여기에서 제시한 〈현성(고 정의현성)-진성-봉수-연대-환해장성〉을 연계한 관광·교육 활동 탐방 코스의 개발과 활용 방안은 기본적으로 방어유적의 기능을 지닌 문화유산을 대상으로 한 것이기 때문에, 위에서 지적한 테마 관광·교육활동 탐방 코스의 한 유형이라 할 수 있다. 그런데 한 가지 중요한 사실이 부각된다. 고 정의현성을 중심에다 놓고 관광·교육활동 탐방 코스를 설정할 때, 문제는 고 정의현성이 관광·교육활동을 위한 실체로서 매우 빈약하다는 사실이다. 궁극적으로 지적하자면, 현시점에서는 고 정의현성의 잔존하는 성체 구간만으로는 흥미롭고 알찬 관광활동이나 교육활동을 이끌어낼 수 없다는 것이다.

그렇기 때문에, 고 정의현성이 관광·교육활동을 위한 중심적 지위를 얻도록 하기 위하여 두 가지가 선행되어야 함을 주장한다. 먼저 하나는 고 정의현성에 대한 철저한 발굴 작업이 이루어져야 한다는 사실이다. 앞에서도 지적한 바와 같이, 고 정의현성에 대한 학술적 조명이 제대로 실행되지 않은 이유는 여러 가지가 있겠지만, 그 배경에는 발굴 작업에 따른 유적의 명확한 실체 파악의 부족함이나 다양한 유물의 출토 여부와도 관련된다.

결과적으로 생각할 때, 고 정의현성의 발굴에 따른 성곽의 실체(성체 잔존 구간과 파괴 구간의 측정, 성곽 내·외부 부대시설의 유무 확인, 관아건물의 위치와 동수 파악 등)를 우선적으로 파악함과 동시에, 발굴과정에서 출토된 유물의 성격 규명 작업 등이 동반되어야만 한다. 그런 후에야 성체 파괴구간의 복원이나 성곽시설(문루, 치성 등)과 관아건물(동헌 등)의 복원 계획은 물론이고 유물의 활용방안 등에 대한 방향도 설정할 수 있는 것이다.

다른 하나는 발굴 작업이 종료된 후에는 성곽의 부속시설 중 문루, 즉 동문, 서문, 남문 중에서 어느 하나를 복원하고 성 내부에는 관아시설(특히)인 동헌과 원님(현령) 숙소를 복원함으로써, 고 정의현성의 위상을 높이는 동시에 앞으로의 활용도를 고려하는 것이 좋을 것으로 판단된다. 물론 성곽시설의 복원과 관아시설 등의 복원에 따른 진입로와 주차장 시설은 기본적으로 확보되어야 할 것이다.

〈그림 11〉 나주목사 내아 금학헌(琴鶴軒)

가능하다면, 원님 숙소는 어느 정도의 방 수를 확보하여 탐방객들에게 유료로 오픈하는 방안을 제안한다. 탐방객들에게는 과거에 원님이 기거했던 숙소에서 하룻밤을 보내는 일이 특별한 기억으로 다가올 수도 있기 때문이다. 이 점과 관련해서는 제주특별자치도의 행정적 차원에서도 막대한 예산을 들여 복원한 문화유산이 단지 탐방객들의 관람거리로만 치부되는 상황을 만들지 않겠다는, 문화유산의 보전방안과 활용 마인드가 필요하다.

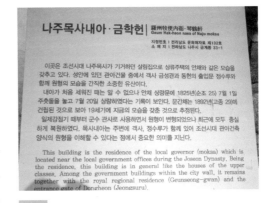

〈그림 12〉 금학헌 안내판

일전에 필자가 방문했던 나주시에서는 조선시대 때 나주목사가 기거했던 내아(內衙: 목사의 살림 집)인 금학헌(琴鶴軒)[16]을 활용하여 관광객들의 숙박과 더불어 다양한 전통체험을 맛볼 수 있도록 유도하고 있었다. 금학헌은 한옥으로서, 원래부터 나주읍성 안에 객사인 금성관(錦城館), 아문(衙門)인 정수루(正綏樓) 등과 함께 잔존하던 건물 중 하나로서

---

16) 현재 나주목사의 내아인 금학헌(나주시 금계동 33-1)은 전라남도 문화재자료 제132호로 지정되어 보존되고 있다.

정남향으로 배치된 ㄷ자형 건물이다〈그림 11~12〉[17]. 나주시에서는 일제강점기 때 훼손된 한옥 건물을 완전히 해체·복원한 후 2009년부터 숙박과 전통체험을 위한 공간으로 관광객들에게 제공하고 있는 것이다.

금학헌에는 크게 6개의 숙박 공간을 만들어 활용하고 있는데 유석증 방, 김성일 방, 인실(仁室), 의실(義室), 예실(禮室) 및 지실(知室)로 구분하여 숙박요금을 달리하고 있다. 특히 나주목사를 두 번 지낸 유석증(前 昔曾: 1570~1623년)과 나주목(羅州牧)에서 선정을 배푼 김성일(金誠一: 1538~1593년)을 추념하여 유석증 방(큰방, 작은방 및 작은 기실로 구성)과 김성일 방(두 칸짜리 방으로 구성)을 꾸민 후 관광객들에게 특별한 체험을 제공하고 있는 것은 매우 인상적이다.[18]

이처럼 나주목사의 내아를 활용한 관광객들의 숙박과 전통체험 시스템 구축은 서귀포시에서든, 제주특별자치도에서든 관련 행정기관에서 한번 시도해볼 만한 일이다. 더불어 고 정의현성 내에 목사가 집무했거나 살림집으로 이용했던 부속건물을 활용하여 다양한 체험거리와 숙박 경험을 유도하는 것은 도내외의 탐방객들에게 또 다른 즐길 거리가 될 수 있음을 염두해 둘 필요가 있다.

제4장 고 정의현성의 홍보 방안과 활성화 방안

제1절 고 정의현성의 홍보 방안

현 단계에서는 고 정의현성의 발굴 작업과 복원사업이 진행되지 않았기 때문에, 적

---

17) 나주시 홈페이지(www.naju.go.kr).
18) 나주시의 사례를 토대로 하면, 서귀포시(또는 제주특별자치도)에서는 고 정의현성의 축조에 기초를 제공한 당시 제주 안무사 오식(吳湜)이나 제주 판관 장합(張合) 등의 이름을 활용한 방(房)을 마련할 수 있을 것이다.

극적인 홍보 방안을 마련하기란 쉽지 않다. 따라서 홍보 방안은 현실적으로 활용하고자하는 단계에서 구체적이고 세부적인 계획을 세워야 하겠지만, 일단 여기서는 발굴 작업에 따른 복원사업 등 일련과정이 진행된 것을 전제하여 개략적인 틀에서나마 정리해 보고자 한다.

1. 고 정의현성 관련 홈페이지 개설

어떠한 관광지의 홍보나 마을의 홍보에서든 가장 기본적인 방법은 홈페이지를 개설하여 모든 방문객들이 쉽게 접근할 수 있도록 채널을 마련하는 것이다. 따라서 고 정의현성 전용 홈페이지를 개설하든지, 아니면 고성리 마을 홈페이지 내에 관련 사이트를마련하는 방법을 취할 필요가 있다. 나아가 고 정의현성 관련 홈페이지에는 부문별로나누어서 관련되는 주요 정보, 즉 '고 정의현성', '고성리 마을', '고성리 주민 생활문화'를기본으로 하고, '주변 관광지', '주요 맛집', '숙박시설' 등을 함께 소개하는 것이 바람직하다. 고 정의현성을 위한 전용 홈페이지라면, 서귀포시청 홈페이지 상의 주요 관광지와도 연계시켜 탐색이 가능하도록 도모해야 한다. 특히 유념해야 할 것은 홈페이지 내에QR CODE를 심어, 고 정의현성에 대한 주요 정보를 어디서든 쉽게 스마트 폰으로 확인하고 이용할 수 있도록 해야 한다는 것이다.

2. 고 정의현성 성곽 안내도 및 관광 안내 책자 발간

발굴과 복원사업이 완료되면, 홈페이지 개설 외에도 일단 성곽 안내도와 고 정의현성관광 소책자를 발간하여 제주도내 주요 관광지는 물론이고 제주공항, 제주항, 성산항, 행정기관(도청, 시청, 읍사무소, 이사무소 등), 숙박업소 및 식당(특히 성산읍 관내 소재) 등에 비치하는것이 바람직하다. 고 정의현성의 성곽 안내도나 소책자는 제주도내의 여러 유명 관광지를 소개하는 다양한 홍보용 지도나 책자들과 함께 비치하여, 제주 동부지역(특히 성산과 표선 방향)으로 발길을 돌리는 관광객들에게 반드시 탐방할 수 있도록 주지시켜야 한다.

관광 소책자에는 성산읍과 고성리의 간단한 역사를 시작으로 고성리 주민들의 생활문화, 주요 특산물, 주변 관광지, 고 정의현성의 축조와 이전 배경, 발굴 작업과정과 복원사업 내용, 고 정의현성에서의 주요 체험활동 등과 관련된 내용을 포함할 수 있으며, 나아가 성곽 안내도는 관광 소책자의 한 페이지로 크게 엮어내는 방안이 필요하다.

3. 우편(그림) 엽서 제작

한국의 유명 관광지의 사례에서도 흔히 볼 수 있듯이, 고 정의현성을 드론 촬영이나 위성 촬영한 사진을 바탕으로 우편(그림) 엽서를 제작하여 홍보할 수 있다. 우편(그림) 엽서에는 고 정의현성의 사계절 모습, 성곽과 주변의 감귤 과수원, 탐방객의 성담체험 모습, 고 정의현성과 성산일출봉, 성곽 내부에서의 주요 행사 장면, 발굴 중간 모습, 복원 중간 모습 그리고 발굴과정에서 출토된 다양한 유물 등 특정 주제를 배경으로 담아낼 수 있다.

이 우편(그림) 엽서를 적극적으로 활용하기 위해서는 복원된 성곽 입구나 내부에 우체통을 설치하고, 고 정의현성에서의 체험담이나 탐방 감상을 적어 가족과 친구들에게 직접 부칠 수 있도록 마련하면 더욱 효과적이다. 더불어 성곽 입구나 내부에 우표를 지정·판매할 수 있는 상황이라면 금상첨화라 할 수 있다.

4. SNS를 통한 홍보

최근에 많은 젊은 사람들에게 손쉽게 다가갈 수 있는 방법은 SNS(Social Netwok Service)를 활용하는 방법이다. 대표적인 SNS는 페이스북(facebook), 카카오톡(kakaotalk), 인스타그램(instagram) 등을 들 수 있는데, 이들을 활용하여 고 정의현성의 복원된 성곽과 관아 건물 모습, 성곽과 그 주변부의 사계절 변화 모습, 고성리 주민들의 활력 넘치는 다양한 행사 등을 동영상이나 사진으로 담아 시시각각으로 홍보할 수 있을 것이다. SNS를 활용한 홍보는 아주 저렴하면서도 가장 강력한 전파력으로 큰 효과를 노릴 수 있는 방안이기도 하다. 필요에 따라서는 마을 내에서 SNS 상에 뜨는 내용들을 수시로 체크하고 필요한 정보들을 곧바로 탑재할 수 있는, 능력 있는 전담자가 필요할 수도 있다. 더불어 기회가 된다면, 네이버(Naver)나 다음(Daum)과 같은 포털 사이트에 배너(Banner) 창을 마련하는 것도 한 가지 방법이다.

5. 유치원생·초등학생의 소풍 장소 또는 체험학습 장소로 홍보

장기적인 관점에서 고 정의현성에 방문객을 유도할 수 있는 방안 중의 하나는 유치원생이나 초등학생들의 소풍 장소나 체험학습의 장소로 제공하는 것이다. 최근에 유치원생과 초등학생의 경우에는 야외에서 체험학습을 행하는 횟수가 매우 많아졌다. 따라서 일차적으로는 성산읍 관내의 공립, 사립 유치원을 포함한 초등학교(성산초, 동남초, 수산초 등)에 안내문과 안내 책자를 발송하여 홍보할 수 있으며, 필요에 따라서는 제주특별자치도교육청이나 제주시교육지원청 및 서귀포시교육지원청에 소풍 장소나 체험활동의 장소로 활용해 달라는 협조문을 발송할 수도 있다.

유치원생이나 초등학생의 소풍 또는 야외 체험활동의 장소로 제공하는 경우에는 특히 유치원생과 초등학생들이 행할 수 있는 다양한 체험유형과 유형별 활동시간 등을 구체적으로 소개해야 한다. 나아가 소풍이나 체험활동에 필요한 여러 가지 필요한 사항들을 적극 해소할 수 있는 창구도 마련되어야 한다.

6. 고성 8경 또는 성산 10경을 지정, 대표 브랜드로 홍보

전국적으로 산세가 빼어나거나 경관이 아름다운 지역에는 '○○ 8경', '○○ 9경', '○○ 10경' 등으로 대변되는 지역명소가 있다. 말하자면, 해당 지역에서 '가장 가볼 만한' 혹은 '가장 아름다운' 경치나 장소를 엄선하여 그 지역을 알리는 대표 브랜드로 활용하는 것이다. 따라서 고 정의현성을 '성산 8경'이나 '성산 10경' 등에 포함해 홍보하는 방안도 실현 가능한 방법 중 하나이다. 이미 제주도에서도 '영주 10경'을 비롯하여 '우도 8경'이나 '고산 8경' 등이 해당 지역을 알리는 관광 브랜드로 활용되고 있다.

만약에 이 홍보방안을 채택하여 활용하고자 한다면, 우선 마을주민들과 성산읍(사무소)의 협조를 받아, '고성 8경'과 '성산 10경'에 해당하는 빼어난 경치나 아름다운 장소를 공모할 필요가 있다. 가령 고성리(고성 8경)로 지역을 한정한다면, 고 정의현성을 포함하여 수산봉수(대수산봉), 광치기해안 및 섭지코지 등을 포함하는 것이 바람직하다. 더불어 지역을 성산읍('성산 10경')으로 확대한다면, 성산일출봉을 시작으로 고 정의현성과 섭지코지 등을 반드시 포함하는 것이 바람직하다.

〈표 6〉 서산시 지역 홍보를 위한 서산 9경, 서산 9품, 서산 9미

구분	해당 요소
서산 9경	1경: 해미읍성, 2경: 마애여래삼존상, 3경: 간월암, 4경: 개심사, 5경: 팔봉산, 6경: 가야산, 7경: 황금산, 8경: 서산하우목장, 9경: 삼길포항(항구)
서산 9품	1품: 6쪽 마늘, 2품: 생강, 3품: 뜸부기쌀, 4품: 서산갯벌낙지, 5품: 서산 6년근 인삼, 6품: 달래, 7품: 황토 알타리 무, 8품: 팔봉산 감자, 9품: 감태
서산 9미	1미: 꽃게장, 2미: 서산어리굴젓, 3미: 게국지, 4미: 밀국낙지탕, 5미: 서산우리한우, 6미: 우럭젓국, 7미: 생강한과, 8미: 마늘각시, 9미: 영양굴밥

출처: 서산시 홈페이지(www.seosan.go.kr).

　　해미읍성(海美邑城)이 속해 있는 서산시(瑞山市)에서는 2012년부터 '서산 9경(景)'을 시작으로 '서산 9품(品)' 및 '서산 9미(美)'를 대표 관광 브랜드로 지정하여 지역홍보를 강화하고 있다〈표 6〉. 특히 서산 9경에는 서산을 대표하는 관광명소를 배경으로 빼어난 자연경관과 역사문화유산을 고르게 포함하고 있음에 주목할 필요가 있다. 이를 계기로, 서산시는 '2016년 소비자 평가 No. 1 브랜드 대상 시상식'에서 문화관광 브랜드 부문에서 당당히 대상을 수상하기도 했다.[19]

　　이상과 같은 서산시의 사례에서 확인할 수 있듯이, 고성리나 성산읍에서도 고 정의현성의 발굴과 복원사업을 계기로, '고성 8경', '고성 8품', '고성 8미'나 '성산 10경', '성산 10품', '성산 10미' 등을 지정하여 관광객들에게 한층 더 강화된 홍보활동을 펴나갈 필요성이 있다.

7. 향토유적보존회의 구성과 활용

　　고 정의현성의 발굴과 복원사업이 순조롭게 진행되어 고성리의 주요 관광지나 성산읍의 또 다른 관광지로 활용하고자 한다면, 일단 마을 내에 가칭 '고성리 향토유적보존회'

---

19) 서산시 홈페이지(www.seosan.go.kr).

등과 같은 새로운 조직을 구성할 필요가 있다. 새롭게 구성되는 조직은 복원된 고 정의 현성을 방문하는 다양한 계층에게 방문 목적을 충족시키기 위해서도 반드시 필요하다.

가칭 '고성리 향토유적보존회'의 조직은 기존에 마을조직으로 구성된 '노인회'를 시작으로 '부인회(부녀회)'와 '청년회' 등의 회원들 중 희망자를 선정하여 조직할 수 있을 것이다. 이와 더불어 새롭게 구성된 회원들의 역할과 책임을 명확하게 부여할 수 있는 시스템 구축도 필요하다. 가령 고성리나 고 정의현성의 역사와 설촌 유래 등을 설명하고 마을 내의 여러 장소로 안내할 수 있는 회원들(특히 노인회 회원), 홍보활동과 함께 성곽 내외부에서 몸을 활발히 움직이며 체험활동을 유도하는 회원들(청년회 또는 부인회 회원), 또 필요에 따라 고성리의 특산품을 판매하거나 농원체험에 참여할 수 있는 회원들(부인회 또는 전 회원) 등이 필요할 것이다. 따라서 '고성리 향토유적보존회'에는 몇 개의 하부 조직을 구성하여 개별 조직 단위로 역할과 책임을 수행하도록 하는 것이 효율적이다.

장기적으로는 가칭 '고성리 향토유적보존회' 조직이 고 정의현성의 관광 활성화를 위한 재정 조달 방안을 수립할 수 있다면 더욱 좋을 것이다. 고 정의현성의 관광 활성화를 위해 다양한 프로그램을 구안하여 수행하는 과정에서는 단순히 행정기관(성산읍 또는 서귀포시)의 재정적 도움만으로는 지탱해 가기가 어려울 수 있다는 배경을 이해할 필요가 있다.

제2절 활성화 방안(1): 다른 지역의 사례를 통한 벤치마킹

1. 고창읍성의 사례

가. 고창읍성 현황

고창읍성은 전라북도 고창군 고창읍 성두리에 위치하는 읍성으로 단종 원년(1453)에 외침을 막기 위하여 축성되었다. 1965년 4월 사적 제145호로 지정되었다〈그림 13〉. 고창 읍성은 일명 모양성(牟陽城)이라고도 부르며 둘레 1,684m, 높이 4~6m, 면적은 165,858

㎡(50,172평)이다. 고창읍성은 동·서·북문과 3개의 옹성(甕城) 및 6개의 치성(雉城) 그리고 읍성 주변의 해자(垓字) 등을 갖추고 있다. 읍성의 축조 당시에는 동헌과 객사 등 22동의 관아건물이 건립된 것으로 전해지나 이후 전화(戰禍) 등으로 소실되었고, 1976년부터 성곽과 건물 14동을 복원·정비하여 현재에 이르고 있다.[20]

〈그림 13〉 고창읍성 정문인 공북루(拱北樓)

나. 고창 모양성제의 프로그램

고창군에서는 고창읍성(모양성)을 배경으로 매년 10월에 '고창 모양성제'를 개최하고 있는데, 올해로 45회째를 맞이하면서 많은 관광객들을 유인하고 있다. 고창 모양성제의 주요 프로그램으로는 ① 모양성제 거리퍼레이드(개막 출정식)를 시작으로 ② 축성 참여 고을기 올림, ③ 원님 부임행차, ④ 답성놀이〈그림 14〉, 강강술래 재현 및 체험, ⑤ 조선시대 병영문화 재현과 체험, ⑥ 천하택견명인전 등이 있

〈그림 14〉 고창읍성 답성놀이 출발점

다. 또 이와는 별도로 '모양성 사진촬영대회'(축제 후에 당선작 발표 및 시상), '모양성 그리기 대회'(고창관내 중학생 이하 청소년 대상), '모양성 전통문화체험'(나도, 비나 돌리기, 전통놀이, 판소리 배우기, 짚신·미투리 체험 등), '경로 효 잔치'(65세 이상 점심 대접), '상설 거리 공연'(모양성 난장,

---

20) 고창군 홈페이지(www.gochang.go.kr).

'야간 소무대 공연' 등을 다채롭게 도입하고 있다. [21]

다. 고 정의현성의 관광활동·교육활동 활성화를 위한 벤치마킹 포인트

고창 모양성제는 이미 오래전에 사적지로 지정된 배경 속에서 다양한 프로그램의 구안을 통해 축제가 안정적으로 행해지고 있음을 확인할 수 있다. 축제의 프로그램은 위에서 소개한 바와 같이 다양성이 돋보이나, 고 정의현성의 관광과 교육활동을 위한 벤치마킹 포인트로서는 '모양성 사진촬영대회'와 '모양성 그리기 대회', 경로 '효' 잔치에 주목할 수 있다. '모양성 사진촬영대회'와 '모양성 그리기 대회'에서는 프로그램의 참여 대상을 고성리 주민에서부터 성산읍민, 서귀포시민, 제주도민 또는 초등학생과 중학생만으로 한정하거나 확대할 수 있으며, 이와는 반대로 도외 거주의 관광객만으로 한정하여 시행할 수도 있다. 경로 '효' 잔치는 제주도가 과거로부터 장수자가 많았다는 사실을 근거로 할 때, 앞으로 고 정의현성의 관광 활성화와 관련하여 어떤 형태로든 활용할 만한 가치가 있는 것으로 판단된다. 이미 1702년의 기록화라 할 수 있는《탐라순력도》〈정의 양노〉에는 이와 관련된 근거도 제시되어 있다.

2. 해미읍성의 사례

가. 해미읍성의 현황

해미읍성은 충청남도 서산시 해미면 읍내리에 위치한 읍성으로, 태종 14년(1414)부터 세종 3년(1421)에 걸쳐 축성된 것으로 알려지고 있다〈그림 15〉. 성곽 주위에 탱자를 심어 방어에 임했던 해미읍성은 일명 '탱자성'으로도 통하는데, 1579년에는 이순신 장군이 군관으로 부임하여 약 10개월간 근무했던 곳으로도 널리 알려져 있다. 해미읍성은 성곽의 둘레가 1,800m, 높이 5m, 그리고 면적은 194,000㎡로서 1963년 1월 사적 제116

---

21) 고창군 홈페이지(www.gochang.go.kr).

<그림 15> 해미읍성 진남문 부근 성체(城體)　　　　　　<그림 16> 해미읍성 관아시설(동헌, 내아 등)

호로 지정되었다. 해미읍성에는 동·서·남문과 2개의 옹성, 객사, 동헌, 수상각 등 다양한 관아건물들이 있었으나 모두 파괴되었고 현재는 3개의 성문과 동헌(내아 포함), 객사, 옥사(獄舍), 민속가옥(3동) 등을 복원하여 활용하고 있다<그림 16>. 특히 해미읍성은 1866년 천주교 박해(병인박해) 때 1,000여 명의 신자들이 심한 고문과 처형을 당한 장소로도 널리 회자되고 있다.

나. 서산 해미읍성축제의 프로그램

서산시에서는 해미읍성을 기본 아이템으로 매년 10월 서산 해미읍성축제를 개최하고 있으며, 2017년 16회째를 맞이하고 있다<그림 17>. 해미읍성축제의 주요 프로그램은 ① 공식 프로그램(고유제, 개막식, 폐막식), ② 기획 프로그램(태종대왕 행렬 및 장무 재현, 해미읍성 군사 심벌 순라 행렬), ③ 주제 프로그램(읍성 장터마당, 민속놀이마당, 읍성 체험마당, 읍성 생활마당), ④ 공연 프로그램(지접놀이, 서산 박첨지놀이[충남무형문화재 26호], 심화영의 승무[충남무형문화재 27호], 전통 문화공연, 전통 국악한마당, 어린이 인형극, 호야 마당극[천주교 박해 공연극]), ⑤ 경연 프로그램(서산시 청소년 풍물 경연대회, 서산시 농악풍물 경연대회), ⑥ 상설 프로그램(연 전체험, 닭거리[소달구지, 승마] 체험, 상설 장터 체험), ⑦ 기타 연계프로그램(서산시 홍보부스, 서산시 농·축산물 판매, 국

〈그림 17, 좌〉 해미읍성축제 포스터 출처: www.haemifest.com
〈그림 18, 우〉 해미읍성 축제의 하나인 태종대왕 행렬 출처: www.haemifest.com

내외 관광안내 해설, 시티투어(3인2H) 등으로 세분되어 행해지고 있다.[22]

다. 고 정의현성의 관광활동·교육활동 활성화를 위한 벤치마킹 포인트

서산 해미읍성축제에서도 서산시의 일정한 재정적 투자와 행·재정적 지원을 바탕으로 다양한 프로그램들이 3일간에 걸쳐 행해지고 있음을 확인할 수 있다. 조선시대 읍성이니만큼 태종대왕을 모시는 행렬〈그림 18〉이나 강무 재현을 기획 프로그램으로 도입한 것이나 공연 프로그램으로서 충남무형문화재로 지정된 서산 박첨지놀이(양반 중 자극)와 심화영의 승무, 그리고 역사적 사건인 천주교 신자 박해를 모티브로 한 호야 마당극 등의 도입은 서산 해미읍성축제에서 돋보이는 프로그램으로 이해할 수 있다.

22) 서산 해미읍성축제 홈페이지(https://www.haemifest.com)를 참조한 것이며, 프로그램은 2017년 10월에 행해진 축제 내용이다.

그렇지만 서산 해미읍성축제의 프로그램에서 현실적으로 고 정의현성의 관광 활성화를 위한 벤치마킹 포인트는 읍성 장터마당이나 농·축산물 판매 정도로 범위를 좁히는 것이 좋을 것으로 판단된다. 다른 프로그램들의 경우에는 특별한 무대시설이나 장인 또는 전문가 등을 동원해야 하는 문제로 다소 거리감이 있는 것으로 판단된다. 아울러 서산 해미읍성축제에서는 주민 참여 프로그램이 상대적으로 많은 것으로 확인된다. 따라서 고 정의현성의 관광 활성화를 꾀하는 과정에서도 주민 주도형 프로그램이나 주민 참여형 프로그램을 다각도로 모색하는 작업이 필요할 것으로 판단된다.

3. 낙안읍성의 사례

가. 낙안읍성 현황

낙안읍성은 전라남도 순천시 낙안면 동·서·남내리에 위치하는 읍성으로, 태조 6년(1397)에 축성되었다〈그림 19〉. 최초에 성곽은 토성으로 구축되었으나, 세종 6년(1424)에 석축으로 수축하면서 성곽의 규모도 확대된 것으로 파악된다. 낙안읍성은 대한민국의 3대 읍성 중 거의 유일하게 읍성 안에 여러 채의 민가가 남아 있고 실제로 98세대 230여 명(2017년 현재)의 주민들이 거주하는 곳이기도 하다〈그림 20〉. 성곽의 길이는 1,410m, 높이 4.2m, 성내 면적은 135,597㎡이다. 낙안읍성의 성문은 동문(낙풍루), 남문(쌍청루 또는 진남루), 서문(악추문; 현재는 터만 잔존) 등 3곳에 있었고, 옹성은 없었으며 적대(敵臺)는 4개를 설치했던 것으로 전해진다. 그리고 읍성 안에는 식수와 생활용수로 사용하는 우물과 연못이 각각 3곳씩 있었다고 한다. [23)]

현재 낙안읍성에는 동헌과 내아, 객사, 낙민루, 옥사, 임경업 장군 비각 그리고 동문과 남문 등이 잔존하고 있거나 복원되어 있으며, 1983년 6월 사적 제302호로 지정되었다. 읍성 안에는 문화재 13종이 보전되고 있는데, 중요민속자료(가옥) 9동, 노거수, 객사,

---

23) 네이버 지식백과(http://terms.naver.com) 등에 의해 필자 재구성.

임경업 장군비 등이 그것들이다. 낙안읍성은 2011년 세계문화유산 잠정목록으로도 지정되었으며, 매년 120만 명 정도가 찾는 반도부의 주요 관광지이기도 하다.

나. 낙안읍성 민속문화축제의 프로그램

순천시에서는 낙안읍성을 배경으로 1994년부터 매년 10월에 낙안읍성 민속문화축제를 개최하고 있다. 낙안읍성 민속문화축제의 프로그램은 크게 ① 문화행사(낙안 두레놀이, 한복패션쇼 등), ② 공연행사(가야금 병창, 기획공연 등), ③ 경연행사(전국 팔씨름대회, 씨름대회 등), ④ 체험행사(큰줄다리기, 낙안읍성 백중놀이, 성과 쌓기 재현, 전통혼례식, 두루미 송편 만들기 등), ⑤ 일일상설(천연염색, 한지, 도예, 목공예, 짚풀공예, 대장간 등), ⑥ 놀이마당(투호, 팽이, 대형 윷, 장군 작도기, 동전치기, 굴렁쇠, 순천시 전통음식 페스티벌 등)으로 구성되어 있다.[24] 그리고 이와는 별도로, 매년 축제기간을 전후하여 전국 사진 촬영 대회(낙안읍성 사계 기록사진, 민속문화축제 장면 사진)를 진행하고 있다.

〈그림 19〉 낙안읍성 동문(낙풍루)과 성벽

다. 고 정의현성의 관광활동·교육활동 활성화를 위한 벤치마킹 포인트

낙안읍성 민속문화축제에서도 다양한 공연과 체험 및 기획 프로그램을 중심으로 활발하게 진행하고 있음을 확인할 수 있다. 더불어 앞에서 살펴본 고창 모양성제와 서산 해미읍성축제에 등장하는 유사한 프로그램이 다수 발견되기도 한다.

낙안읍성 민속문화축제에서 고 정의현성의 관광 활성화를 위한 관점에서의 벤치마

---

24) 순천 낙안읍성 홈페이지(http://www.suncheon.go.kr/nagan).

〈그림 20〉 낙안읍성의 민가(남문 방향)

킹 포인트는 체험행사의 하나로 진행되는 '성곽 쌓기 체험'과 '순천시 전통음식 페스티
벌'에 주목해 볼 필요가 있을 것으로 판단된다. 이들 중 '성곽 쌓기 체험'은 낙안읍성 홈
페이지에 상세히 소개되지 않아 구체적인 내용은 확인할 수 없으나, 낙안읍성의 축성과
관련지어 '일정한 장소에서 성담을 옮기며 쌓아올리는 체험'으로 추정된다. 이러한 체
험행사라면, 고 정의현성의 관광 활성화를 위해서도 한번 시도해 볼 수 있는 좋은 프로
그램으로 생각되며, 필요에 따라서는 성산읍 관내 마을주민들의 경연대회로 부각시키
면서 우승과 준우승 마을을 선발하는 형식으로 진행할 수 있을 것으로 여겨진다. 물론
성담 쌓기의 구간과 높이, 쌓는 시간을 포함한 일정한 규칙을 정하고, 동시에 부상이나
상금과 관련된 수상 내역과 수여자(성산읍장, 서귀포시장 등) 등도 특별히 정하여 관심도를

한층 끌어올릴 수 있다.

'순천시 전통음식 페스티벌'은 순천에서 생산되는 농수산물을 재료로, 고유한 방법으로 조리된 음식을 전시하거나 판매하는 프로그램이며 2014년부터 도입되었다.[25] 따라서 고 정의현성의 관광 활성화를 위한 프로그램의 하나로 성산읍의 향토재료와 조리방법 또는 서귀포시(또는 제주도)의 향토재료와 조리방법을 바탕으로 관광객들이나 방문객들에게 선보일 수 있을 것으로 판단된다. 그러나 제주도 내의 여러 축제에서도 많이 선보이는 행사이거나 프로그램 중 하나이기도 하기 때문에, 좀 더 색다른 방안을 도입할 필요성이 있을 것으로 판단된다.

제3절 활성화 방안(2): 성산읍 및 제주도의 지역성을 배경으로 한 활성화 방안

1. 고성리(또는 성산읍) 우수 특산품 선발대회

성산읍 관내에서는 감귤을 시작으로 무, 브로콜리, 감자, 당근, 콩, 키위 등 많은 농산물을 생산하고 있다.[26] 따라서 성산읍 관내에서 생산되는 다양한 농산품을 선발하는 형식의 프로그램을 도입할 수 있다. 물론 고 정의현성을 배경으로 행하는 축제 프로그램의 일환으로 진행할 수도 있겠지만, 처음 단계에서부터 축제를 개최하는 것은 행정적·재정적 측면을 고려해 볼 때 무리일 수도 있기 때문에, 1년에 한 번꼴로 고 정의현성 성내에서 마을 단위로 또는 개인농가 단위로 직접 생산한 농산품을 선발하는 형식의 행사로 진행하면 좋을 것으로 판단된다.

우수 특산품 대회에서는 예를 들어 '가장 큰' 또는 '가장 당도가 높은' 등의 특산물을 지정할 수도 있고, 역으로 '가장 못생긴' 혹은 '가장 이상한(해괴한)' 등의 생산물로 평소에 일반인들이 생각하지 못하는 것을 선발할 수도 있다. 나아가 특산품을 선발하는 과정에

---

25) 순천 낙안읍성 홈페이지(http://www.suncheon.go.kr/nagan).

26) 정광중, 2010, 〈인문환경의 여러 특성〉, 《성산읍 역사문화지》, 한국문화원연합회 제주특별자치도지회, 39-84쪽.

서는 전문가에 더하여 관광객이 직접 품평회의 심사에 참가하도록 하는 방법도 좋을 수 있다. 즉, 관광객들이 직접 보고 만지거나 맛을 본 후에 작은 스티커 등을 이용하여 마음에 드는 특산품을 선택하도록 하면 되는 것이다.

2. 연날리기 경연대회 개최

제주도는 바람 많은 섬이다. 따라서 복원된 고 정의현성 내에서 정기적으로 연날리기 대회를 개최함으로써 고 정의현성의 홍보 기제로 활용하면서 관광 활성화를 꾀할 수 있다. 예로부터 연날리기는 가장 단순한 전통놀이이자 게임이기 때문에 어린아이에서부터 어른까지 모두가 즐길 수 있는 장점을 가지고 있다. 더불어 특별한 무대 장치나 시설이 필요하지 않기 때문에, 행사 시마다 놀이와 게임(연싸움)을 통해 참가자들의 즐거움은 물론 고 정의현성의 역사와 문화를 알리는 데도 매우 효과적으로 활용할 수 있을 것이다. 예를 들어 연 꼬리에 고 정의현성의 관광 발전을 위한 문구를 새겨 넣을 수도 있으며, 또한 고 정의현성을 그려 넣은 바탕지를 사용하여 방패연이나 가오리연을 제작할 수도 있다. 필요에 따라서는 고성리 주민들 중에서 연을 잘 만드는 장인을 몇 명 뽑아 직접 제작하게 하고, 저렴한 가격으로 판매하는 방법을 취할 수도 있다.

나아가 성곽 너머로 여러 가지 형태의 연들을 날리는 과정에서는 소원지(所願紙)를 매달아 개별 가정과 가족의 소망과 희망을 실어 보낼 수도 있다. 본격적으로 연날리기 대회를 행하는 과정에서는 초·중등부 경연, 서귀포시 관내 학교(초·중등부) 대항 경연, 그리고 직접 제작한 연 중에서 가장 멋있는 연 뽑기 등 다채롭게 진행할 수도 있다.

3. 미니 장터 개설 운영

최근 제주에는 많은 이주민들이 들어오고 있다. 이들은 자신들의 네트워트(network)를 통하여 손수 만든 물건들을 교환하거나 서로 내다 파는 형식의 놀이장터, 즉 플리마켓 또는 아트마켓을 개장하여 지역사회에 많은 반향을 불러일으키고 있다. 이를테면 일출반달장(오조리), 벨롱장(세화리), 심심한 밤 배고픈 밤(이도1동), 벼룩시장 놀맨(상가리), 소랑장(법환동) 등이 대표적이다.[27] 이들 놀이장터는 주로 이른 새벽이나 오전 한때를 이용하여 '깜짝' 장을 열다가 마감하는 특징을 지닌다.

이와 같은 이주민들의 놀이장터를 모델로 하여, 고 정의현성의 복원이 이루어진다면 복원시점을 기념 삼아 '미니장터 개설과 운영'을 추진할 수 있을 것으로 생각된다. 미니장터는 '오일장'과는 성격과 주체를 다르게 구성해야만 한다. 판매 대상이나 판매물건 등에 대한 범위를 규제할 수도 있지만, 고 정의현성을 알리고 관광 활성화를 위한 차원에서 행하는 '특설' 미니 장터이기 때문에, 여러 모로 기발한 아이디어를 동원할 수 있어야 한다. 물론 장터가 서는 장소는 복원된 성곽 내부이어야 하며, 장날은 1주일에 1~2회, 시간대는 협의에 따라 정할 수 있겠지만, 경우에 따라서는 야간 시간대를 활용하는 것도 한 가지 방법이라 할 수 있다. 만약에 야간 미니 장터로 탄생된다면, 다소의 먹거리도 판매할 수 있을 것이다. 개설되는 미니 장터의 이름은 마을주민들의 의견을 바탕으로 특색 있는 장터 명을 지으면 좋을 것이다.

4. 봉홧(연댓)불 재현

고 정의현성 북서쪽에는 연대 터(2360-5번지 부근)가 아직도 남아 있다. 마을 어른들은 대개 '묵은 연디'라고 부르고 있는데, 이 연대도 모양새 좋게 복원할 필요가 있을 것이다. 만약에 연대가 복원된다고 가정한다면, 1년에 한 번 정도 특별한 행사시에 연댓불을 피워 올려 과거의 풍취를 살려보는 것도 좋을 것으로 판단된다. 연댓불은 단지 한 곳에서만 피워 올리면 별 감흥이 없을지 모른다. 따라서 성산읍 관내 오소포연대-수산봉수-고 정의현성 또는 협자연대-수산봉수-고 정의현성 등과 같이, 몇 지점을 서로 연결하여 신호를 주고받는 형식으로 추진할 수 있다면 한층 분위기가 살아날 수 있을 것이다. 하지만 연댓불을 실현하는 과정에서는 여러 가지 난제에 맞닥뜨릴 수도 있다. 가령 문화재로 지정된 연대(오소포 및 협자연대)나 산불 위험도가 높은 오름(대수산봉) 위에서 실제로 불을 피울 수 있을지 여부 등 분명히 실현성을 놓고 논란이 일어날 수도 있다. 그

---

27) 정광중, 2015, 〈제주 이주민의 실태와 동향 그리고 시사점〉,《地間》여름호, 13.

렇지만, 무슨 일이든 '궁(窮)하면 통하는 법'이다. 문화재 파괴나 산불 위험이 높다고 한다면, 불을 피우고 쉽게 진화할 수 있는 원형 또는 사각 형태의 철제 용기를 제작하여 사용하는 방법을 고려해 볼 수도 있는 것이다. 현시점에서는 오랜 과거로 돌아가는 일이 그리 간단치 않다는 사실을 사전에 충분히 이해할 필요가 있다.

5. 고 정의현성 그리기 대회

고 정의현성이 복원된다면, 복원된 성문과 문루를 비롯하여 동헌, 객사, 내아, 옥사 등의 건물, 또 길게 휘돌아가는 성곽, 그리고 특정 행사를 가진 후의 장면 등을 그리는 이벤트도 때때로 필요하다. 무엇보다도 중요한 것은, 성장하는 어린 학생들에게는 과거의 유산을 제대로 이해하고 학습 자료로도 자주 활용할 수 있어야 한다는 것이다. 읍성이나 경치 등을 그리는 사생(寫生) 대회는 도내의 행사에서도 간혹 행해지기도 하고, 또 다른 지역의 축제 사례에서도 흔하게 접할 수 있는 방법 중 하나이기는 하다.

그러나 새롭게 복원된 고 정의현성을 홍보하고 앞으로 자주 활용해야 한다는 취지에서는 유치원생이나 초등학생들이 자주 찾아올 수 있는 기회를 제공하는 것은 매우 중요하다. 따라서 정기적으로 초등학생 이하를 대상으로 한 고 정의현성 그리기 대회는 가능하다면 자주 갖는 편이 좋을 것으로 판단된다. 나아가 학생들의 작품들은 나중에 일정 장소에 전시하거나 그림엽서를 제작하는 자원으로도 활용할 수 있어야 한다.

제5장 맺음말

이 글에서는 성산읍 고성리에 위치하는 고 정의현성에 대하여 문화재로서의 지정 가능성과 함께 향후 적극적인 발굴과 복원사업을 전제한 관광 활성화 방안에 주안점을 두고 논의를 전개해 왔다. 그런데 이 원고를 작성하는 시점에서는 고 정의현성의 관광 활성화 방안이나 홍보 방안 등을 마련하는 것이 사실상 시기상조라는 이미지를 지울 수 없다.

그렇기 때문에 여기서는 어디까지나 고 정의현성이 공식적인 발굴은 물론이고 그 후

속 절차에 따른 복원사업이 본격적으로 진행된다는 전제를 배경으로 논의할 수밖에 없으며, 이 글의 허점은 바로 그런 전제와 연관되어 있음을 이해할 필요가 있다.

아래에서는 앞에서 논의된 핵심내용을 근간으로 하면서, 고 정의현성의 문화재적 가치가 다른 도 지정 문화재에 못지않게 중요한 지위를 점하고 있으며 따라서 계획적인 발굴과 복원 이후에는 관광 활성화가 충분히 가능하다는 사실을 부각시켜 정리해 보고자 한다.

고 정의현성은 그동안 제주도민들의 뇌리에서는 철저히 망각된 조선시대의 성곽이다. 그렇기에 지금까지도 고 정의현성에 대해서는 학술적 조명이나 발굴은커녕 본격적인 학술적 논의조차 없었다. 이러한 상황을 놓고 생각할 때, 오랜 세월 동안 고 정의현성을 돌보지 못하고 더욱이 문화재적 가치에 대한 평가절하의 사고를 취해온 제주도민들은 스스로가 방임죄를 더하는 상황을 만들어왔다.

고 정의현성은 이미 지정·보존되고 있는 도 지정 문화재나 향토유산과 비교해 보더라도, 더욱이 기능이 유사한 방어유적과의 상대적인 비교 관점에서도 문화재적 가치가 결코 뒤떨어지지 않는다는 것이 필자의 생각이다. 고 정의현성은 대한민국 내에서도 조선시대 초기에 축조된 성체의 원형을 온전히 간직한 성곽이라는 사실을 명심할 필요가 있다. 물론 일부 구간은 이미 훼손되거나 파괴된 상태이지만, 잔존하는 구간의 성체만큼은 1416년에 축조된 이후의 모습을 그대로 간직하고 있다는 사실이다. 결과적으로 생각하면, 전국 어느 곳에 남아있는 성체보다도 조선시대 초기의 성체를 연구하고 복원하는 데 기초적인 정보를 제공할 수 있다는 배경을 이해해야만 한다. 반대로 오늘날까지 잔존하고 있거나 복원된 제주도 및 육지부의 성곽들은 조선시대 내내 수축 또는 개축하면서 사용해왔기 때문에, 조선시대 초기의 성곽 형태가 고스란히 남아 있지 않다는 것이다.

따라서 결론은 명백하다. 비록 늦었지만, 지금이라도 고 정의현성에 대한 학술적인 조명작업과 더불어 문화재적 가치 재설정 작업이 필요하다. 또한 문화재로서의 지정 여부를 조속히 검토해야 한다. 선후작업이 되겠지만, 정밀한 발굴 작업이 병행되어야 함은 물론이다. 이러한 과정에서 학술대회를 통하여 고 정의현성이 지니는 역사적 가치,

학술적 가치, 유산적 가치 그리고 활용적(관광·교육활용의 관점) 가치 등의 평가작업과 함께 제주도민들의 의견을 다방면으로 수렴하는 과정도 반드시 밟아 나가야 한다.

고 정의현성의 학술적인 조명과 본격적인 발굴 그리고 복원사업이 이루어진다면, 관광자원이나 교육자원으로서의 활용은 필수불가결한 사안이 될 것이다. 한 가지 분명한 사실은 관광자원이나 교육자원으로서의 활용단계는 '학술적 조사와 조명-본격 발굴-원형 보전(주로 북쪽 구간) 및 훼손된 성곽(주로 남쪽 구간)과 관아건물의 부분 복원' 등의 과정이 전제되어야 한다는 사실이다.

고 정의현성의 관광 활성화 방안에 대해서는 다소 단순한 형태이지만, 관광과 교육활용 탐방을 전제한 5개 코스의 개발과 함께 탐방 코스의 특징과 매력, 조건 등을 담았다. 그렇지만 고 정의현성의 본격적인 관광 활성화 방안은 발굴과 복원 사업이 진행된 이후에 새로운 관점에서 접근하는 것이 한층 더 바람직할 것으로 생각된다. 아울러 본고에서는 고 정의현성의 관광 활성화 방안과 관련하여 홍보 및 자원 활성화 방안도 제안하였는데, 이들은 제주도나 육지부의 다른 유적지는 물론 유사 관광지의 사례를 참고하여 제안한 것이다. 이들 홍보 방안이나 자원 활성화 방안도 좀 더 시간적인 여유를 가지고, 고 정의현성의 총체적인 관광 활성화 방안을 심도 있게 논의할 때 보다 효율적이고 현실적인 연계 대안을 마련할 수 있을 것으로 판단된다.

끝으로 현재 잔존하는 고 정의현성이나 앞으로 복원되는 정의현성은 제주도민들의 공동체 정신과 전통문화를 되살릴 수 있는 소중한 역사자원이자 공동유산이 될 것이다. 나아가 자라나는 청소년들에게는 조선시대 제주의 역사와 문화에 대한 학습자원으로서의 역할은 물론, 선조들의 지리적 환경에 대한 현명한 이용을 터득할 수 있는 나침판 역할을 담당하게 될 것이다.

강만익, 2010, 〈전근대의 역사유적〉, 《성산읍 역사문화지》, 한국문화원연합회 제주특별자치도지회, 175-203.

강정효, 2009, 〈제주 신당의 보전 및 활용방안〉, 《(사)제주전통문화연구소 문화정책세미나 자료집》, 제주전통문화연구소, 33-60.

경상문화재연구원(재), 2017, 〈제주도 서귀포시 성산읍(서귀포 성산지구) 국민 임대주택 건설사업 부지 내 유적 발굴조사〉(약식보고서 제258책).

金明徹, 2000, 〈朝鮮時代 濟州島 關防施設의 研究-邑城·鎭城과 烽燧·煙臺를 중심으로-〉, 濟州大學校 大學院 碩士學位論文.

金順伊·韓林花·文武秉·金京植·吳成贊, 1987, 《古城里》(제주 동부의 핵심 마을), 도서출판 반석.

남제주군, 1996, 《남제주군의 문화유적》, 남제주군·제주대학교박물관.

남제주군·제주문화예술재단 문화재연구소, 2004, 《고정의현성-비지정 문화재 학술조사 보고-》.

남제주문화원, 2007, 《남제주 문화유적-대정읍·남원읍·성산읍·안덕면·표선면-》.

성산읍, 2005, 《성산읍지》.

정광중, 2010, 〈인문환경의 여러 특성〉, 《성산읍 역사문화지》, 한국문화원연합회 제주특별자치도지회, 39-84.

정광중, 2015, 〈제주 이주민의 실태와 동향 그리고 시사점〉, 《地間》 여름호, 9-13.

제주도, 1996, 《濟州의 防禦遺跡》.

제주특별자치도 세계자연유산센터, 2017, 《문화재 현황》.

한국문화원연합회 제주특별자치도지회, 2010, 《성산읍 역사문화지》.

홍기표, 2015, 《조선시대 제주 목민관 비석(군)의 실태조사와 자원화 방안》, 제주발전연구원 제주학연구센터.

홍기표, 2016, 《조선시대 제주 정려비 실태조사와 자원화 방안》, 제주발전연구원 제주학연구센터.

고창군 홈페이지(www.gochang.go.kr).

나주시 홈페이지(www.naju.go.kr).

서산 해미읍성축제 홈페이지(www.haemifest.com).

서산시 홈페이지(www.seosan.go.kr).

순천 낙안읍성 홈페이지(www.suncheon.go.kr/nagan).

찾아보기

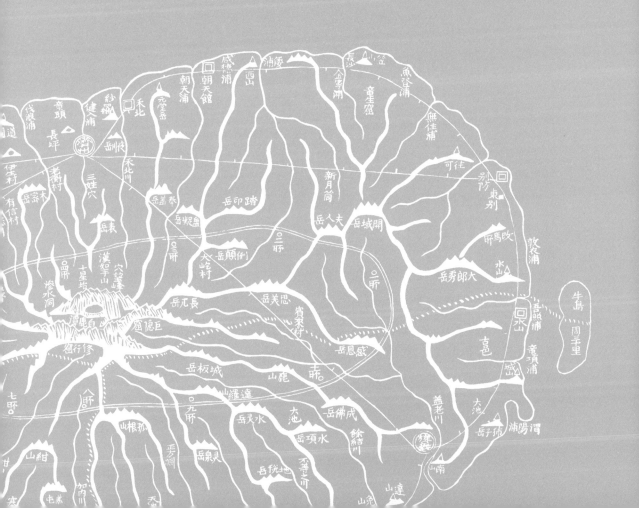

ㄱ

가름밭 257

가시리 공동(협업)목장 232

가파도 174

가파도별둔장 242

간성담 266

갈부름 81, 82

갈하늬부름 81, 82

감귤 251, 252, 255, 256, 257, 258, 259, 260, 262, 271, 272, 275, 278, 279, 280, 281

감목관 229

감색 71

감찰 228

갑마장 232

갑오개혁 234

강성발 242

강점 175

강진 69, 70, 71, 73

개체적 대동주의 17

객사 292, 312, 314, 320

거문오름 174

거문오름 용암동굴계 172

거세 228

거요량 69

건축학 164

게르 228, 246

겨울계절풍 83

격군 71, 84

결빙일 128

경계 돌담 240

경관 165

경관지형학 20

경국내전 234

경북 청송 168

경쟁우위 175

경지정리 251

계절적 동결기 140, 144, 147, 155

계절풍 115

고 정의현성 285, 286, 287, 288, 289, 290, 291, 292, 293, 294, 296, 297, 298, 299, 300, 301, 302, 303, 304, 305, 306, 307, 308, 309, 311, 313, 314, 315, 316, 317, 318, 319, 320, 321, 322

고대필 230

고득종 230

고든하늬부름 81

고려 97

고려사지리지 70

고사 80

고산 8경 307

고성 8경 307, 308

고성리 296, 298, 299, 305, 306, 307, 308, 309, 311, 318

고여충 228

고원 244

고장성 36

고창군 309, 310

고창읍성 309, 310

골마부름 81, 82

공공재 195, 196

공동체 경제 194, 195, 196, 197, 198, 199, 202, 210, 217, 219, 220

공마제도 234

공민왕 228

공유 경제 200, 220

공유가치 163

공유수면 173

공유자원 20

공유재 195, 197, 199, 200, 202, 204, 205, 210, 218, 219

공유재 비극론 203, 219

공유지 비극론 199

곶자왈 18, 20, 103, 132

곶자왈 탐방로 302

과수원 담 252

과수원 돌담 252

과수원 밭담 252, 258, 261, 266, 273, 281

과직역 69

관광 지리 16

관광목적지 171

관광자원 296, 297, 298, 301, 322

관광학 164

관광행태 17

관두포 70, 72, 86, 97

관람패턴 180

관아시설 290, 293, 303

관탈섬 70

광동성 79

광치기해안 297, 300, 307

교래 삼다수마을 174

교육자원 296, 297, 298, 301, 322

구상나무 125

구장 239

구쟁기밭 68

구조토 136
구좌읍 298, 301
구풍 74
구황식품 94, 95, 96
구휼곡 70, 95
국가 지정 문화재 287
국가중요농업유산 250
국가지질공원 161
국영목장 85
국제자유도시 20
국제지질공원 165
군대환 256
군영포 69
권고 사항 175
권업서기 239
궤 244
귀덕리 91
귀표 243
균분상속제 17
극소용돌이 121
극지고산식물 136
극한강수현상 119, 121, 122, 130
극한기온현상 119
금성관 303
금학헌 303, 304
급수장 240
기상재해 18
기온감률 100, 117, 118
기저농경문화 14
기회 175
기후변화 104, 189
기후학적 사계절 104, 106
긴마 80

긴한의 81
김경흡 237
김계란 228
김대길 237
김대황 77, 78, 79
김만일 232
김비의 76, 77
김상헌 69, 84
김성구 85, 234
김정호 69
깨우친 저발전 16
꽃샘추위 75, 91, 92, 93

ㄴ

나주 69, 70
나주목 304
나주목사 303, 304
나주시 303, 304
나주읍성 303
나하 77
낙안읍성 314, 315, 316
낙인 228, 243
낚시 68
난대 상록활엽수림 103, 105, 118
난방목 247
난전밭 257
난포 72
남당포 70, 97
남사록 60, 69, 91, 271
남사일록 58
남천록 234
남해안 72
내아 303, 304, 314, 320

너패 96
너패밥 96
넙빌레 254
네이버 306
노대ᄇᄅᆞᆷ 82
노두 165
노루 154
노봉문집 93
녹산장 232
놀ᄇᄅᆞᆷ 82
놋ᄇᄅᆞᆷ 81, 82
농업경관 283
농업유산 250
높ᄇᄅᆞᆷ 81, 82
높새ᄇᄅᆞᆷ 81, 82
높하늬ᄇᄅᆞᆷ 81, 82
늦하늬 81
늦하늬ᄇᄅᆞᆷ 82
ᄂᆞ롯 82, 83

ㄷ

다간 243
다루가치 228
다문화 18
다우지-소우지 113
다음 306
단산 174
담팔수 173
답한역 69
당산봉 174
당포 84
대굴포 69
대동지지 69

대록산 232
대마도 76, 77
대명률 234
대설일 130
대수산봉 297
대안 경제 198
대정성지 291
대정읍성 290, 291
대정현 36
대촌 93
대표명소 172
덕판 72
도 지정 문화재 287, 321
도근포 70, 71, 72, 97
도사수 229
도서 8
도순리 242
도시화 효과 110, 130
도지 81
도회관 71
독자봉수 299
돌담 262, 263
동결교란 151
동결심도 148, 155
동결융해일 141, 146
동결융해작용 143
동결융해주기 141, 146, 147
동결일 141, 146
동결작용 137, 153, 158
동결전선 149, 157
동결지수 143
동결파쇄 143
동결파쇄작용 136

동마부름 81, 82
동백동산 177
동복환해장성 300
동상포행 137, 155, 156, 157
동색마 241, 248
동아막 228
동영지 228
동하늬부름 81, 82
동해방호소 61
된하늬부름 82
두목 71
두산봉 297, 300
듬북 89
듬북눌 90
등대 302
등재 166
따라비오름 232

ㄹ
라우텐자흐 12, 21
란사로테 182
람사르습지 173
로컬 공동체 195

ㅁ
마 80
마량 86
마바람 81
마부름 81, 82
마을 공동어장 203
마을공동목장 239
마을공동목장조합 20, 239
마을어장 207

마축자장별감 227
만장굴 172
말등포연대 299, 300
말의 위도 87
맞배질 88
맞춤형 해설 184
맥그린치 신부 211
머들 263, 282
명나라 76
명승 173
명월진 38
명월포 228
모동장 233
모슬진성 38, 292
모양성 309, 310, 311, 315
목감 240
목야지정리계획 239
목자 241
목자역 69
목장림 241
목장신정절목 233
목축경관 226
목축사 244
목축신 243
목호의 난 228
몬드라곤 협동조합 201
무등산권 168
무태장어 서식지 173
묵은 연디 294, 319
문학지리 18, 19
문화경관 250
문화유산 286, 287, 298, 302, 303
문화자원 297, 298, 301, 302

물영아리 174
물영아리오름 232
미니 장터 318, 319
미숫가루 85
미역 95
미역밭 68
민가경관 18
몸 96
몸국 96

ㅂ

바농오름 232
바닥짐 86
바령 246
바위굴 244
박안의 228
박천형 42
반개방 체계 8
방애 244
방앳불 241
방어유적 290, 292, 298, 301, 302, 321
방재교육 190
방천독 264
방축 263, 264, 266, 267, 269, 282
방풍망 259
방풍수 258, 259, 260, 261, 262, 271, 276, 277, 281, 282
밭담 20, 115, 250, 251, 252, 258, 259, 260, 262, 263, 264, 265, 266, 267, 269, 271, 272, 274, 275, 276, 277, 278, 279, 280, 281, 282, 283

밭담경관 251
백록담 173
백중제 243
백해 263
밸러스트 86
밸러스트 뱅크 86
범벅 96
범선 시대 83
범섬 228
베트남 74, 77, 79, 97
별도포 72
별방진 38, 300
보재기 89
보전 164
보카쥬 260
복덕개 91
복목환 256
복합학문 9
봉수 298, 299, 302
봉진마 237
봉천수 240
북극성 93, 94
북두칠성 93, 94
북서태평양 아열대 고기압 112
북태평양 고기압 78, 85, 119
북태평양 기단 83
북태평양 아열대 고기압 101
분전 246
비동결일 141, 146
비변사 79
비변사등록 73, 74, 75
비양나무 173
비양도 174

비열 110
비지정 지역유산 288

ㅅ

사 80
사공 69
사관 71
사라오름 173
사복시 229
사유재산권 166
사잇담 266, 275, 276, 281, 282
사회적 경제 197
산굼부리 173, 232
산담 246, 259
산마감목관 233, 234
산마장 232
산방산 172
산상정원 244
산지포 70, 97
살포답 54
삼나무 275
삼내도 69
삼사석 93
삼성 93
삼성혈 93
삼재도 68
삼촌포 69
상산방목 226, 244
상산부름 81, 82
상장 232
상풍기 84
새마을 운동 261, 263
새별오름 228

샛바람 81
샛부름 81, 82
생물권보전지역 166
생울타리 17
생태관광 18, 170
서갈부름 81, 82
서귀진 38
서귀포 패류화석층 172
서귀포시 317, 318
서리야 128
서릿발 153, 156, 157
서릿발작용 137
서릿발포행 156, 157
서마부름 81, 82
서별창 54
서산 9경 308
서산 9미 308
서산 9품 308
서산시 308, 311, 312, 313
서아막 228
석성 296
선격 71
선격역 69
선작지왓 173, 244
선흘곶자왈 174
섭지코지 174, 297, 300, 307
섯하늬부름 81, 82
성곽 286, 294, 296, 298, 302,
    303, 305, 306, 310, 311, 314,
    316, 318, 319, 321, 322
성불오름 232
성산 10경 307, 308
성산 8경 307

성산봉수 299
성산읍 297, 298, 299, 301, 305,
    307, 308, 316, 317, 319
성산읍 고성리 285, 288, 296, 320
성산일출봉 172, 297, 300, 306, 307
성산항 305
성윤문 40
성읍민속마을 300
성판악 176
성호사설 80
세계문화유산 315
세계유산 166
세계유산센터 177
세계자연유산 297
세계중요농업유산 250
세계지질공원 165
세립탄편 238
세종실록지리지 70
소마로연대 300
솔리플럭션 로브 154
송악산 174
송정규 230
수산동굴 297
수산본향당 297
수산봉수 299, 307, 319
수산진성 38, 297, 299, 300
수산평 227, 246
수성화산체 172
수월봉 172
수재 68
순상화산 135, 138
순천시 314, 315, 316, 317
숲길 302

스코리아 157
슬로우 시티 187
습지 302
승정원일기 73, 75, 232
시베리아 고기압 75, 78, 81, 82, 105,
    112, 121
시베리아 기단 83
식년마 237
식산봉 300
신당 93
신산환해장성 299, 300
신증동국여지승람 70, 91, 93
신화 18
심낙수 233
심성희 55
십목장 230
십소장 229, 247
쓰나미 189

◉

아고산대 136, 138, 139, 148, 158
아고산대 관목림 103, 118, 119
아다멜로 브렌타 182
아열대 기후대 100, 104
아열대 해양성 기후 105, 106
안남 74
안남 왕세자 74
안남인 75
안카름 254, 257
암괴원 136, 137
압령천호 71
압록강 76
애월목성 36

애월읍 고성리 296
애월진 38
애월진성 292
애월포 70, 71, 72, 97
약점 175
어등포 70, 71, 72, 97
어란양 69
어란포 84
어름비 228
어부당 93
어승마 247
어촌 관광 18
언어지리학 20
여다도 69
여름계절풍 83
여름일 129
여송인 75
여칭 228
역사유적 285, 286
역사적 의미체 296
연날리기 318
연대 297, 298, 299, 302, 319
연댓불 319
연등 91
연중방목 226
연해형 38
열대성 저기압 83
열대야 119, 129
열대저기압 113, 117
열파 119, 121
염전 17
염포 77
영등굿 91, 97

영등달 91, 92
영등바람 91
영등신 90, 91, 92, 97
영등절 75, 76
영등제 90, 91, 92, 93
영등철 91, 92
영등축제 92
영등하르방 300
영등할망 90
영산포 70
영선천호 71
영실기암 173, 244
영암 70, 71
영주 10경 307
영주산 300
예외공간 20
오름 302, 319
오백나한 173
오소포연대 299, 300, 319
오스트롬 200
오일장 319
온실기체 중배출(RCP 4.5) 시나리오 125
온평환해장성 299, 300
올레길 302
옹기 18
옹성 310
완충구역 173
완한의 81
왜구 292
용머리 172
용암돔 138, 139, 172
용암동굴 172

용원평원 227
용천수 302
우도 91, 174
우도 8경 307
우도장 233
우무 96
우뭇가사리 96
원님 303
원(님)터 294
위기 175
위미리 250, 251, 252, 253, 254, 255, 256, 257, 258, 259, 260, 261, 262, 263, 264, 265, 267, 269, 270, 272, 273, 275, 276, 281
윗세오름 244
유구 74, 76, 77, 97
유구 표류기 77
유구국 76
유구인 75
유네스코 글로벌 지오파크 161
유네스코 세계지질공원 총회 161
유럽인 75
유상구조토 136, 137, 149, 150, 151, 153
유효 동결융해주기 142
육계도형 38
육전 68, 91
윤이섬 77
윤창형 44, 61
윤환방목 241
융합적인 접근 18
융해전선 149

을진풍 81, 82

읍성 290, 291, 292, 293, 296, 309, 310, 313, 314

응회구 172

응회환 172

이건 95, 246

이규성 232

이동성 고기압 75, 83

이동성 저기압 75

이상기후 20, 68, 74, 79, 80

이시돌 목장 196, 210, 211, 214, 216, 218

이시돌농촌산업개발협회 215

이어도 19, 20

이원진 93

이익 80

이익태 234

이즈반도 182

이즈-오시마섬 182

이즈하라항 77

이진리 87

이진포 70, 86, 97

이탈리아 트렌티노 161

인구공동화 79

인스타그램 306

인위적 기후변화 103

인증 161

인지거리 75

일기도 77

일반명소 174

일본 74, 76, 97

일본인 75

일제강점기 289, 304

일출봉헤안 일제동굴진지 297

임제 84

임해현 76

ㅈ

자리밭 68

자목장 232

자산어보 96

자연보호구역 173

자연자원 297, 298, 301, 302

자연재해 184

자연지역 관광 169

자연해설탐방 19

자율관리 204

잠녀 69, 95

잠녀역 69

잠수회 207

잠열 115

잡굽담 262, 263, 264, 265, 266, 267, 268, 269, 272, 282

잣성 226

장림 37

장소성 296

장수마을 18

재인증 161

재일동포 255, 256

적설 148

전직 71

절강성 79

점마 234

점풍가 84

정새ᄇ름 82

정수루 303

정약전 96

정의읍성 290, 291, 300

정의현 36, 286

정의현성 296, 322

정착형 방목 228

정체성 183

정치·군사지리 14

정해진 229

제민창 70

제주 이시돌 목장 210

제주4·3사건 185

제주공항 305

제주도 287, 288, 290, 292, 293, 296, 298, 301, 302, 307, 311, 317, 318, 321

제주도 기념물 293

제주도 유네스코 등록유산 관리위원회 177

제주도민 285, 311, 321, 322

제주도종합학술조사단 13

제주마 225, 226, 240

제주목 36

제주선 72, 73, 76

제주성지 291

제주역사 286, 296

제주읍성 290, 291

제주읍지 93, 234

제주풍토기 95, 246

제주학 8, 9

제주한라산목장 230

제주항 305

제주해협 72, 87

제주형 지오투어리즘 163

조드 227
조랑말 226
조로모리 226
조선 69, 72, 97
조선왕조실록 73, 74, 75
조선총독부 239
조정화 80
조천관 72, 84
조천읍 299
조천진성 38
조천포 70, 71, 97
종달연대 300
좌가연대 300
주류 경제 198
주빙하 136, 158
주상절리 172
죽서루 74
준사유화 208
중국 74, 76, 97
중국 단하산 161
중국인 75
중난전 257
중문대포해안 172
중요민속자료 314
증보탐라지 40
지공 69
지리 8
지리적인 특성 170
지리지 15
지리학 8, 163
지방문화재 286
지속가능발전 161
지속가능한 개발 133

지속가능한 관광 18, 19, 168
지역 정체성 8
지역성 16
지역유산 288, 291, 296
지역정신 21
지역정신과 정신문화 17
지역지리 8, 23, 24, 25
지역학 24, 25
지역환경 15
지영록 234
지오브랜드 163
지오사이트 176
지오스쿨 177
지오투어리즘 20, 163
지오트레일 163
지오파크 19
지오파크센터 177
지적원도 35
지진 189
지질공원 164
지질관광 164
지질유산 163
지질트레일 302
지질학 164
지층 172
지표류 155
지형성 강수 119
지형프로세스 150
지형학 164
진공선 74
진드기 244
진마선 78
진모살 79

진무 229
진산 82
진상 69
진상마 85
진상선 70, 71
진성 292, 293, 298, 299, 302
진압농법 240
진헌 71
질진깍 91
징곡 234

ㅊ
차귀도 174
차귀진 246
차귀진성 38, 292
차귀평 246
창조도시 20
천미연대 299, 300
천미장 233, 297
천연기념물 173
천영관 242
천지연폭포 172
체감온도 101, 106, 119, 121
초란도 84
초옥민가 16, 21
초원 244
초지박리 137
총유 208
총허용어획량 203
최부 75, 76
최영 장군 228
추자도 69, 70, 72, 76, 77, 78, 84
축담 263

축마별감 228
축마점고사 228
축장 274
출륙금지령 8, 73, 74, 79, 80
충렬왕 227
취락 13, 15
취식 153
측화산 13
치성 310
칠머리당굿 91
칠성단 93
칠성대 93
칠성도 93
침식 172
침장 232

카카오톡 306
쿠로시오 난류 101, 113, 130
쿠빌라이 227
큰사스미오름 232

타라치 227
탁월한 보편적 가치 166
탄생설화 185
탐라 74, 93
탐라견문록 74
탐라국 72, 80, 93, 94, 97, 227
탐라군 227
탐라기년 73, 74, 75
탐라도목장 227
탐라마 226

팀라목장 225
탐라문화연구원 9
탐라선 72
탐라순력도 230, 311
탐라시대 227
탐라지 93
탐라지도 232
탐라지도병서 232
탐라지초본 56, 93
탐방로 174
탑궤 244
태주부 76
태풍 74, 82, 83, 113, 117
태풍 나리 115, 122
테우리 225, 241
토성 296, 314
토지 피복 104, 132
토지세부측량 239
톳 96
통밧알 297, 300
퇴적층 172
트레일 172

파트너십 188
팔방풍 80
패러다임 169
페이스북 306
편서풍 75
포작역 69
포작인 69, 84
폭염 119, 121
폭염일 129

표류인 73
표선면 298, 299, 301
표선해수욕장 300
표주박 97
표해록 74
풍 85
풍력 발전 117
풍선 86, 88
풍수 18
풍재 68
풍태 89
프로스트 스카 151
필리핀 97

하논 83, 174
하늬바람 81
하늬ᄇᆞ름 81, 82
하영지 228
하치 227
한강 71
한국전쟁 255
한국지지 16
한동환해장성 300
한라산 172
한라산 둘레길 302
한라수목원 177
한라장촉 230
한림공원 174
한반도 74, 97
한승순 40
한양 71
한의 80

한재 68
한탄강 168
함경환 256
항파두고성 36
해난사고 69, 73, 74
해남 70, 71, 73
해녀당 93
해동초 96
해령 71
해로 69
해륙풍 88
해미읍성 308, 311, 312, 313, 314, 315
해민 67, 68, 72, 73, 75, 76, 80, 89, 92, 93, 94, 97
해민정신 17, 18
해방 공간 12
해설사 173
해신사 93
해안경관 17
해양성 기후 101
해외문견록 232
해자 310
해전 68, 91
행원환해장성 300
향토유산 287, 292, 293, 321
헌마공신 247
현성 289, 298, 299, 302
현촌 290
협동관리 204
협동조합 196
협자연대 299, 300, 319
호니토 173

호우일 130
호이안 79
호적중초 242
혼인지 297, 300
혼탈피모 84, 85, 97
홍조단괴 173
화북지방 75
화북진 38
화북진성 292
화북포 70, 71, 76, 78, 97
화분 237
화산분출 172
화산섬 8, 161
화산재 172
화산지형 23
화산학 172
화석 165
화석지형 137
화전 237
화전농업 14
환경교육 180
환치기 88, 89
환해장성 297, 298, 299, 302
황가 목장 228
황근 자생지 300
황태장 233
회곽도 294
회안부 77, 79
효돈천 174
후망인 84
후명 81
후방기지 14
후에 79

훈련도감 237
흑산도 76

4·3사건 255
6고역 69
8소장 242

APGN 168
Best Practices Award 182
EGN 166
Geo 165
Geological Park 165
GGN 162
KOREA 12, 21
Landsat 위성영상 132
SNS 306
SWOT 분석 175